21世纪高职高专系列教材

金属切削原理与刀具

主　编　王洪琳

副主编　陆晓星　曲英杰　李绍华

山东大学出版社

21 世纪高职高专系列教材
编委会成员名单

出版说明

江泽民同志在党的十六大报告中指出:“教育是发展科学技术和培养人才的基础,在现代化建设中具有先导性全局性作用,必须摆在优先发展的战略地位。……加强职业教育和培训,发展继续教育,构建终身教育体系。”职业教育作为我国教育事业的一个重要的组成部分,改革开放以来,尤其是近年来获得了长足发展。据不完全统计,目前全国各类高等职业学校有近千所,仅山东省就有五十多所,为国家和地方培养了一大批高素质的劳动者和专门人才。与此相适应,教材建设也硕果累累,各出版社先后推出了多部具有高职特色的高职高专教材。但总体上看,与迅猛发展的高职教育相比,教材的出版相对滞后,这不仅表现在教材品种相对较少,更表现在内容的针对性不强,某些方面与高职的专业设置、培养目标相去甚远。同时,地方性、区域性的高职教材也稍嫌不足。以山东省为例,作为一个经济强省、人口大省、教育大省,迄今为止,居然没有一套统编的、与山东省社会、经济、文化发展相适应的高职教材,严重地制约了我省高职高专教育的发展。

有鉴于此,我们在山东省教育厅的领导与支持下,依据教育部《高职高专教育基础课程教学基本要求》和《高职高专教育专业人才培养目标及规格》,并结合我省高职院校及专业设置的特点,组织省内二十余所高职院校长期从事高职高专教学和研究的专家、教授,编写了这套“21世纪高职高专系列教材”。该教材充分借鉴近年来国内高职高专院校教材建设的最新成果,认真总结和汲取省内高职院校和成人高校在教育、培养新时期技术应用性专门人才方面所取得的成功经验,以适应高职院校教学改革的需要为目标,重点突出实用性、针对性,力求从内容到形式都有一定的突破和创新。本系列教材拟分批出版,约一百余种。出齐后,将涵盖山东省高职高专教育的基础课程和主干课程。

编写这套教材,在我们是一次粗浅的尝试,也是一次学习、探索和提高的机会。由于我们水平有限,加之编写时间仓促,本教材无论在内容还是形式上都难免会存在这样那样的缺憾或不足,敬请专家和读者批评指正。

21世纪高职高专系列教材编写委员会
2003年8月

前　言

本书是根据全国高职教育会议的精神，结合山东省的经济发展现状，在山东省教育厅领导和支持下，编写的高职系列教材之一。

本书的主要特点是紧扣大纲，内容通俗易懂、文字简练、图文并茂。全书包括金属切削原理与金属切削刀具两部分，主要介绍金属切削过程的基本规律、常用标准刀具的结构特点、工作原理、使用方法和非标准刀具的设计分析等实用知识。

编写本书的指导思想：

(1)作为一门专业课，主要目的是通过本课程的学习，使学生掌握有关金属切削技术与刀具的基础知识、基本理论和基本方法，这也是本书的重点内容所在。

(2)考虑到当前金属切削技术和刀具的迅速发展，在重点介绍有关金属切削原理和刀具的基础知识、基本理论的同时，还兼顾了金属切削技术和刀具领域的最新成就和发展趋势，以使学生通过本课程的学习对金属切削技术和刀具的发展有一个全面的了解和正确的认识。

(3)贯彻“够用为准”的原则，力求以较少的篇幅完成对所需内容的介绍。

(4)根据以能力为本的思想，削减一些繁琐的理论推导及复杂计算，力求保持教材内容与生产实际结合专业理论为专业技能服务的基本原则，注重对学生专业能力和解决生产实际问题能力的培养，使学生获得的知识能满足生产第一线的需要。

本书由王洪琳任主编。王洪琳编写绪论和第八、九章；李绍华编写第一、二、三、四章；陆晓星编写第五、七、十章；曲英杰编写第六、十一、十二章。全书由王洪琳统稿和定稿。

本书可供高等职业技术院校、高等专科学校、技师学校的机械制造、机电一体化等机械类专业使用，也可作为职业大学、电视大学和技师培训教材，亦可供从事机械制造专业的工程技术人员参考。

由于编者水平所限，编写时间又很紧迫，书中难免有不少欠妥之处，恳请广大读者批评指正。

编　者

2004 年 8 月

目　录

绪 论

一、金属切削加工在机械制造业中的地位

金属切削加工是机械制造业中最基本的加工方法之一。金属切削加工是指在金属切削机床上使用金属切削刀具从工件表面上切除多余金属，从而获得在形状、尺寸精度及表面质量等方面都符合预定要求的加工。在机械制造工艺过程中，凡是精度和表面质量要求较高的零件，一般都需要经过切削加工，用以装配成机器的各种金属零件，其切削加工量占机械加工总量的95%以上。随着科学技术的不断发展，新的、先进的金属切削加工方法不断出现，如精密铸造、精密锻造和特种加工技术等，在一定范围内部分地取代了切削加工。但由于切削加工具有加工精度高、生产效率高、加工成本低等优点，目前生产中多数机械零件仍需进行切削加工，金属切削加工在国民经济和制造业中起着十分重要的作用。因此正确进行切削加工，深入研究金属切削过程，对促进切削加工水平的提高，实现产品的优质、高产和低成本有着重要的意义。

金属切削加工在国民经济和制造业中之所以能起十分重要的作用，与其所具有的特点是分不开的。

1.能获得很高的精度和表面质量；

2.对被加工材料的广泛适应性；

3.对工件几何形状的广泛适应性；

4.对生产批量的适应性。

二、本课程的任务和内容

本课程是机械制造专业的一门主干课程，是研究金属切削过程基本规律、刀具设计与使用的一门科学，它包括“金属切削原理”和“金属切削刀具”两部分。

金属切削原理的主要任务是：通过对金属切削过程中出现的切削变形、摩擦、切削力、切削热、刀具摩损等物理现象的研究，揭示其内在的机理和规律，用金属切削的科学理论去指导生产实践，解决生产中出现的问题。内容可以归纳为三个方面的内容：

1.几何问题

主要指刀具的几何参数及切削过程中的切削用量。学习中应先学好车刀角度，掌握定义、画图标注。通过实验、练习等手段加深理解，进而在钻头、铣刀、铰刀、螺纹刀具等各

类刀具中反复应用，不断深化提高。

2. 规律问题

主要指切削变形、切削力、切削温度、刀具磨损等规律。应先认识切削变形规律，分析各种因素对其影响，进而学习切削力、切削温度、刀具磨损等规律。通过学习有关加工表面质量、切削加工的经济性等内容，逐渐掌握切削规律在生产中的应用方法。

3. 选择参数

正确掌握刀具几何参数、切削用量的基本概念及加工中的切削规律后，对即将从事金属切削加工的工程师来将重要的是在生产实践中选择参数，用金属切削的科学理论去指导生产实践，解决生产中出现的问题。

金属切削刀具的任务是掌握金属切削加工中常用刀具的结构、工作原理及使用方法，学会专用刀具的简单设计方法。刀具种类繁多，本书按加工方式划分刀具的章节：车刀、钻头、铰刀、铣刀、拉刀、螺纹刀具、齿轮刀具等。由单刃到多刃，由简单到复杂顺序讲解。在各种类型的刀具中，对它们的教学要求有所不同，通常分为以下两类：

1. 标准刀具

指专业工具厂按国标或部标生产的刀具。如可转位车刀、麻花钻、铰刀、铣刀、丝锥、板牙、插齿刀、齿轮滚刀等。这类刀具的讲课重点是结构、工作原理、选择和使用方法。其中还介绍了可转位车、铣刀的结构，刀片槽型的选择，以及麻花钻的修磨与群钻。为改革通用刀具、推广先进刀具结构打下初步的基础。

2. 非标准刀具

指用户需专门设计制造的刀具。如成形车刀、成形铣刀、拉刀、蜗轮滚刀、组合刀具等。这类刀具主要讲解其设计原理与计算方法。通过课程设计进行练习，以达到初步掌握其设计计算与绘图方法。

三、本课程的学习方法

本课程是一门理论性和实践性都很强并同生产实践紧密结合的课程。因此，除学好教材上的基本内容外，还需阅读有关资料，熟悉有关手册、样本，特别要重视生产实践，结合生产实习中出现的问题，加强理论学习。这样才能做到理论结合实践，提高解决实际问题的工作能力。

第一章　金属切削加工的基本概念

知识点： 1. 切削运动、切削用量三要素。

2. 刀面、刀刃、参考平面、几何角度等概念。
3. 常用车刀几何角度的绘制。
4. 工作角度的影响因素及计算。
5. 切削层参数。

技能点： 1. 刀具几何角度的识别。

2. 熟练绘制车刀角度。
3. 熟练计算工作角度。

研究金属切削过程的基本规律，必须从研究切削过程的外部几何特性入手。本章以车削和车刀为代表阐述刀具切削部分几何要素的基本定义和切削层参数的几何特性，这些基本概念也适合于其他切削加工和刀具。掌握并深刻理解这些内容，是学习金属切削原理、刀具设计与使用的重要基础。

§1-1　切削运动和切削用量

一、切削运动

用金属切削刀具切除工件上多余的（或预留的）金属，从而使工件的形状、尺寸精度及表面质量都合乎预定要求，这样的加工称为金属切削加工。在切削过程中，刀具和工件之间必须有相对运动，即切削运动。按其作用，切削运动可分为主运动和进给运动两种。这些运动是由金属切削机床完成的，如图 1-1 所示。

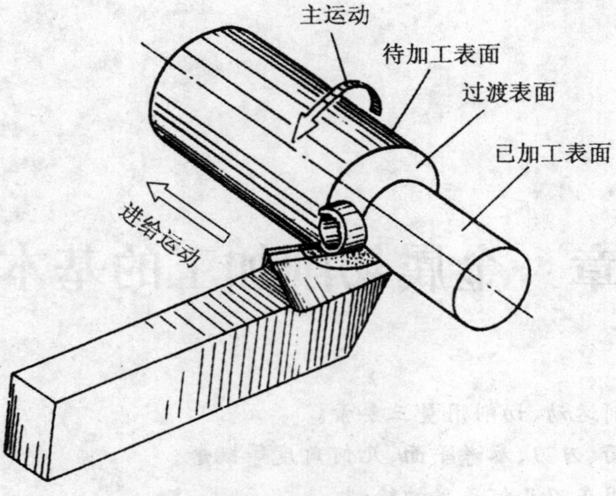

图 1-1 车削运动和工件上形成的表面

1. 主运动

切削中由机床提供的使刀具与工件之间产生相对运动的主要运动，称为主运动。如车削时工件的旋转运动、刨削时刀具的往复运动。主运动可以由工件完成，也可以由刀具完成。一般地说主运动的切削速度(v_c)最高，消耗的机床功率最大。

2. 进给运动

进给运动是由机床或人力提供的使刀具与工件间产生附加的相对运动，它配合主运动依次地或连续不断地切除切屑，同时形成具有所需几何特性的已加工表面。进给运动可以是间歇运动，如刨削时工件的横向移动；也可以是连续的运动，如车削外圆时车刀平行于工件轴线的纵向运动(v_f)。进给运动只消耗很少的功率。

在各种类型的切削加工中，主运动只有一个，而进给运动可以有一个(如车削)、两个(如外圆磨削)或两个以上，还有的切削加工如拉削，只有主运动，没有进给运动。

3. 合成切削运动

由同时进行的主运动和进给运动合成的运动称合成切削运动。切削刃选定点相对工件合成切削运动的瞬时速度称合成切削速度。该速度方向与过渡表面相切，如图 1-2 所示。合成切削速度 v_e 等于主运动速度 v_c 和进给速度 v_f 的矢量和。

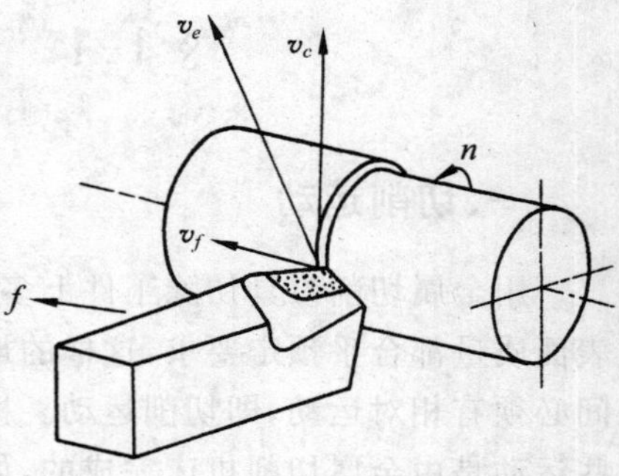

图 1-2 车削时合成切削速度

$$\boldsymbol{v}_e=\boldsymbol{v}_c+\boldsymbol{v}_f \tag{1-1}$$

在很多连续进给的机床上加工时，由于 v_f 同 v_c 相比是很小的，常略去不计，而认为 $v_e=v_c$。

二、工件上形成的表面

在切削过程中，工件上多余的材料不断地被刀具切除而转变为切屑，因此工件上同时存在着三个不断变化着的表面，如图 1-1 所示。

(1)待加工表面：工件上有待切除的表面。

(2)已加工表面：工件上经刀具切削后形成的新表面。

(3)过渡表面：工件上由切削刃形成的那部分表面。当用单刃刀具切削时，它将在工件或刀具的下一转或者下一次切削行程中被切除（如车削、刨削），而用多刃刀具切削时，它将被随后的一个切削刃切除（如铣削）。

三、切削用量

切削用量是表示主运动及进给运动大小的参数。它包括切削速度、进给量和背吃刀量三要素。切削用量直接影响工件加工质量、刀具寿命、机床的动力消耗及生产率等，因此必须合理地选择切削用量。

1. 切削速度 v_c

切削速度指切削刃选定点相对于工件主运动的瞬时速度，如图 1-3 所示。它是衡量主运动大小的参数，单位为 m/min，按下式计算：

$$v_c=\frac{\pi dn}{1000} \tag{1-2}$$

式中：d——切削刃选定点处所对应的工件或刀具的直径(mm)；

n——工件或刀具转速(r/min)。

实际生产中，往往是已知工件直径，并根据工件材料、刀具材料和加工要求等因素选定切削速度，再将切削速度换算成车床主轴转速，以便调整机床。

2. 进给量 f

进给量是刀具在进给运动方向上相对于工件的位移量，如图 1-3 所示。可用刀具或工件每转（或每行程）的位移量来表示，单位为 mm/r 或 mm/行程。

进给速度 v_f 指切削刃选定点相对工件进给运动的瞬时速度，单位 mm/min。车削时进给运动速度表示为：

$$v_f=n\cdot f \tag{1-3}$$

3. 背吃刀量 a_p

背吃刀量是垂直于进给速度方向测量的切削层最大尺寸，单位 mm。如图 1-3 所示。车外圆时背吃刀量一般指工件已加工表面和待加工表面间的垂直距离，可按下式计算：

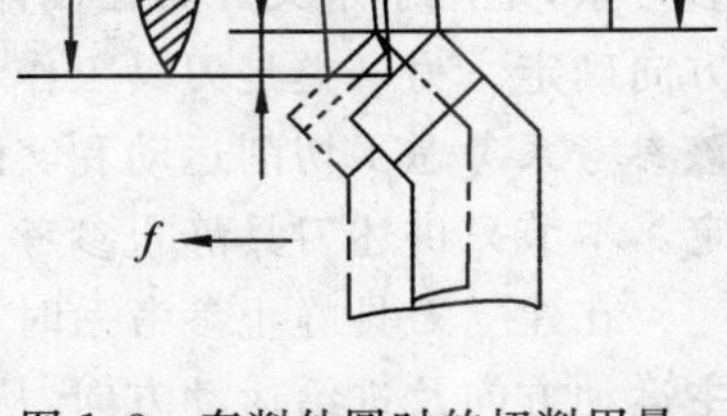

图 1-3　车削外圆时的切削用量

$$a_p=\frac{d_w-d_m}{2} \tag{1-4}$$

式中：d_w——工件待加工表面直径(mm)；

d_m——工件已加工表面直径(mm)。

§1-2 刀具切削部分的几何参数

金属切削刀具的种类虽然很多,但它们的切削部分的几何形状与参数都有共性,即无论刀具结构如何复杂,它们的切削部分总是近似地以外圆车刀的切削部分为基本形态。下面以普通外圆车刀为代表来确定切削部分的基本定义。

一、车刀切削部分的组成

如图 1-4 所示为常见的外圆车刀,它由刀头(或刀片)和刀柄两部分组成。刀头承担切削工作,又叫切削部分;刀柄用来装夹车刀。

刀具切削部分由若干刀面和切削刃构成,如图 1-4 所示。

(1)前刀面(A_γ)。刀具上切屑流过的表面。

(2)后刀面(A_α)。切削过程中与过渡表面相对的刀具表面。

(3)副后刀面(A'_α)。切削过程中与工件上已加工表面相对着的刀具表面。

(4)主切削刃(S)。承担主要切削任务的切削刃,它是前刀面与后刀面相交的部位。

(5)副切削刃(S')。配合主切削刃完成少量切削任务的切削刃,它是前刀面与副后刀面相交的部位。

(6)刀尖。是主切削刃与副切削刃交会处相当少的一部分切削刃,它可以是一小段直线或圆弧。

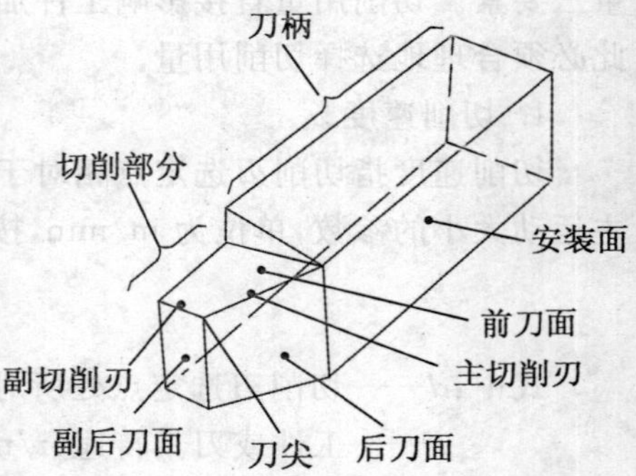

图 1-4 外圆车刀切削部分的组成要素

二、刀具角度的参考系

为了确定刀具切削部分的几何形状,即确定刀具前刀面、后刀面及切削刃在空间的相对位置,需要用一定的几何角度表示。用来定义刀具角度的参考系有两大类:一类是静止参考系,是用于定义刀具在设计、制造、刃磨和测量时刀具几何参数的参考系,它由主运动方向确定。另一类是刀具工作参考系,用来规定刀具实际切削加工时几何角度的参考系,该参考系考虑了切削运动和实际安装情况对刀具几何参数的影响,它由合成切削运动确定。本节只讲述刀具静止参考系及其几何角度的定义。

在建立刀具静止参考系时,需先假定刀具是处于某种工作状态下,即规定刀具的假定主运动方向及进给运动方向,从而使定义出的坐标平面与刀具设计、制造、刃磨和测量时采用的基准面相同。如图 1-5(a)所示。

(1)假定主运动方向。假定刀具切削刃上选定点位于工件中心高处,此时切削刃上选定点的主运动方向即为假定主运动方向。假定车刀主运动方向垂直于车刀刀柄的安装面。

(2)假定进给运动方向。假定进给运动垂直(外圆车刀)或平行于(内孔车刀、切断刀等)刀柄轴线，此时切削刃选定点的进给运动方向称为假定进给运动方向。

刀具静止参考系里的角度是满足以上两个假定条件，意味着：假定安装没有误差，刀尖与工件轴线等高；假定进给速度等于零，即进给量为零。

1. 正交平面参考系

正交平面参考系由以下三个坐标平面组成：

(1)基面 p_r。过切削刃选定点垂直于假定主运动方向的平面。车刀的基面平行于刀柄的安装面。

(2)主切削平面 p_s。过主切削刃选定点与主切削刃相切并垂直于基面 p_r 的平面，也就是主切削刃与切削速度方向构成的平面。对应于副切削刃的切削平面称为副切削平面 p_s'。

(3)正交平面 p_o。过切削刃选定点同时垂直于基面和切削平面的平面。

p_r，p_s，p_o 构成了一个相互垂直的空间直角坐标系，称为正交平面参考系，如图 1-5(a)所示。它是在刀具的设计、标注、刃磨和测量中应用最广的刀具参考系。以后书中的刀具角度多是在此参考系中标注的。

2. 法平面参考系

法平面参考系由基面 p_r、切削平面 p_s、法平面 p_n 三个平面组成，如图 1-5(a)所示。其中，法平面 p_n 为过切削刃选定点并垂直于切削刃的平面。

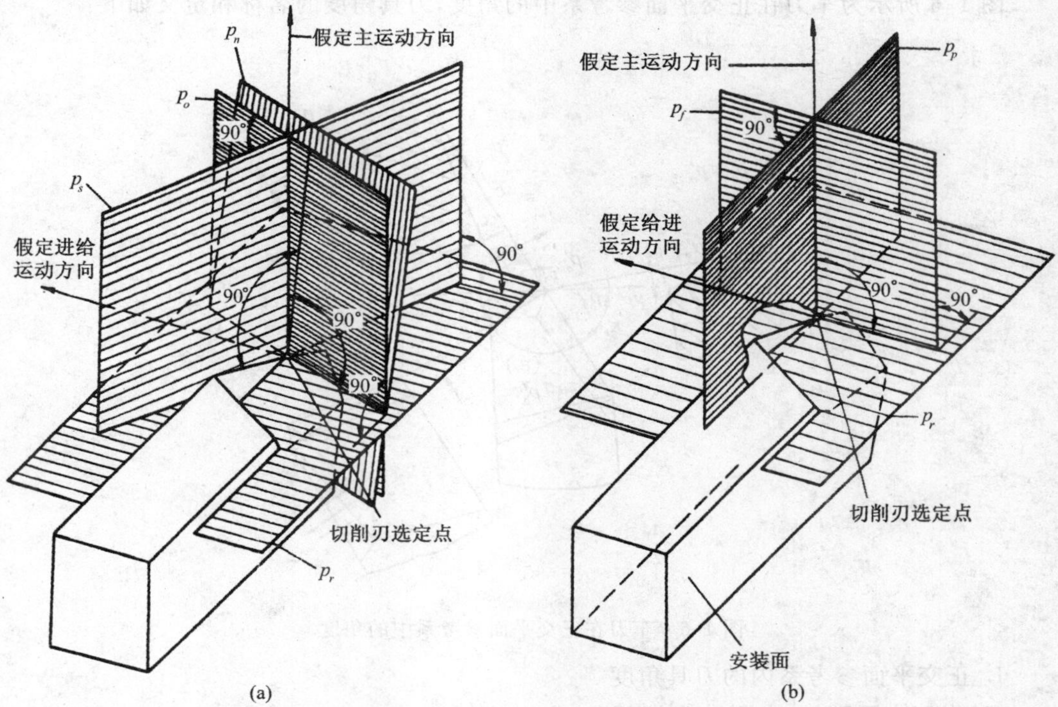

图 1-5　刀具静止参考系的平面

(a)正交平面与法平面参考系　(b)假定工作平面与背平面参考系

3. 假定工作平面参考系

假定工作平面参考系由基面 p_r、切削平面 p_s、假定工作平面 p_f 三个平面组成。如图 1-5(b)所示。其中，假定工作平面 p_f 过切削刃选定点平行于假定进给运动方向并垂直于基面的平面。

4. 背平面参考系

背平面参考系由基面 p_r、切削平面 p_s、背平面 p_p 三个平面组成。如图 1-5(b)所示。其中，背平面 p_p 为过切削刃选定点垂直于假定工作平面并垂直于基面的平面。

参照 ISO3002/1-1997 标准，近年来我国主要采用正交平面参考系，兼用法平面参考系。这两种参考系内所标注的角度能更好地反映切削过程的物理意义。但是，在很多刀具(如成形车刀、插齿刀等)的设计中，需要确定假定工作平面或背平面中表明前、后刀面位置的角度。此时，就要使用假定工作平面参考系和背平面参考系。

三、刀具角度的基本定义

刀具在设计、制造、刃磨和测量时，用刀具静止参考系中的角度来标明切削刃和刀面在空间的位置，这样的角度称为刀具的静态角度或标注角度。

由于刀具的参考系在切削刃上各点是变化的，因此应指明选定点。未指明时，一般指切削刃基点或刀尖。

(一)刀具角度的基本定义

图 1-6 所示为车刀在正交平面参考系中的角度，刀具角度的名称和定义如下：

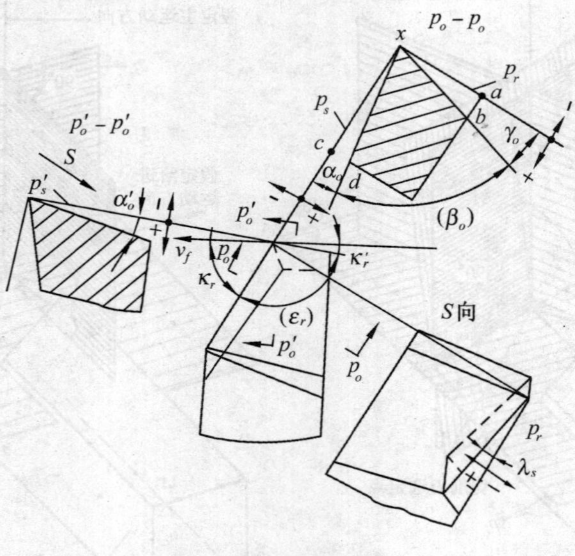

图 1-6　车刀在正交平面参考系中的角度

1. 正交平面参考系内的刀具角度

(1)在正交平面 p_o 内测量的角度

①前角 γ_o。前刀面与基面之间的夹角。

②后角 α_o。后刀面与切削平面的夹角。

③楔角 β_o。前刀面与后面之间的夹角。楔角是一派生角度，当前角和后角确定后，楔角可由下式求得：

$$\beta_o = 90° - (\gamma_o + \alpha_o) \tag{1-5}$$

(2)在基面 p_r 内测量的角度

①主偏角 κ_r。主切削平面与假定工作平面之间的夹角。即主切削刃在基面内的投影与进给运动方向的夹角。主偏角总是正值。

②副偏角 κ_r'。副切削平面与假定工作平面之间的夹角。即副切削刃在基面内的投影与反向进给运动的夹角。

③刀尖角 ε_r。主切削平面与副切削平面之间的夹角。刀尖角也是一派生角度，主偏角和副偏角确定后，刀尖角可由下式求得：

$$\varepsilon_r = 180° - (\kappa_r + \kappa_r') \tag{1-6}$$

(3)在切削平面 p_s 内测量的角度

刃倾角 λ_s：主切削刃与基面之间的夹角。在 S 向视图中才能表示清楚。

上述角度中 γ_o、λ_s 两角确定前刀面的方位，α_o、κ_r 两角可确定后刀面的方位，κ_r、λ_s 可确定主切削刃的方位。同理：副切削刃及其相关的前、后刀面在空间的定向也需要四个角度，即：副前角 γ_o'，副后角 α_o'，副偏角 κ_r' 和副刃倾角 λ_s'，它们的定义与主切削刃四角类似。

由于图 1-6 中车刀主、副切削刃共处一个平面上，主切削刃的前刀面也是副切削刃的前刀面，当标注 γ_o、λ_s 两角后，前刀面的方位就确定了，因此 γ_o'、λ_s' 属于派生角度，不必标注。因此，在刀具工作图上只需要标注 γ_o、α_o、κ_r、λ_s、κ_r'、α_o' 这六个基本角度，其余角度为派生角度。

2. 在法平面参考系内测量的角度

在法平面内测量的角度有法前角 γ_n，法后角 α_n，如图 1-7 所示。对于某些大刃倾角刀具，为表明其刀齿强度，常要求标注法平面参考系中的角度。当刃倾角 $\lambda_s = 0°$ 时，法平面与正交平面重合。当刃倾角 $\lambda_s \neq 0°$ 时，法平面与正交平面相交 λ_s 角。

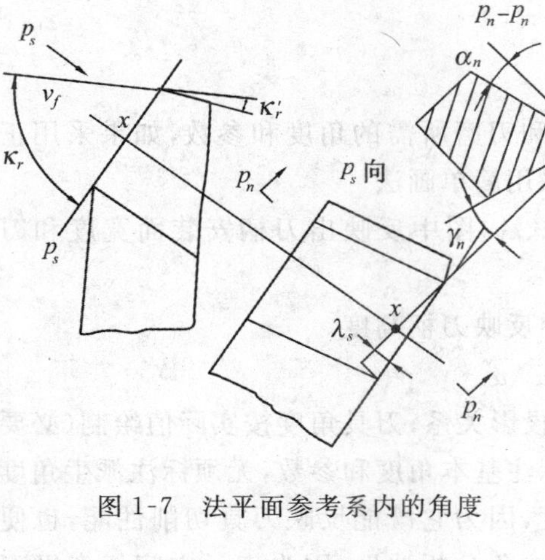

图 1-7　法平面参考系内的角度

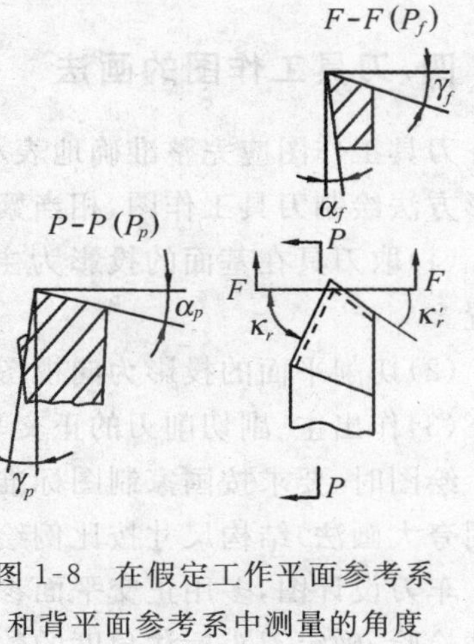

图 1-8　在假定工作平面参考系和背平面参考系中测量的角度

3. 在假定工作平面参考系和背平面参考系中测量的角度

为了机械刃磨角度或分析讨论问题的需要，常常要利用在假定工作平面参考系和背平面参考系中测量的角度。如图 1-8 所示，在假定工作平面中测量的前角和后角分别称侧前角 γ_f 和侧后角 α_f；在背平面中测量的前角和后角分别称背前角 γ_p 和背后角 α_p。

（二）刀具角度正负的规定

如图 1-9 所示，在正交平面内，前刀面与切削平面间夹角小于 90°时前角为正值，大于 90°时前角为负值。当后刀面与基面夹角小于 90°时后角为正值，大于 90°时后角为负值。如图 1-10 所示，当刀尖相对车刀刀柄安装面处于最高点时，刃倾角为正值；刀尖处于最低点时，刃倾角为负值；当切削刃平行于刀柄安装面时，刃倾角为零度，这时，切削刃在基面内。

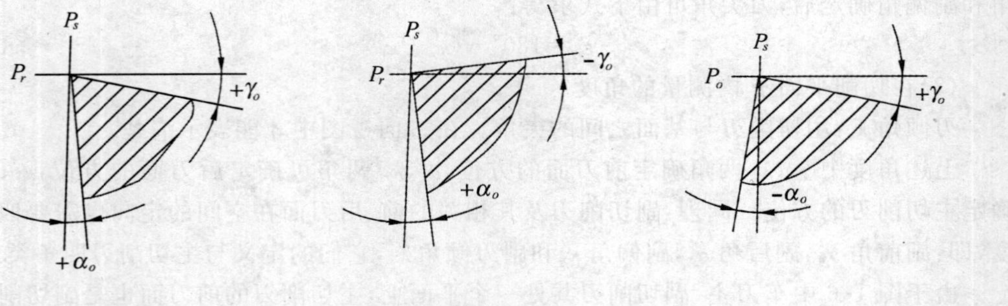

图 1-9　前后角正负规定

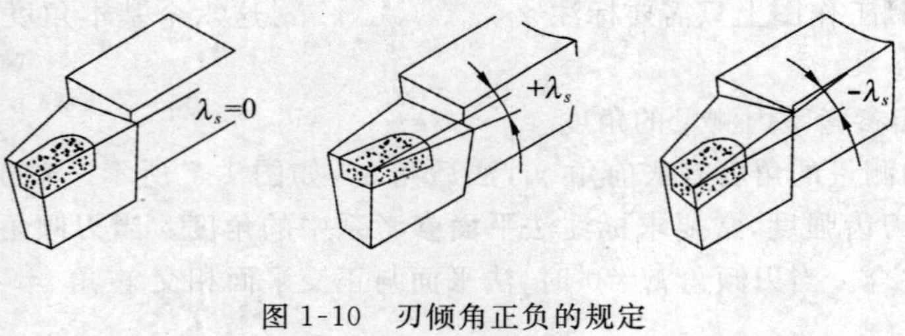

图 1-10　刃倾角正负的规定

四、刀具工作图的画法

刀具工作图应完整准确地表示出刀具制造和刃磨所需的角度和参数，如果采用正规投影方法绘制刀具工作图，相当繁琐。通常均采用简单画法。

(1)取刀具在基面的投影为主视图，标出 κ_r、κ_r'，图中反映出刀柄安装面宽度和刀尖位置。

(2)切削平面的投影为向视图，标出 λ_s，图中反映刀柄高度。

(3)作出主、副切削刃的正交平面，标出 γ_o、α_o、α_o'。

绘图时，要求按国家制图标准，视图间符合投影关系；刀具角度按实际值绘制(必要时可用夸大画法)结构尺寸按比例绘制。图中只标注基本角度和参数，无须标注派生角度。

车刀设计图，多用正交平面参考系标注角度，因为它既能反映刀具切削性能，也便于刃磨检验，确定刀头标注角度的数值可用“一面二角分析法”。因为表示空间任意平面的方位只需要两个独立角度，即刀具上每一个刀面只需要用两个角度即能定向。

绘制车刀工作图时，首先应判断其使用时的进给运动方向，即判断哪是主切削刃，哪是副切削刃。然后就可确定向视图及正交平面图。图 1-11 所示的 90°外圆车刀，由于主偏角等于 90°，故其切削平面的投影就是车刀的侧视图。该车刀共有三个刀面，需要标注的独立角度为 3×2＝6 个。即后刀面定向角 κ_r、α_o，前刀面定向角为 γ_o、λ_s，副后刀面定向角为 κ_r'、α_o'。而切断刀则有四个刀面，所需标注的独立角度为 4×2 ＝8个。如图 1-12 所示。

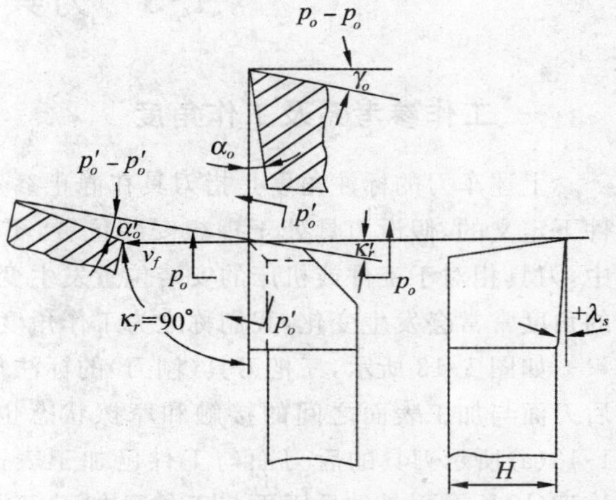

图 1-11　90°车刀的刀具角度图

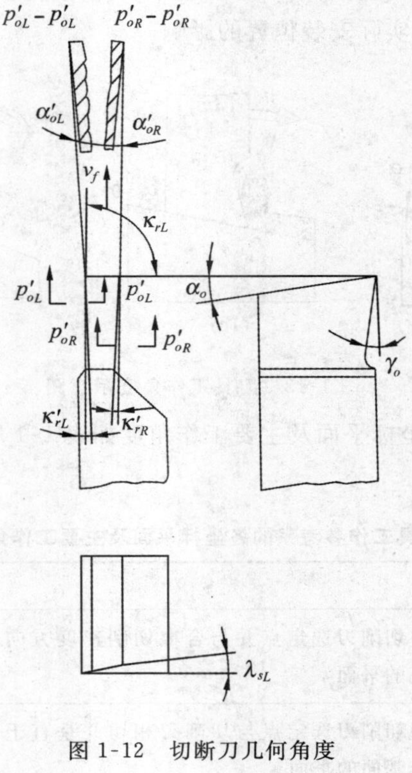

图 1-12　切断刀几何角度

§1-3　刀具的工作角度

一、工作参考系及工作角度

上述车刀的标注角度是指刀具在静止参考系中的角度，它们是在一些合理假设的条件下定义的，假设刀具处于理想安装位置，不考虑进给运动的大小等。在实际切削过程中，刀具相对于工件或机床的安装位置发生变化时，或受进给运动的影响，刀具实际切削的角度常常会发生变化，我们称之为工作角度。

如图 1-13 所示，三把刀具(刨刀)的标注角度完全相同，但由于合成运动的方向不同，后刀面与加工表面之间的接触和摩擦状态也不相同，三者的切削条件各不相同。如图 1-13(a)所示刀具的后刀面与工件已加工表面之间有合适的间隙，切削情况正常；如图 1-13(b)所示刀具的后刀面与工件已加工表面全部接触，此时摩擦严重；如图1-13(c)所示，刀具的背棱顶在加工表面上，切削刃无法切入，切削条件被破坏。可见，在实际切削过程中，必须考虑进给运动和实际安装位置的影响。

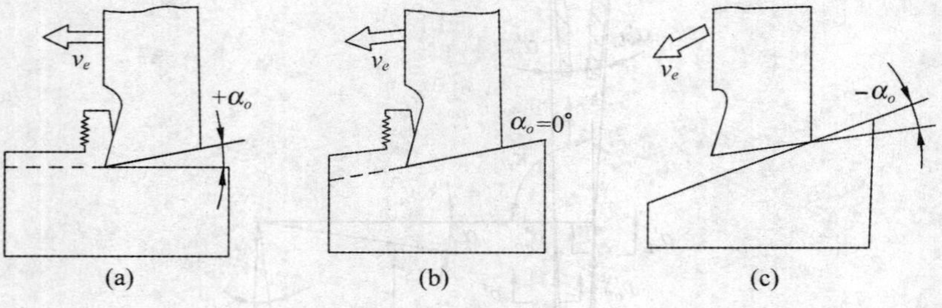

图 1-13　刀具工作角度示意图

刀具工作参考系的各坐标平面及主要工作角度如表 1-1 所示。刀具工作角度的定义可参照标注角度的定义。

表 1-1　　刀具工作参考系的各坐标平面及主要工作角度

测量平面	定　义	测量工作角度
工作基面 p_{re}	过切削刃选定点并与合成切削速度方向垂直的平面	工作主偏角 κ_{re} 工作副偏角 κ'_{re}
工作切削平面 p_{se}	过切削刃选定点与切削刃相切并垂直于工作基面的平面	工作刃倾角 λ_{se}
工作正交平面 p_{oe}	过切削刃选定点同时与 p_{re} 和 p_{se} 垂直的平面	工作前角 γ_{oe} 工作后角 α_{oe}

续表 1-1

工作法平面 p_{ne}	与法平面是同一平面	工作法前角 γ_{ne} 工作法后角 α_{ne}
工作平面 p_{fe}	过切削刃选定点同时包含主运动和进给运动的平面	工作侧前角 γ_{fe} 工作侧后角 α_{fe}
工作背平面 p_{pe}	过切削刃选定点同时与 p_{re} 和 p_{fe} 垂直的平面	工作背前角 γ_{pe} 工作背后角 α_{pe}

二、刀具工作角度的计算

1. 刀具安装位置对工作角度的影响

车刀安装高于工件中心时(如图 1-14 所示),刀尖的基面和切削平面方向由原来的 p_r 和 p_s 变为 p_{re} 和 p_{se}。由图可知工作前角增大,工作后角减小。

$$\begin{cases}\gamma_{oe}=\gamma_o+\theta\\ \alpha_{oe}=\alpha_o-\theta\end{cases} \tag{1-7}$$

其中:θ——增大或减小的角度,按下式计算:

$$\sin\theta=\frac{2h}{d} \tag{1-8}$$

式中:h——刀具安装高于工件中心值(mm);

d——工件直径(mm)。

同理可知,当刀尖装低时,刀具工作前角减少,工作后角增大。

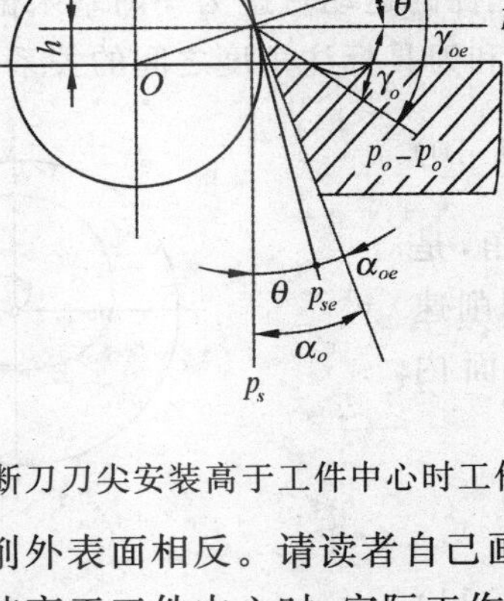

图 1-14 切断刀刀尖安装高于工件中心时工作角度的变化

车削内表面时,情况与车削外表面相反。请读者自己画图计算。

在实际应用中,如果刀尖装高于工件中心时,实际工作后角可能会变成负值。负后角车刀是不能切削的,这也是切断工件时切断刀装高而崩刃的主要原因。如果刀尖低于工件中心,则将会产生振动,或产生"扎刀"现象。当然在实际生产中,也有应用这一影响(车刀装高或装低)来改变车刀实际角度的情况,例如在车削细长轴类工件时,车刀刀尖应略高于工件中心 0.2～0.3mm，这时刀具的工作后角稍有减小，而且当后刀面上有轻微磨损时，有一小段后角等于零的磨损面与工件接触，这样能防止振动。

2. 刀杆中心线与进给方向不垂直时对工作角度的影响

车刀刀杆与进给方向不垂直时，若逆时针方向偏转了 G 角（如图 1-15 所示），工作主偏角增大，工作副偏角减小。

$$\begin{cases}\kappa_{re}=\kappa_r+G\\ \kappa_{re}'=\kappa_r'-G\end{cases} \tag{1-9}$$

其中：G——假定进给平面 p_f 与工作平面 p_{fe} 之间的夹角，在基面 p_r 内测量。

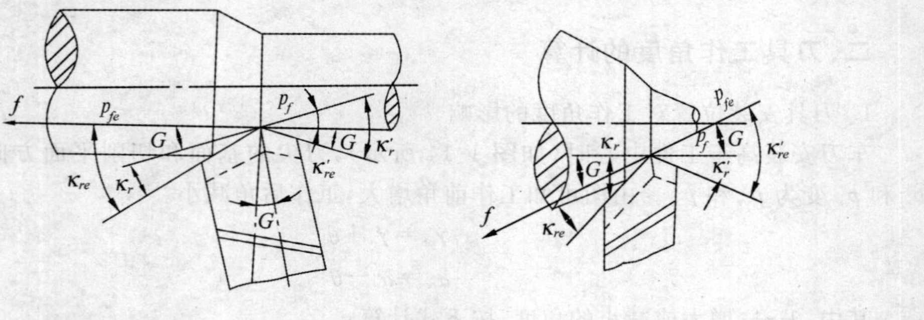

图 1-15　刀杆中心线与进给方向不垂直时工件角度的影响

车刀刀杆的装偏，改变了主偏角和副偏角的大小。对一般车削来说，少许装偏影响不是很大。但对切断加工来说，因切断刀安装不正，切断过程中就会产生轴向分力，使刀头偏向一侧，轻者会使切断面出现凹或凸形，重者会使切断刀折断，必须引起充分的重视。

3. 进给运动对刀具工作角度的影响

(1)横向进给运动时。如图 1-16 所示，切断刀在不考虑进给运动时，车刀主切削刃选定点相对于工件的运动轨迹为一圆周，γ_o 和 α_o 为标注前角和后角。当考虑横向进给运动以后，主切削刃选定点相对于工件的运动轨迹为一阿基米德螺线。γ_{oe} 和 α_{oe} 为工作参考系内的工作角度。此时工作角度和刀具标注角度之间的关系为：

$$\begin{cases}\gamma_{oe}=\gamma_o+\eta\\ \alpha_{oe}=\alpha_o-\eta\end{cases} \tag{1-10}$$

其中 η 为合成切削速度角，是同一瞬间主运动方向与合成切削速度方向间的夹角，在工作平面内测量：

$$\tan\eta=\frac{v_f}{v_c}=\frac{nf}{\pi dn}=\frac{f}{\pi d} \tag{1-11}$$

式中：f——每转进给量(mm/r)；

d——工件过渡表面直径(mm)。

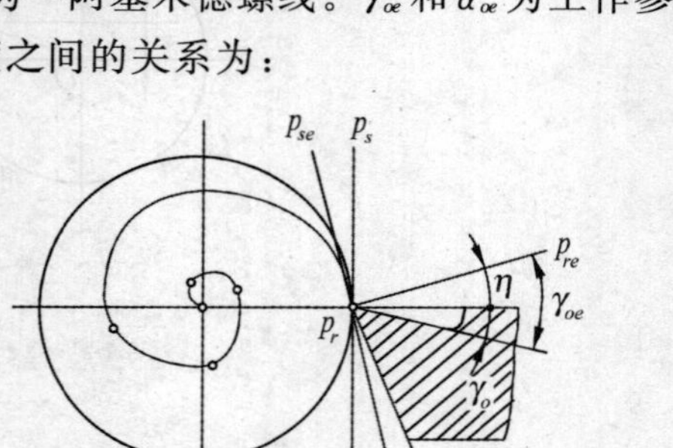

图 1-16　横向进给运动时工作角度的变化

由式(1-11)可知，当进给量 f 为一定值、切削刃距离工件中心 1mm 时，$\eta=1°40'$，再靠近中心，η 值急剧增大，工作后角则减小为负值，所以切断工件时，工件中心处实质上是被挤断的。同时 η 值亦会随着进给量 f 的增大而增大，所以铲齿加工应当重视 η 对工作前后角的影响。

(2)纵向进给运动时。如图 1-17 所示，纵向进给车削外圆时，同样是合成切削速度方向引起工作基面和工作切削平面发生变化。在工作平面内工作角度变化为：

$$\begin{cases}\gamma_{fe}=\gamma_f+\eta \\ \alpha_{fe}=\alpha_f-\eta\end{cases} \tag{1-12}$$

其中 η 为合成切削速度角，是同一瞬间主运动方向与合成切削速度方向间的夹角，在工作平面内测量：

$$\tan\eta=\frac{f}{\pi d_w} \tag{1-13}$$

式中：f——每转进给量(mm/r)；

d_w——切削刃选定点处工件待加工表面直径(mm)。

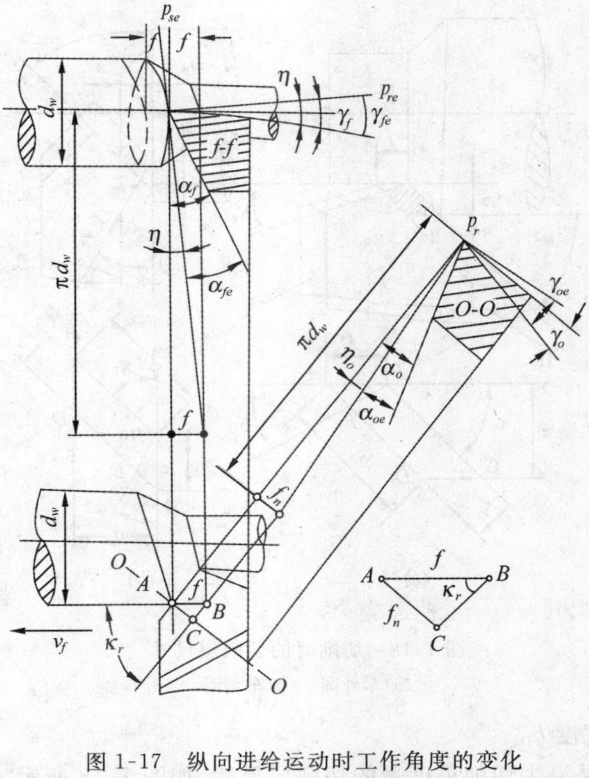

图 1-17 纵向进给运动时工作角度的变化

显然，合成切削速度角 η 与进给量 f 和工件直径 d_w 有关。一般外圆车削时，$f\leqslant d_w$，η 值很小，不超过 $30'\sim1°$ 可以忽略不计。但车削大螺距螺纹、丝杠等时，f 值较大，η 值很大，可大到 15°左右，η 值对工作角度和刀具切削性能影响很大，必须计算刀具的工作角度。

§1-4 切削层的参数

切削层是切削时刀具切过工件的一个单程所切除的工件材料层。图 1-18 中工件旋转一周,刀具从位置 1 移到 2,从而产生一圈过渡表面所切下的工件材料层称为切削层。切削层的大小和形状直接决定了车刀切削部分所承受的负荷大小及切下切屑的形状和尺寸。

为了简化计算,规定切削层是在刀具的基面中测量的。如图 1-18 所示为车外圆和端面,主副切削刃为直线,$\lambda_s=0°$,$\kappa_r'=0°$时,切削层的公称横截面积 $ABCD$ 为一平行四边形;当 $\kappa_r=90°$时,切削层的公称横截面积 $ABCD$ 为一矩形。

反映切削层尺寸的参数有:

1. 切削层公称厚度 h_D

简称切削厚度,是相邻两过渡表面之间的垂直距离,如图 1-18 所示。它对切削层的变形、切削力、切削热、刀具磨损及已加工表面质量有很大的影响。

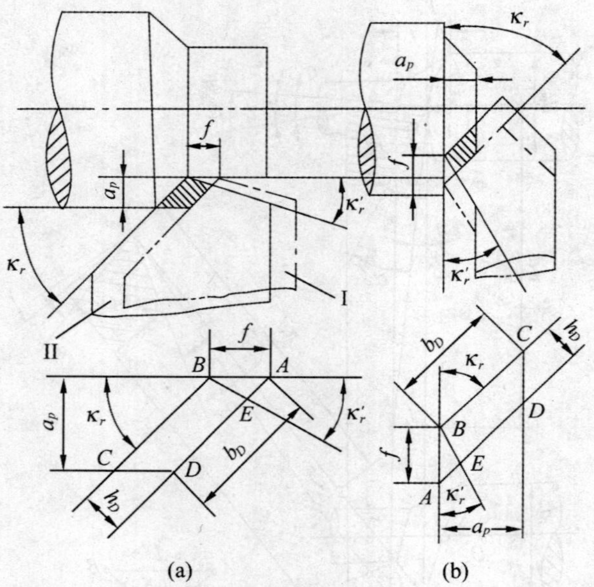

图 1-18 切削时的切削层尺寸

(a)车外圆 (b)车端面

2. 切削层公称宽度 b_D

简称切削宽度,是沿主切削刃度量的切削层尺寸,如图 1-18 所示。当 $\lambda_s=0°$时,切削宽度即是主切削刃的工作长度,它对切削力、切削温度的影响最大。

3. 切削层公称横截面积 A_D

简称切削面积,是切削层在基面 p_r 内的横截面积。它等于切削厚度和切削宽度的乘积,如图 1-18 所示。必须指出,实际的切削层面积□$EBCD$ 比 A_D 要小,因为存在残留面积$\triangle ABE$，它直接影响已加工表面的粗糙度。

切削厚度 h_D、切削宽度 b_D 与进给量 f、背吃刀量 a_p 的关系为：

$$h_D = f \cdot \sin\kappa_r \text{(mm)} \tag{1-14}$$

$$b_D = a_p / \sin\kappa_r \text{(mm)} \tag{1-15}$$

$$A_D = h_D b_D = f \cdot a_p \text{(mm}^2\text{)} \tag{1-16}$$

由上述三式可以看出：当 f, a_p 一定时，主偏角 κ_r 的变化不影响切削面积 A_D 的大小，但会引起切削层公称厚度 h_D、公称宽度 b_D 的变化，即影响切削层的形状和尺寸。如图1-19所示。

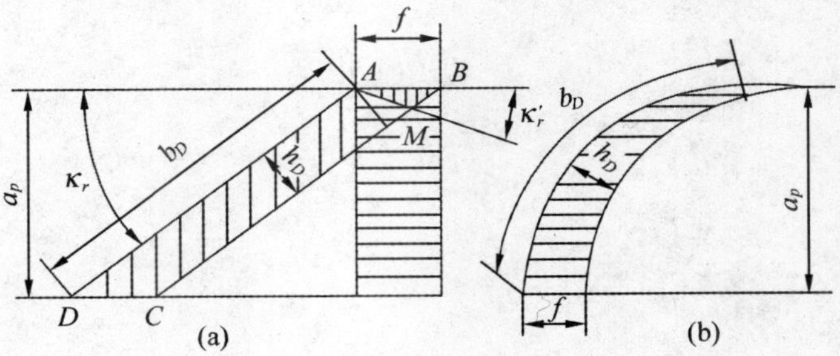

图 1-19　切削层形状及其尺寸

(a)切削刃为直线刃　(b)切削刃为曲线刃

随着主偏角的减少，h_D 减少，b_D 增大，切削层横截面变得宽而薄；反之，随着主偏角的增大，切削层横截面则变得厚而窄。

习　题

1. 欲车削一直径为 80mm 的圆钢型材，一次加工为直径 60mm，选用 $f=0.5\text{mm/r}$，$n=240\text{r/min}$。试求切削用量三要素，并求进给速度 v_f。
2. 刀具切削部分有哪些结构要素？怎样定义？
3. 刀具静止参考系有哪几种？它们是由哪些参考平面构成？试给这些参考平面下定义。
4. 在何种情况下，主切削刃上任一点的法平面与正交平面重合？
5. 图示为车端面和车内孔的情况。

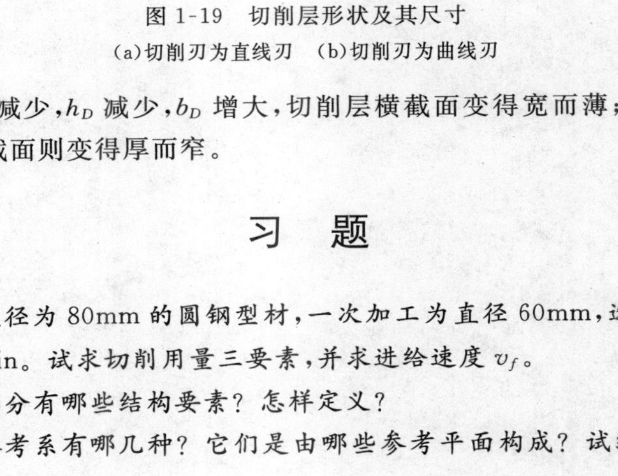

车端面　　车内孔

习题 1-5 图

(1)试标出待加工表面、已加工表面、过渡表面、背吃刀量、切削层的公称厚度和切削层的公称宽度。

(2)车端面的 45°弯头车刀：$\kappa_r=\kappa_r'=45°$，$\gamma_o=-5°$，$\alpha_o=\alpha_o'=6°$，$\lambda_s=-3°$；车内孔的镗刀：$\kappa_r=75°$，$\kappa_r'=15°$，$\gamma_o=10°$，$\alpha_o=\alpha_o'=10°$，$\lambda_s=10°$。用图将上述角度画出，并指出前刀面、主(副)后面、主切削刃、副切削刃的位置。

6. 切断刀的刀刃低于工件中心 h 时，试问其工作角度 γ_{oe} 和 α_{oe} 各怎样变化？

7. 在题 1 中，若使用刀具主偏角 $\kappa_r=75°$。试问其切削厚度、切削宽度、切削层面积各是多少？

第二章　刀具材料

知识点：1. 刀具材料应具备性能。

2. 常用刀具材料的特点应用。

3. 其他刀具材料。

技能点：能根据加工实际需要选用刀具材料。

刀具材料主要是指刀具切削部分的材料。在金属切削过程中，刀具材料的切削性能对生产效率、已加工表面质量、刀具寿命和加工成本影响很大。因此，应当重视刀具材料的正确选用和合理使用，重视新型刀具材料的研制与应用。本章主要介绍常用的刀具材料的性能、牌号、主要化学成分及其使用。

§2-1 刀具材料应当具备的性能

一、刀具切削材料应具备的性能

在切削加工中，刀具切削部分不但要承受切削过程中的高温、高压及冲击载荷，而且还要受到切屑及工件的强烈摩擦。因此，刀具切削材料应具备下列性能：

(1)高的硬度和耐磨性。刀具材料的硬度必须高于工件材料的硬度，否则在高温高压下，就不能保持刀具锋利的几何形状。一般在常温下，刀具硬度都在60HRC以上。耐磨性指刀具材料抵抗磨损的能力，一般刀具材料的硬度越高，耐磨性越好。但对于硬度相同的刀具，其耐磨性还取决于它们的显微组织。材料的碳化物颗粒越多，晶粒越细，分布越均匀耐磨性越好。

(2)足够的强度和韧性。切削时刀具承受很大的切削力和冲击，如车削45钢时，当$a_p=4mm$，$f=0.5mm/r$时刀具要承受约4000N的切削力，因此刀具必须具有足够的抗弯强度和冲击韧性，防止切削过程中刀具发生脆性断裂和崩刃。

(3)高的耐热性。耐热性又称热硬性或红硬性，是衡量刀具材料切削性能的主要指标。它是指在高温下保持材料硬度的性能，可用高温硬度表示。高温硬度越高，表示材料的耐热性越好，刀具材料在高温下抗塑性变形的能力、抗磨损的能力也越强。耐热性越好的材料允许的切削速度越高。常用刀具材料的耐热温度如下：碳素工具钢200～250℃，合金工具钢 300～400℃，普通高速钢 600～700℃，硬质合金 800～1000℃。

(4)良好的工艺性。为了便于刀具制造，要求刀具材料具有良好的工艺性能。工艺性能主要包括刀具材料的热处理性能、可磨削性、锻造性能及高温塑性变形等。工艺性能差的材料不宜制造刀具。

(5)经济性。在满足以上性能要求，刀具材料尽可能满足资源丰富、价格低廉的要求。经济性是评价新型刀具材料的重要指标之一，也是正确选用刀具材料、降低产品成本的主要依据之一。

刀具材料种类很多，但目前还没有找到一种能完全满足上述性能要求的刀具材料。硬度、耐磨性高的材料，其强度、冲击韧度往往较差，反之亦然。所以一种好的刀具材料应根据它的工艺需要保证主要需求的性能。

如图 2-1 所示为各种刀具材料的耐磨性和冲击韧度的关系，并说明了各种刀具材料所适宜的切削用量范围。

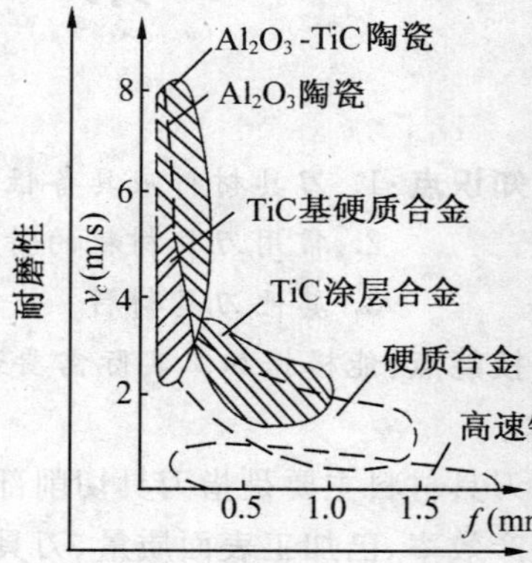

图 2-1　各种刀具材料的耐磨性和冲击韧度

二、常用刀具材料的种类

当前常用刀具材料可分为工具钢(包括碳素工具钢、合金工具钢和高速钢)、硬质合金、陶瓷、超硬材料四大类。

碳素工具钢是含碳量在 0.70%～1.35%之间的优质高碳钢，常用牌号有 T8A，T10A，T12A 等。淬火后硬度为 60～64HRC，与一般高速钢相近，但其耐热性很差，当切削温度超过 200℃～250℃时，硬度将急剧下降，失去切削能力。因此碳素工具钢只能在 8～10m/min 的切削速度下工作。同时碳素工具钢的淬透性差，淬火时在水中急剧冷却，容易产生淬火变形和开裂。碳素工具钢的优点是价格低廉，切削刃可磨得很锋利，一般用来做切削速度低、尺寸较小的手动工具，如丝锥、锉刀及手锯条等。

合金工具钢是在碳素工具钢中加入一定量的合金元素，如钨、铬、钼、钒、锰、硅等组成的工具钢。常用的合金工具钢有 9SiCr，CrWMn 等。这些钢淬火后的硬度达 60～65HRC，与碳素工具钢差别不大，但耐热性稍高，一般为 300℃～400℃。因此，切削速度可比碳素工具钢高 20%左右。主要用于制造丝锥、板牙、铰刀等要求热处理变形小的低速刀具。

目前机加工中应用最多的是高速钢和硬质合金。随着难加工材料应用的增加，陶瓷刀具、金刚石等超硬材料的使用量日益增长，它们的显微硬度很高，具有优良的抗磨损性能，刀具寿命长，能保证高的加工精度，应予以足够的重视。

§2-2　高速钢

高速钢是含有较多的钨(W)、钼(Mo)、铬(Cr)、钒(V)的高合金工具钢。它具有较高的耐热性，切削温度在500℃～600℃时仍能保持高硬度，从而允许的切削速度比碳素工具钢和合金工具钢提高1～3倍，铬提高了高速钢的淬透性，使小型刀具在空气中冷却就能淬硬，且刃磨时能获得锋利的刃口，故高速钢又有“风钢”、“锋钢”之称。因其刃口颜色呈白色，又称“白钢”。

高速钢是综合性能好、应用广泛的一种刀具材料。它可以承受较大的切削力和冲击，其强度和韧性是现有刀具材料中最高的(其抗弯强度是硬质合金的2～3倍，韧性是硬质合金的9～10倍)，具有一定的硬度和耐磨性，同时高速钢还具有良好的工艺性，特别适于制造各种复杂及大型成形刀具，如成形车刀、各种铣刀、钻头、拉刀、齿轮刀具和螺纹刀具等，可以加工从有色金属到高温合金的各种材料。

高速钢按性能可分为普通高速钢和特殊用途的高性能高速钢。按制造工艺可分为熔炼高速钢和粉末冶金高速钢。

一、普通高速钢

普通高速钢的最大特点是制造工艺性能好，广泛用于制造各种形状复杂的刀具。能加工硬度在250～280HBS以下的大部分结构钢和铸铁，价格便宜，应用广泛。按化学成分不同，普通高速钢又可分为钨系高速钢和钨钼系高速钢。

(1)钨系高速钢。这种钢的典型代表是W18 Cr 4V(简称W18)，它含W18%，Cr4%，V1%，具有较好的综合性能(见表2-1)，可制造各种复杂的刀具，是我国最常用的一种高速钢。W18钢的缺点是碳化物分布不均匀，不宜作大截面的刀具；此外，W18钢热塑性较差，不适合作热轧刀具。由于上述缺点和国际市场上钨价格的提高，W18钢逐渐被新钢种代替。

表2-1　常用高速钢的种类、牌号、主要性能和用途

种类		牌号	常温硬度 HRC	高温硬度 HRC	抗弯强度 GPa(kgf/mm²)	冲击韧度 MJ/m⁻² (kgf·m/mm²)	其他特性	主要用途
通用性高速钢	钨系高速钢	W18Cr4V	63～66	48.5	2.94～3.33 (300～340)	0.170～0.310 (1.8～3.2)	可磨性好	复杂刀具，精加工刀具
	钨钼系高速钢	W6Mo5Cr4V2	63～66	47～48	3.43～3.92 (350～400)	0.398～0.446 (4.1～4.6)	高温塑性好，热处理较难，可磨性稍差	代替钨系用，热轧刀具
高性能高速钢	钴高速钢	W2Mo9Cr4-VCo8	67～70	55	2.64～3.72 (270～380)	0.223～0.291 (2.3～3.0)	综合性能好，可磨性也好，但价格高	切削难加工材料的刀具
	铝高速钢	W6Mo5Cr4-V2Al	67～69	54～55	2.84～3.82 (290～390)	0.223～0.291 (2.3～3.0)	性能与W2Mo-9Cr4VCo8相当，价格低得多，可磨性略差	切削难加工材料的刀具

(2)钨钼系高速钢。W6Mo5Cr 4V2(简称 M2)是我国常用的典型钨钼系高速钢种。它以 Mo 取代一部分 W,其碳化物细小,分布均匀,抗弯强度比 W18 Cr 4V 高 28%~34%,抗冲击韧性要高 70%,热塑性也非常好,主要用于轧制或扭制麻花钻。M2 钢的缺点是热处理容易脱碳,较易氧化,淬火温度范围较窄。W9Mo3Cr4V(简称 W9)是我国自行研制的新钢种,其硬度、强度、热塑性略高于 W6Mo5Cr4V2,此钢种易轧易锻,具有良好的切削性能。

二、高性能高速钢

高性能高速钢是指在普通高速钢中加一些钴、钒、铝等合金元素及增加一些含碳量,进一步提高耐磨性和耐热性的新型高速钢。一般加热到 630℃~650℃仍可保持 60HRC 的硬度,因此切削性能优于普通高速钢,寿命是普通高速钢的 1.5~3 倍。适合于高强度钢、高温合金、钛合金、不锈钢等难加工材料的切削加工。我国最常用的高性能高速钢有钴高速钢和铝高速钢,典型牌号有 W2Mo9Cr4V2Co8,W6Mo5Cr4V2Al 等。

(1)W2Mo9Cr4V2Co8(简称 M42)属于钴高速钢。它具有良好的综合性能,硬度高达 67~69HRC,600℃时达 55HRC,因此能适用于较高的切削速度。但这种钢由于钴含量较高(我国钴主要靠进口),价格昂贵。

2. W6Mo5Cr4V2Al(简称 501)为我国独创的含铝无钴的超硬高速钢,其高温硬度、抗弯强度和冲击韧性均与 M42 相当,具有优良的切削性能。因不含钴,加工成本低,适合我国国情,已在我国推广使用。但 501 钢热敏感性较强,因此其热处理工艺要求较高。

三、粉末冶金高速钢

碳化物偏析是影响熔炼高速钢制造质量的主要原因。采用粉末冶金法可解决这一问题,提高刀具质量。

粉末冶金高速钢用高压惰性气体(如氩气或纯氮气)将熔融的钢液雾化成粉末,再经过高温高压下烧结制成钢坯或刀坯后,再经轧制(或锻造)成材。粉末冶金高速钢克服了熔炼高速钢产生的碳化物偏析现象,得到细小均匀的结晶组织,可以提高钢的硬度、强度,减小热处理变形并改善了磨削加工性。粉末冶金高速钢适合制造精密复杂的刀具和断续切削的刀具。目前此类高速钢成本较高,应用尚少,但今后可能成为制造断续切削刀具的主要材料。

四、涂层高速钢

涂层刀具材料是在刀具材料(如高速钢或硬质合金)的基体上,涂覆一层几微米厚的高硬度、高耐磨性的金属化学物而构成的。这种刀具材料既有基体的强度韧性,又使表面有更高的硬度和耐磨性,性能优异。自 20 世纪 60 年代出现以来发展迅速,应用广泛。

涂层高速钢是用物理气相沉积法(PVD)在高速钢刀具基体上涂覆一薄层 TiN 而成的刀具材料。由于基体是强度、韧性较好的高速钢,表层是硬度和耐磨性很高的 TiN 涂层,同时 TiN 涂层有较高的热稳定性,与钢的摩擦系数较低,且与高速钢结合牢固,所以涂层高速钢刀具寿命比不涂层高速钢的刀具寿命提高 2~10 倍。目前涂层高速钢已在钻头、齿轮刀具、拉刀、丝锥等结构复杂刀具上广泛应用。除 TiN 涂层外，近来还开发了 TiCN，TiAlN 等涂层。这些涂层高速钢显著提高了刀具的切削性能，在切削不锈钢、铸铁时性能更好。

§2-3　硬质合金

硬质合金是以高硬度高熔点的金属碳化物（WC，TiC，NbC，TaC 等）粉末为基体，用钴或镍为黏结剂，用粉末冶金的方法制得。

一、硬质合金的性能

1. 硬度高、耐磨性好

硬质合金中含有大量碳化物，其熔点高，硬度高，因此硬质合金的硬度也很高，达到 74～82HRC（高速钢为 63～69HRC）。

2. 耐热性高

硬质合金的耐热性可达 800℃～1000℃，切削温度在 1000℃时硬度仍无明显降低。因此硬质合金的切削性能超过高速钢，刀具寿命可提高几倍到几十倍。在相同刀具寿命下，硬质合金的切削速度高于高速钢 4～10 倍。

3. 抗弯强度和冲击韧性较差

硬质合金抗弯强度只相当于 W18Cr4V 的 1/2～1/4，冲击韧性为 W18Cr4V 的 1/4～1/30，因此不能承受很大的冲击载荷。但这一缺陷可通过刃磨合理的刀具角度来弥补。

硬质合金已成为生产中主要刀具材料之一，通常把它制成不同形状的刀片，再通过焊接或紧固件镶嵌在刀体上。目前，绝大多数车刀、面铣刀和部分立铣刀、深孔钻、浅孔钻、铰刀等均已采用硬质合金制造。由于硬质合金的工艺性较差，它用于复杂刀具尚受到很大限制。现在国内外都已研制出各种新型硬质合金，其性能不断得到改善。常用硬质合金的成分、性能与应用范围如表 2-2 所示。

二、常用硬质合金的种类与牌号

1. WC 基硬质合金

WC 基硬质合金以碳化钨（WC）为基体，常见种类如下：

(1)钨钴类硬质合金

此类硬质合金由 WC 和 Co 组成，代号为 YG，相当于 ISO 的 K 类。我国常用牌号有 YG3，YG3X，YG6，YG6X，YG8，YG8C 等。牌号 Y 表示硬质合金，G 表示钴，后面的数字表示含钴的百分数；X 表示细晶粒，C 表示粗晶粒，无字母表示中晶粒。

YG 类硬质合金随含钴量的增加，其硬度降低，抗弯强度增加，承受冲击的能力增强，适合粗加工。反之，含钴量减少，硬度耐磨性增加，但强度韧性低，适合精加工。因此 YG8 有较高的抗弯强度，能承受较大的冲击载荷，适用于粗加工，而 YG3 则适用于精加工。

钨钴类硬质合金硬度一般为 89～91HRA，耐热温度为 800℃～900℃，与钨钛钴类比较，硬度与耐热性较低，但钨钴类硬质合金有以下两个优点：

①抗弯强度、冲击韧性较高：主要用来加工脆性材料，如铸铁、青铜等，因为切削这些材料时，将得到崩碎切屑，对切削刃冲击较大，如果刀具材料强度不够，则易引起崩刃。

②导热性较好：因此用钨钴类硬质合金加工不锈钢、耐热合金、钛合金等导热性差的材料能达到良好效果。

表 2-2　　各种硬质合金的成分、性能与应用范围

类型	牌号	成分×100				物理力学性能			使用性能			相当于 ISO 牌号	
		ω_{WC}	ω_{TiC}	ω_{TaC}	ω_{Co}	热导率	硬度 HRA (HRC)	抗弯强度/GPa	加工材料类别	耐磨性	韧性		
钨钴类	YG3	97	—	—	3	87.92	91	1.08	铸铁、有色金属、非金属材料	↑	↓	K 类	K01
	YG6X	93.5	—	0.5	6	75.55	91	1.37					K01
	YG6	94	—	—	6	75.55	89.5	1.42					K10
	YG8	92	—	—	8	75.36	89	1.47					K20
	YG8C	92	—	—	8	75.36	88	1.72					K30
钨钛钴类	YT30	66	30	—	4	20.93	92.5	0.88	钢（碳素钢、合金钢）	↓	↑	P 类	P01
	YT15	79	15	—	6	33.49	91	1.13					P10
	YT14	78	14	—	8	33.49	90.05	1.17					P20
	YT5	85	5	—	10	62.80	89	1.37					P30
添加钽（铌）类	YG6A	91	—	5	6	—	91.5	1.37	铸铁、有色金属、非金属材料、钢及难加工材料				K10
	YG8A	91	—	1	8	—	89.5	1.47					K10
	YW1	84	6	4	6	—	91.5	1.18				M 类	M10
	YW2	82	6	4	8	—	90.5	1.32					M20
碳化钛基类	YN05	—	79	—	—	—	93.3	0.78～0.93	钢（碳素钢、合金钢）	—		P 类	P01
	YN10	15	62	1	—	—	92	1.08					P01

(2)钨钛钴类硬质合金

这类硬质合金由 WC，TiC 和 Co 组成，代号是 YT，相当于 ISO 的 P 类。我国常用牌号有 YT5，YT14，YT15 和 YT30。牌号后面的数字表示含 TiC 的百分数。

YT 类硬质合金加入 TiC 的作用是提高合金的硬度、耐热性、抗黏结、抗氧化能力。随 TiC 含量的增加，Co 含量的降低，材料硬度和耐磨性提高，抗弯强度和韧性降低。因而 YT30 硬度及耐磨性高，但韧性较差，用于精加工；而 YT5 则相反，适合粗加工。

与 YG 类硬质合金相比，YT 类合金的硬度、耐热、耐磨性较高，但强度及韧性有所下降，用于切削钢和其他韧性较大的塑性材料，因其导热性差，故不宜切削含 Ti 的不锈钢。

(3)钨钛钽(铌)钴类硬质合金

这类硬质合金由 WC，TiC，TaC(NbC)和 Co 组成，相当于 ISO 的 M 类。它是在前两类硬质合金中添加了少量高熔点的碳化钽(TaC)和碳化铌(NbC)。分为两类：

①YG 类硬质合金中加入少量的 TaC(NbC)，能阻止 WC 晶粒长大，起到细化晶粒的作用，显著提高了硬质合金的高温硬度、耐磨性和耐热性。此类硬质合金既可用来半精加工冷硬铸铁、有色金属及其合金，也可用于高锰钢、淬火钢及耐热合金钢的半精加工和精加工。国产这类硬质合金牌号很多，有 YG6，YG8A 等。

②YT 类硬质合金中加入少量的 TaC(NbC)，可使高温硬度提高 50～100HV，并提高了抗弯强度和冲击韧性。可以加工铸铁、有色金属，还可加工碳素钢、合金钢等，又称“通用合金”或“万能合金”。常用牌号为 YW1，YW2。

钨钛钽(铌)钴类硬质合金性能较前两类好，且晶粒细密，但由于价格昂贵，主要用于加工难切材料。

2. TiC 基硬质合金

这类硬质合金以 TiC 为主要成分，用 Ni 和 Mo 作黏结剂。代号为 YN，常用牌号有 YN05，YN10 等。由于 TiC 的硬度高，达 90～95HRA，因此这类硬质合金的硬度高于 WC 基，具有很高的耐磨性。在 1000℃～1300℃高温下仍能进行切削，所以有较好的耐热性与抗氧化能力。另外，该合金的化学稳定性好，与工件亲和力小，摩擦系数小，抗黏结能力较强，不宜产生积屑瘤。但冲击韧度较差，目前主要用于钢料连续表面的精加工和半精加工。

三、新型硬质合金

1. 细晶粒、超细晶粒硬质合金

晶粒细化可提高硬质合金的硬度，但抗弯强度会有所降低。如果在细化碳化物晶粒的同时，增加黏结剂的含量，使黏结层保持一定厚度，这种合金由于硬质相和黏结相高度分散，既可增加硬质合金的硬度和耐磨性，又可提高抗弯强度。如 YG10H 类(含钴量增至 9%～15%)就属于这种硬质合金。

前面所述普通 YG 类硬质合金中，WC 的粒度为几微米，如果使 WC 的平均粒度降至 1.5μm左右就称为细晶粒硬质合金(如 YG3X，YG6X)，近年来出现的超细晶粒硬质合金，其 WC 粒度绝大部分在0.5μm以下。

细晶粒和超细晶粒硬质合金与普通晶粒硬质合金相比，主要有以下特点：

(1)提高了硬质合金的硬度和耐磨性，减小与工件材料的化学亲和力。试验指出：当 WC 晶粒平均尺寸由5μm减小到1μm时，可使硬质合金耐磨性提高 10 倍。因此，它适于加工高硬度的难加工材料。

(2)提高了抗弯强度和冲击韧度。部分超细晶粒硬质合金的强度已接近高速钢。所以也适合于断续切削和一般硬质合金不适应的低速切削($v_c<0.03\sim1.9$m/s)

(3)此类硬质合金晶粒细小,可以磨出极锐利的切削刃和刀尖圆弧半径,适用于小进给量和小背吃刀量的精细加工。

2. 钢结硬质合金(YE类)

YE类硬质合金又称高速钢基硬质合金,它的硬质相是WC,TiC,黏结剂是高速钢(占60%~70%),用粉末冶金法制成。其性能介于硬质合金和高速钢之间。它的一个重要特点是可切削加工、锻造、焊接与热处理,因此可用于制造拉刀、钻头、铣刀等结构复杂的刀具。它填补了硬质合金和高速钢之间在性能方面的一段空白。此类硬质合金导热性差,容易过热,切削时要求充分冷却,不宜用于高速切削。

3. 涂层硬质合金

涂层硬质合金一般采用化学气相沉积法(CVD),在韧性较好的硬质合金刀片表面涂覆一薄层(5~12μm厚)硬度和耐磨性很好的材料,这不但对解决硬质合金的耐磨性与韧性之间的矛盾起了一定的作用,而且同样切削条件下可以明显提高刀具的寿命及降低切削力,提高工件的加工表面质量。

涂层材料一般为晶粒极细的碳化物、氮化物、氧化物等。常用的涂层材料有TiC,TiN和Al_2O_3等。其中TiC涂层的硬度最高,耐磨性好,抗机械磨损的性能很强,但这种涂层刀片的韧性与抗弯强度较低。适用于连续切削及会使刀具产生剧烈磨损的场合,涂层厚度一般为5~7μm;TiN与金属的亲和力小,摩擦系数小,抗月牙洼磨损的能力优于TiC涂层,适合加工钢材或其他切屑易于黏结在前刀面上的工件材料;Al_2O_3在高温下具有极好的耐热性,因此在用硬质合金高速切削时,采用Al_2O_3涂层比采用TiC与TiN好。

为了综合各种涂层材料的优点,可采用双涂层或多涂层,如TiC-TiN,TiC-Al_2O_3,TiC-Al_2O_3-TiN等涂层。

涂层硬质合金刀具虽有很多优点,可适用于各种钢料、铸铁的精加工和半精加工。但涂层刀片也有一定的局限性:首先,涂层刀片仅适用于可转位刀具;其次,涂层刀片不适宜加工高温合金、钛合金、有色金属及非金属材料,因含钛的涂层材料亲和力极强,易与铜、铝等有色金属起反应;再者,涂层刀片切削刃锋利性、韧性、抗崩刃性能均不及未涂层的刀具,故对于小进给量的精加工、有氧化外皮及夹砂材料的粗加工、强力切削等,尚不宜使用涂层硬质合金。

据有关资料介绍,目前世界上涂层刀片占刀片总销售量的30%~50%,随着涂层技术的发展和工艺的改进,涂层硬质合金的应用范围会进一步扩大。

§2-4 其他刀具材料

近年来,一方面由于高硬度难加工材料的不断增多,迫切需要解决刀具寿命,提高生产率;另一方面由于钨资源的日渐缺乏,而硬质合金刀具材料中大量需要钨,国际市场钨矿石的价格不断上涨,在一定程度上促进了陶瓷和其他刀具的发展。

一、陶　瓷

陶瓷是以氧化铝（Al_2O_3）或氮化硅（Si_3N_4）为基体，再添加少量金属，在高温下烧结而成的一种刀具材料。主要特点是：

(1)有很高的硬度和耐磨性，常温硬度达 91～95HRA。

(2)很高的耐热性，在 1200℃～1400℃条件下仍具有切削能力。

(3)化学惰性大，与被加工材料的亲和力小。抗黏结磨损与抗扩散磨损的能力很强。

(4)但抗弯强度和冲击韧性差，对冲击十分敏感。

(5)热导率低，抗热冲击性能较差。故陶瓷刀具切削时不宜有较大的温度波动，一般不加切削液。

按组成成分不同，Al_2O_3陶瓷刀具材料可分为两类：

1. 高纯氧化物陶瓷

主要是以纯度很高的氧化铝（Al_2O_3）加微量的添加剂，经过冷压烧结而成。这种材料的硬度高，可达 92～94HRA，但抗弯强度低，为 45MPa～55MPa，焊接与刃磨比较困难，未能得到广泛应用。

2. 复合陶瓷

复合陶瓷是在氧化铝（Al_2O_3）基体中，加入 TiC，WC 等高温碳化物和金属添加剂（如镍、铬、钨、钼、钛、钴及铁等）制成的。加入高温碳化物和金属添加剂可以达到提高抗弯强度的目的，其抗弯强度可达 60～90MPa。

除了上述 Al_2O_3陶瓷材料外，近年来还发展了氮化硅基陶瓷（Si_3N_4），这类陶瓷材料的硬度与氧化铝复合陶瓷相近，约为 92HRA，而抗弯强度显著提高，达 100MPa 以上，同时有较高的韧性和抗热振性。其最大特点是能进行高速切削，切削速度可达 500～600m/min。不仅能胜任淬火钢、冷硬铸铁等高硬度材料的半精加工及精加工，而且对铝镍基合金、高锰钢等易形成积屑瘤的材料的精车也取得了很好的效果。

陶瓷刀具主要用于半精加工和精加工有色金属、铸铁、各种工具钢和淬硬钢，但不适用于冲击力大的断续切削。近年来陶瓷材料刀具的制造工艺发展很快，陶瓷刀具已广泛应用于高速切削、干切削、硬切削以及难加工材料的切削加工，可以高效加工传统刀具根本不能加工的高硬度材料，实现"以车代磨"；陶瓷刀具材料的最佳切削速度可比硬质合金刀具高 2～10 倍；陶瓷刀具材料的主要原料是地壳中最丰富的元素（Al_2O_3、碳化物、SiO_2等），对发展和推广陶瓷刀具材料十分有利。近年来陶瓷材料刀具的制造工艺发展很快，可以预料，陶瓷刀具今后将会有很大的发展。

二、金刚石

金刚石是碳的同素异形体，是目前最硬的物质，其显微硬度达 10000HV。金刚石刀具的主要优点有：

(1)极高的硬度和耐磨性，可加工 65～70HRC 的材料。

(2)导热性好，热膨胀系数低，因此切削加工不会产生很大的热变形。

(3)刃面质量好，能长期保持锋利的切削刃。在正确使用下，金刚石车刀可工作 100h

以上。

以上性能对于精度要求高(IT7～IT6)、表面粗糙度小于 Ra 0.16μm的精密加工有着重要意义。

缺点是:

(1)金刚石性脆,不能承受很大的冲击;热稳定性低,切削温度在 700℃～800℃时,其表面就会碳化。

(2)化学稳定性差,金刚石中的碳元素与铁元素有很强的化学亲和力,因此金刚石刀具不适于加工铁族材料。通常用金刚石刀具精密切削有色金属及其合金、高硬度的非金属材料如陶瓷、硬质合金、刚玉、耐磨塑料等。

金刚石有人造金刚石和天然金刚石两种,但都是碳(石墨)的同素异构体。

天然金刚石具有极高的硬度(10000HV 左右)和耐磨性,因此,可以加工硬质合金(1050～1800HV)、陶瓷等高硬度的耐磨材料,可以用来修整砂轮,也可以加工非铁合金及不锈钢等,不宜加工铁系金属(铁合金)。天然金刚石主要缺点是性脆,易崩刃,刃磨困难,制造工艺性差,来源有限,价格昂贵。天然金刚石刃口质量与结晶方向有关,难以广泛推广使用。

人造金刚石是将粉末石墨微晶在高温、高压下,借助于合金触媒的作用,聚合而成的多晶体,其强度和韧性比天然金刚石高,主要用于非铁合金的高精度加工,人造金刚石砂轮已广泛应用于生产中,是磨削硬质合金及高强度、高硬度材料的特效工具。

金刚石的工艺性能差,人造金刚石的焊接与刃磨极为困难,又因尺寸较小,性脆,不能做成任意角度的刀片。近年来研制成功的复合人造金刚石刀片,是在硬质合金基体上烧结上一层厚度约为 0.5mm 的金刚石,组成金刚石与硬质合金的双层刀片。这样便保持了两者的优势,即刀片的强度高(指抗弯强度),能承受冲击负荷,并可进行重磨,是金刚石刀具的一种发展方向。

三、立方氮化硼(CBN)

立方氮化硼是 20 世纪 70 年代才出现的新型超硬刀具材料,它是由六方氮化硼(白石墨)在高温高压下加入催化剂转变而成的。CBN 有单晶体和聚晶体(PCBN)两种,由于受 CBN 制造技术的限制,目前制造直接用于切削刀具的大颗粒的 CBN 单晶仍很困难,且成本高。目前单晶体主要用于制造砂轮等磨具或磨料;PCBN 是在高温高压下将微细的 CBN 材料通过结合相(TiC 、TiN 、Al、Ti 等)烧结在一起的多晶材料,是目前利用人工合成的硬度仅次于金刚石的刀具材料,它与金刚石统称为超硬刀具材料。PCBN 克服了 CBN 单晶各向异性等不足,PCBN 主要用于制作刀具或其他工具。

立方氮化硼特点是:硬度高(8000～9000HV),仅次于金刚石;热稳定性大大高于金刚石(人造金刚石在空气中 800℃开始碳化,而 CBN 在 1300℃仍可进行切削,即使在 1500℃以上也不发生相变);化学惰性大,在 1200℃～1300℃高温下也不易与铁合金材料发生化学作用。因此可以加工钢铁,使其比金刚石有更广泛的应用场合。

立方氮化硼刀具能加工普通钢、冷硬铸铁、淬硬钢及高温合金等材料。刀具寿命常可达到硬质合金或陶瓷刀具寿命的几十倍。公差等级可以达到 IT6,表面粗糙度 Ra 为

1.25～0.1μm，可以代替磨削进行高精度的加工，生产率可比磨削高几倍。

习　题

1. 对刀具材料应有哪些基本要求？
2. 试述作为刀具材料的工具钢的种类以及各自的主要特点和使用范围。常用的高速钢的牌号有哪些性能特点？
3. 试述常用硬质合金的性能和使用范围。
4. 涂层硬质合金有什么优点？有几种涂层材料？它们各有何特点？
5. 陶瓷刀具、金刚石与立方氮化硼有何特点？适用场合如何？

第三章　金属切削过程中的基本规律

知识点：1. 切削加工本质和现象。
2. 各种切屑特征及产生条件。
3. 积屑瘤产生、加工中利弊及控制措施。
4. 影响切屑变形因素。
5. 切削各分力及其影响因素。
6. 切削热与切削温度及其影响因素。
7. 刀具磨损原因、形式。
8. 刀具磨损标准及刀具寿命。

技能点：1. 熟悉加工中变形规律(三个变形区)。
2. 合理利用和控制积屑瘤。
3. 采取措施减小切屑变形、切削力。
4. 根据切屑颜色判断切削温度。
5. 采取措施降低切削温度。
6. 能根据生产实践中的异常现象判断刀具是否磨钝。

§3-1　金属的切削过程

金属切削过程是刀具从工件表面上切除金属余量，获得符合要求的已加工表面的过程。在这个过程中将产生许多物理现象，如切削力、切削热、刀具磨损等，这些均以切削过程中金属的弹、塑性变形为基础。而生产实践中出现的积屑瘤、鳞刺、振动等问题，又都同切削过程中的变形规律有关。因此，研究和掌握切削过程中的基本规律，将有利于金属切削技术的发展，对合理选择切削用量，提高生产效率、工件的加工质量和降低生产成本都有重要的意义。

一、金属切削过程的实质

如图 3-1 所示，在切削过程中，切削层金属在区域Ⅰ受到刀具的外力作用，使工件上的一层金属产生弹性变形，刀具继续前进，位于刀具前方的区域，主要受剪切力的作用，在此剪切力的作用下，继而产生塑性变形，金属内部晶格产生剪切滑移，当剪切力超过金属的强度极限时，金属就断裂而成为切屑。切屑沿着刀具前刀面排出时，在区域Ⅱ受到刀具前刀面的挤压和摩擦进一步变形，同时在区域Ⅲ受到刀具后刀面的挤压摩擦作用也产生变形。可见，切削层金属是在前刀面和切削刃的不断挤压作用下，产生了弹性、塑性变形继而剪切滑移而成为切屑的。

根据切削试验的结果，切削层金属在切削过程中的变形是非常复杂的，为研究及分析的方便，通常将切削刃作用范围的切削层划分为三个变形区。如图 3-1 所示。

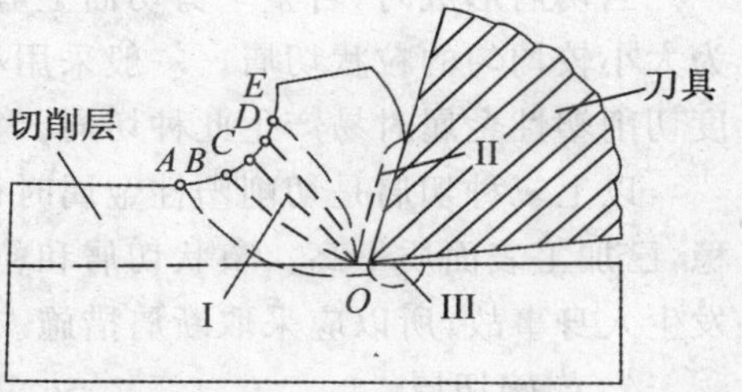

图 3-1　切屑形成过程

第Ⅰ变形区：滑移面附近的区域，是切削过程中产生塑性变形的主要区域。*OA* 称始滑移线，其应力值为 τ_s（材料屈服极限），切削层金属到达 *OA* 线时开始产生塑性滑移；*OE* 称终滑移线，其应力为 $\tau_{\max}$。通常第一变形区的厚度仅为 0.2～0.02mm，由此可近似用一剪切面来代替该区域，剪切面与切削速度方向的夹角称为剪切角，以 ϕ 表示。

第Ⅱ变形区：刀具前刀面附近的区域，切屑形成后沿前刀面流出时，受到前刀面的挤压和摩擦，进一步产生滑移变形并发生卷曲。

第Ⅲ变形区：刃口附近的已加工表面区域，刀具后刀面与已加工表面间的挤压和摩擦导致的变形。

二、切屑的种类

由于工件材料不同，切削条件不同，切削变形的程度也就不同，因而所产生的切屑形态也就多种多样。一般将切屑分为四种，如图 3-2 所示。

图 3-2　切屑的种类

(a)带状切屑　(b)节状切屑　(c)粒状切屑　(d)崩碎切屑

1. 带状切屑

带状切屑是最常见的一种连续状切屑。它内表面光滑，外表面呈毛茸状，一般加工塑性金属材料，在切削速度较高，切削厚度较小，刀具前角较大，容易产生这种切屑。产生带状切屑，其塑性变形还不充分，滑移还没有达到破裂程度。

2. 节状切屑

节状切屑又称为挤裂切屑，其外弧表面呈锯齿形，内弧表面有时有裂纹，这种切屑大都在切削速度较低、切削厚度较大的情况下产生。形成节状切屑的过程中，剪切滑移量大，局部地方滑移已达到破裂程度。

3. 粒状切屑

当切屑形成时，若整个剪切面上剪应力超过材料的破裂强度，则整个单元被切离，成为大小较均匀的粒状切屑。一般采用小前角或负前角，以极低的切削速度和大的切削厚度切削塑性金属时易产生此种切屑。实际生产中很少见。

以上三种切屑是切削塑性金属时得到，形成带状切屑时，切削力波动小，切削过程平稳，已加工表面质量高。节状切屑和粒状切屑次之，但带状切屑过长时会妨碍工作，容易发生人身事故，所以应采取断屑措施。

4. 崩碎切屑

切削脆性金属时，金属层在弹性变形后一般不经过塑性变形突然崩裂形成不规则的碎块状切屑，同时切削过程很不平稳，工件已加工表面凹凸不平，表面质量差。工件材料越硬脆、切削厚度越大时，越容易产生此类切屑。

在不同的切削条件下，形成的切屑种类不同，当条件改变时它们可以互相转化。在形成节状切屑情况下，改变切削条件，进一步减小切削速度，减小前角，增大切削厚度，就可以得到粒状切削；反之，如增大切削速度，增大前角，减小切削厚度，即可得到带状切屑。掌握其变化规律，有助于控制切屑形态，控制切削过程。

在生产中加工塑性金属材料得到的切屑形状是多种多样的，较为理想的屑型是长度100mm 以下的螺旋状切屑和定向落下的“C”型或“6”型切屑，它们不会缠绕到工件或刀具上，不会产生飞溅，切削力较稳定，切屑便于清理。

三、刀具前刀面与切屑之间的摩擦

在前刀面上存在着刀—屑的摩擦，它影响到切屑的形成、切削力、切削温度、刀具的磨损等；此外，还影响着积屑瘤和鳞刺的形成，从而影响已加工表面的质量。

1. 刀—屑产生的外摩擦

通常，一对滑动副叠放在一起，所加载荷较小，此时两个接触表面只是凸起点相接触，实际接触面积很小，只有名义接触面积的 1/1000，称峰点型接触，如图 3-3 所示。

图 3-3 峰点型接触示意图

当载荷增大时，相接触凹凸面不平的峰顶上产生变形，实际接触面积随之增大。此时摩擦力的大小只与法向力的大小成正比，而与接触面积的大小无关，这种摩擦称外摩擦。

2. 刀—屑产生的内摩擦

当实际接触面积随法向力增大到占名义接触面积很大比例，以至两个摩擦面积完全接触时，这两摩擦面发生的接触称为紧密型接触，如图 3-4 所示。此时滑动副中两个接触表面相对滑动时，要克服将其中较软的一方的材料整个面积剪去一薄层时所产生的阻力，此阻力与法向力无关，而与接触面积成正比，称为内摩擦。

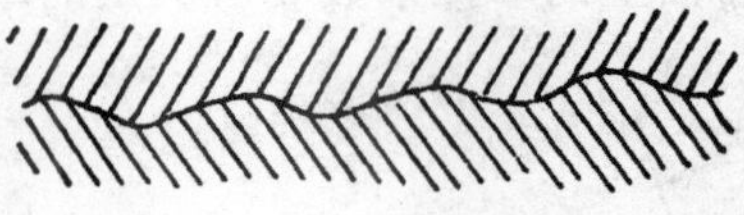

图 3-4　紧密型接触示意图

经研究，在切削塑性金属的过程中，刀—屑间只有在很低的切削速度时才存在峰点型接触，产生的摩擦为外摩擦。而在一般切削速度或切削速度较高时，由于刀—屑间的压力很大，可达 1.96～2.94GPa（2000～3000N/mm^2），再加上摄氏几百度的高温，使刀—屑界面的接触呈紧密型接触，所以刀—屑之间的摩擦主要是内摩擦。当切屑快离开前刀面时，才由于压力的减小使刀—屑的界面回到峰点型接触的状态。据估计，在一般切削条件下，刀—屑间内摩擦占全部摩擦力的 85%。

在生产中，常用减小切削力、缩短刀—屑接触长度、降低加工材料屈服强度、选用摩擦系数小的刀具材料、提高刀面刃磨质量和浇注切削液等方法来减小摩擦。

四、切削厚度压缩比

切削时，切削层金属受到挤压而形成的切屑的长度比切削层的长度缩短，厚度却增大（如图 3-5 所示），这种现象称为切屑收缩。切屑收缩的程度用切削厚度压缩比 Λ_h 来表示：

$$\Lambda_h = \frac{l_D}{l_{ch}} = \frac{h_{ch}}{h_D} > 1 \tag{3-1}$$

式中：l_D，h_D——切削层长度和厚度；

l_{ch}，h_{ch}——切屑长度和厚度。

显然，$\Lambda_h > 1$，它能直观地反映切屑变形程度，且容易测量，用刨削进行试验时，切削长度 l_D 可以在工件上预先固定下来，若工件不长，l_D 就可取工件长度。切屑的长度 l_{ch} 可用细铜丝绕在切屑上直接测量出来。显而易见，Λ_h 越大，表示切屑越厚越短，标志着切屑变形越大。

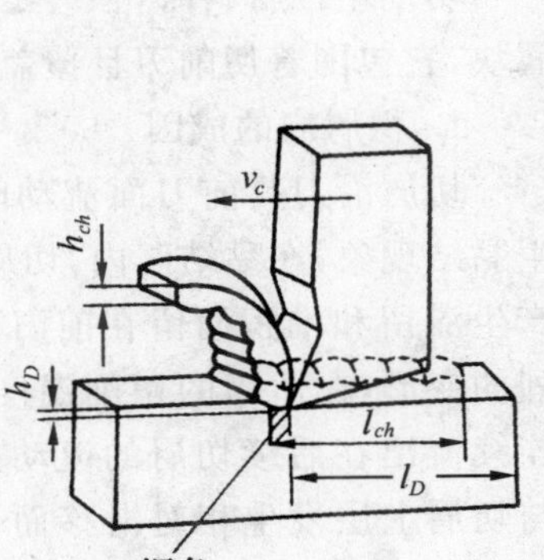

图 3-5　切屑与切削层的外形尺寸

切削厚度压缩比 Λ_h 也可用剪切角以 ϕ 表示（如图 3-6 所示）：

$$\Lambda_h = \frac{h_{ch}}{h_D} = \frac{\overline{OM}\cdot\cos(\phi-\gamma_0)}{\overline{OM}\cdot\sin\phi} = \frac{\cos(\phi-\gamma_0)}{\sin\phi} \tag{3-2}$$

或

$$\tan\phi = \frac{\cos\gamma_0}{\Lambda_h - \sin\gamma_0} \tag{3-3}$$

由式(3-2)可知：当剪切角与前角在通常范围内时（$\phi=5°\sim30°$，$\gamma_0=-10°\sim30°$），改

变引起 $\sin\phi$ 的变化比 $\cos(\phi-\gamma_o)$ 的变化要大，因此随 ϕ 增大，变形减小。

剪切角随着切削条件不同而变化，如图 3-7 所示。根据纯剪切理论：剪应力与主应力方向约为 45°，且主应力 F_a 与作用合力 F_r 一致，则可确定剪切角为：

$$\phi=45^\circ-\beta+\gamma_o \tag{3-4}$$

式中：β——由切屑与前刀面上的摩擦系数 μ 所决定的摩擦角，$\tan\beta=\mu$。

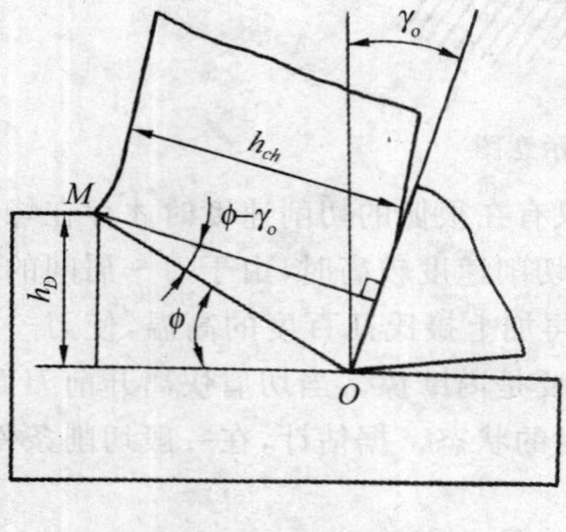

图 3-6　剪切角与切屑变形关系

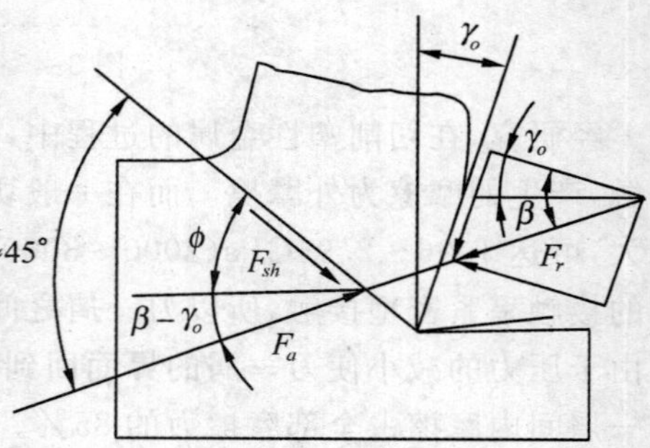

图 3-7　剪切角 ϕ 的确定

分析式(3-2)，(3-4)可知，增大刀具前角 γ_o，并通过减小刀—屑之间的摩擦，使剪切角 ϕ 增大，是减小切削变形的重要途径。

切削厚度压缩比 Λ_h 可直观地反映出切屑变形的程度和状况。但由于它表示的是切削层平均挤压程度，而金属切削过程的实质是切削层的剪切滑移。因此 Λ_h 只能粗略地反映出剪切变形的真实情况。

五、积屑瘤

切削塑性材料时，在一定的切削条件下，往往会在切削刃口附近黏结堆积一楔状的金属块，它包围着切削刃且覆盖部分前刀面，这种堆积物叫做积屑瘤。如图 3-8 所示。

1. 积屑瘤的成因

切屑沿刀具前刀面流动时，由于强烈的内摩擦而产生黏结现象，在黏结区内，切屑底层将有一薄层金属材料产生滞留和堆积而留在前刀面上，这部分切屑经过了剧烈的变形，在适当的切削温度下发生强化。随着切屑的连续流出在后续切屑的流动推挤下，这层堆滞积材料便与切屑上层发生相对滑移而分离开来，成为积屑瘤的基础。随后，在它的上面又会形成第二层滞积的切屑材料，这样不断地层积，就形成了积屑瘤。

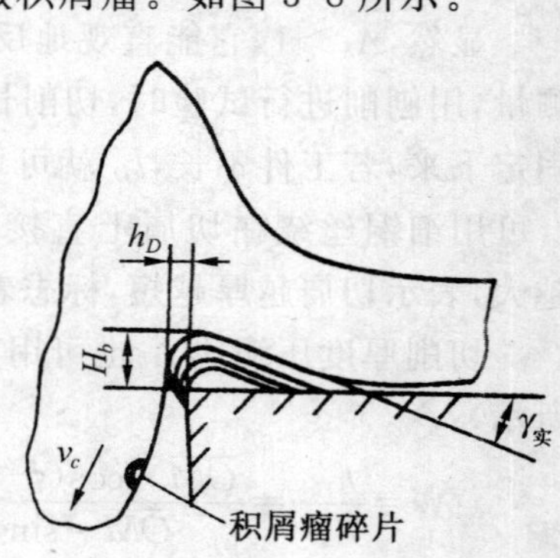

图 3-8　积屑瘤

实验研究表明，加工碳素钢时，切削温度 300℃时积屑瘤最高，500℃以上时趋于消失。由于切削温度与切削速度密切相关,因而切削速度与积屑瘤的形成和高度有密切的关系,如图 3-9 所示。在低速区Ⅰ内由于切削温度较低,黏结现象小,一般不产生积屑瘤;在Ⅱ～Ⅲ区内,积屑瘤的高度随切削速度的增大而提高,达到最大值后随 v_c 的增大而减小;切削速度继续增大,超过一定值后(Ⅳ区)积屑瘤不再生成。由此可见,中温时最易形成积屑瘤,采用低速或高速切削是抑制积屑瘤的基本措施。

2. 积屑瘤对切削过程的影响

(1)积屑瘤硬度比工件材料高 2～3 倍,可以代替切削刃及前刀面进行切削,有保护切削刃、减小前刀面磨损的作用;

(2)在积屑瘤形成后,刀具的实际前角将明显增大,对减小切屑变形及降低切削力起了积极作用;

(3)对于积屑瘤突出于切削刃之外,使实际切削厚度增大,形成"过切现象",影响工件的尺寸精度;

(4)积屑瘤高低不平,会在工件表面造成"犁沟"现象,影响工件的表面粗糙度;

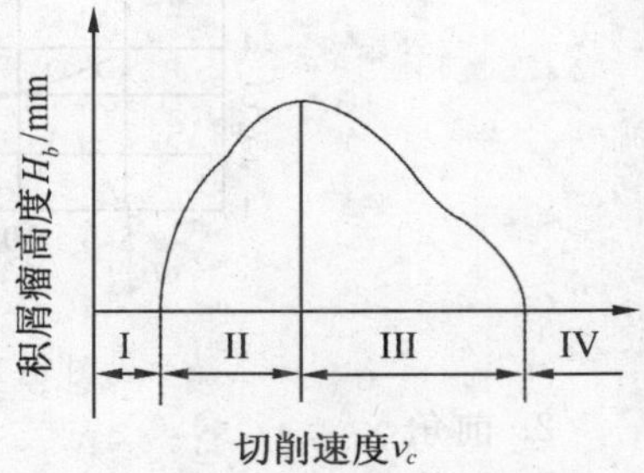

图 3-9　积屑瘤高度与切削速度的关系

(5)积屑瘤脱落的碎片会黏结或嵌入工件表面,影响工件已加工表面的质量。因此,精加工时必须设法抑制积屑瘤的形成。

3. 积屑瘤的控制措施

凡有利于减轻刀—屑界面摩擦,减小黏结接触面积的因素,都有利于抑制积屑瘤。

(1)采用低速或高速切削,避开容易形成积屑瘤的切削速度;

(2)增大刀具的前角,以减小刀—屑接触压力;

(3)减小进给量;

(4)提高刀具刃磨质量,减小刀面的表面粗糙度;

(5)对工件材料进行适当的热处理,提高其硬度,减小塑性;

(6)采用润滑性能好的切削液,减小摩擦。

六、影响切屑变形的主要因素

影响切屑变形的主要因素很多,现在从以下三个方面来揭示它们对切屑变形的影响规律,以便加以控制,使切削效率、加工精度和表面质量得以提高。

1. 工件材料

工件材料强度、硬度愈高,切屑变形愈小。如图 3-10 所示,在相同的切削条件下,工件材料的塑性愈大,切屑变形就愈大。如不锈钢 1Cr18Ni9Ti 和 45 钢的强度近似,但前者延伸率大得多,所以切削时的切屑变形比后者大,且易黏刀,不易断屑。

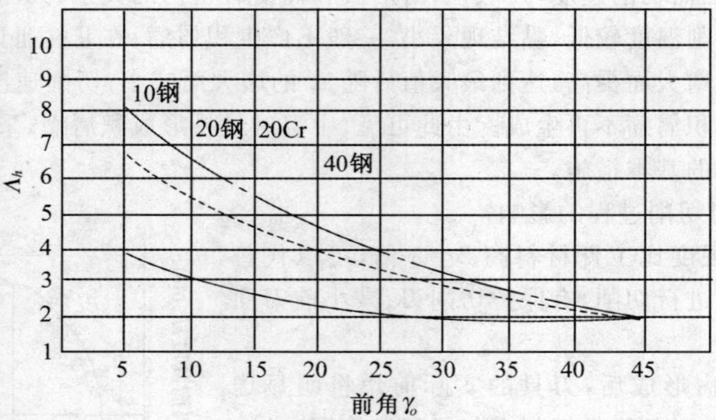

图 3-10　工件材料和前角对变形的影响

2．前角 γ_o

刀具前角 γ_o越大，切屑变形越小。如图 3-10 所示，当前角 γ_o增大时，根据式(3-4)剪切角 ϕ 增大，因而 Λ_h减小。另一方面，当前角增大时，切屑流出时阻力小，可减小切屑变形。由图 3-10 所示的实验曲线可知，当选用 $\gamma_o=10°$，切削 20Cr 钢时，$\Lambda_h=5.5$；当改用 $\gamma_o=15°$时，$\Lambda_h=4.8$。

3．切削速度

切削速度是通过切削温度和积屑瘤影响切屑变形的。在切削 45 钢时，从实验求得切削速度对切屑变形的影响如图 3-11 所示。

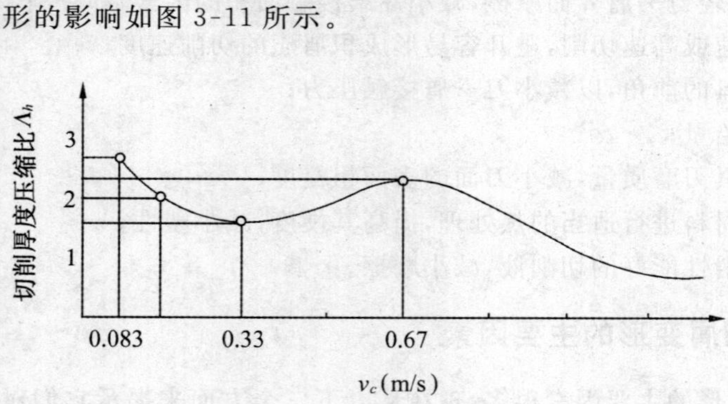

图 3-11　切削速度对切屑变形的影响

加工条件：工件材料 45 钢，W18Cr4V，$\gamma_o=5°$，$f=0.23$mm/r，直角自由切削

当 $v_c<0.083$m/s，由于低速切削，切削温度低，不存在积屑瘤。此时切屑底面与前刀面不易黏结，摩擦系数小，切削变形小。随着切削速度的提高，$0.083<v_c<0.33$m/s 时，温度升高，黏结逐渐严重，积屑瘤高度 H_b逐渐增大，使刀具实际前角 γ_{oe}相应增大，因而切屑变形减小。在 $v_c=0.33$m/s 时，积屑瘤高度达到最大值，此时切屑变形最小。当 $0.33<v_c<0.67$m/s 时，积屑瘤随着切削速度的升高逐渐消失。此时刀具实际前角相应减小，切屑变形增大。在 $v_c=0.67$m/s 时，积屑瘤完全消失，此时切屑变形最大。$v_c>0.67$m/s 时，切削温度起主要作用。很高的切削温度使切屑底层金属处于微熔状态，形成润滑膜，使摩擦减小，所以切屑变形减小。

切削铸铁等脆性材料时，一般不形成积屑瘤。当切削速度 v_c 逐渐增大时，切削变形压缩比相应减小，变形减小。如图 3-12 所示。

在实际生产中，高速切削可利用提高切削速度来减小切屑变形，减小切削力，提高生产率。

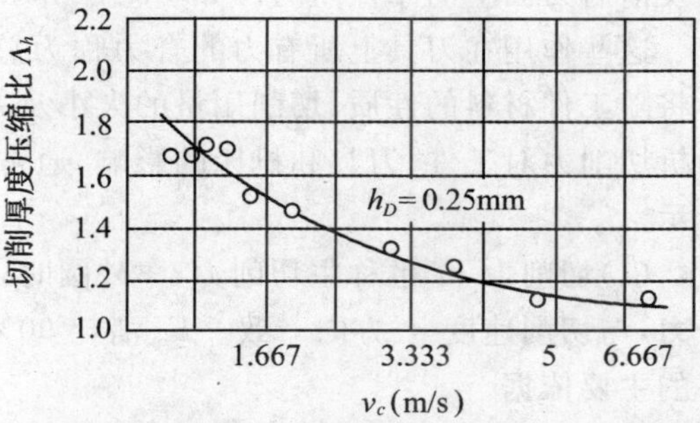

图 3-12　切削铸铁时切削速度对切屑变形的影响

4. 进给量 f

进给量 f 增大时，切削厚度随之增大，切屑变形减小；反之，切屑越薄，变形量越大。如图 3-13 所示。

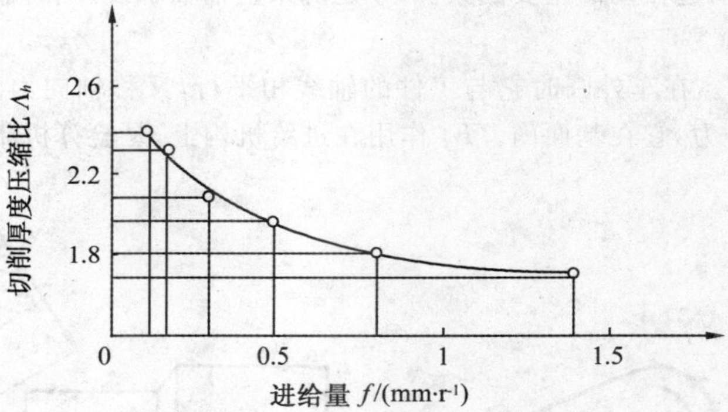

图 3-13　进给量 f 对 Λ_h 的影响

加工条件：工件材料 45 钢，W18Cr4V，$\gamma_o=5°$，$f=0.23$mm/r

§ 3-2　切削力

切削加工时，工件材料抵抗刀具切削所产生的阻力称为切削力。切削力是金属切削过程中的主要物理现象之一，其大小直接影响切削热、刀具磨损和刀具寿命；同时，切削力也是设计和使用机床、刀具及夹具的重要依据。因此，研究切削力，掌握其变化规律与计算方法，将有利于分析切削过程，并对生产实践有重要的指导意义。

一、切削力与切削功率

1. 切削力的来源及各分力

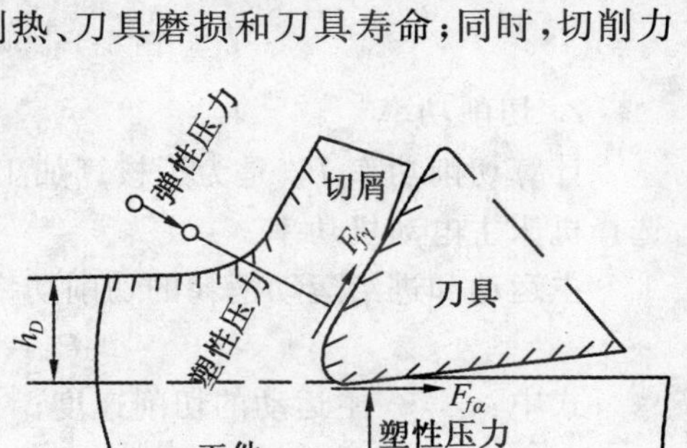

图 3-14　切削力的来源

在切屑形成过程中，除了工件上的切削层和已加工表面产生弹性变形、塑性变形外，所形成的切屑与刀具的前刀面之间及工件上的已加工表面与刀具的后刀面之间还要发生摩擦，因此在切削加工时必然要克服材料的变形抗力及前后刀面上的摩擦阻力。如图3-14所示。

这些作用在刀具上所有力的合力称为总切削力，用 F 来表示。总切削力的方向、大小将随工件材料的性质、切削用量的大小及刀具的几何形状的变化而变化。生产中，为了分析切削力对工件、刀具和机床的影响，通常把总切削力 F 分解为三个分力。如图 3-15 所示。

(1)切削力 F_c 也称主切削力，车外圆时，又称切向力。它是总切削力在主运动方向的分力，与切削速度 v_c 方向一致。F_c 消耗 90％以上的切削功率，是计算刀具强度、机床功率的主要依据。

(2)背向力 F_p。在车外圆时它与工件的轴线相垂直，又称径向力。它是总切削力在垂直进给运动方向的分力，此力在基面内。F_p 不消耗功率，它会使工件弯曲变形，影响工件的形状精度，是引起振动的主要因素。F_p 是机床主轴轴承设计和机床刚度校验的主要依据。

(3)进给力 F_f。在车外圆时它与工件的轴线相平行，又称轴向力。它是总切削力在进给运动方向的分力，它在基面内。F_f 作用在进给机构上，是验算机床进给系统强度、刚性的依据。

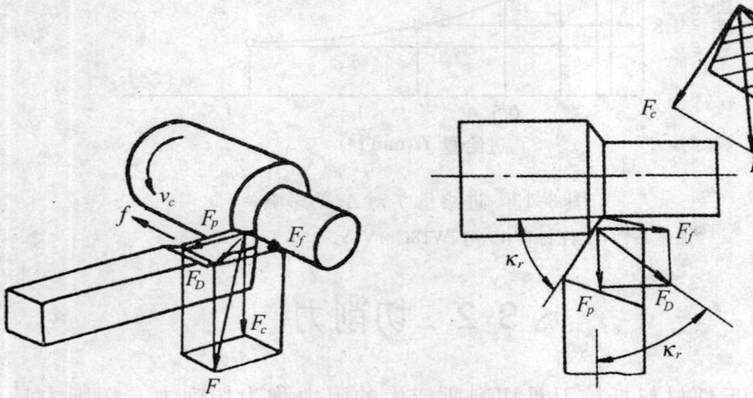

图 3-15　切削时切削合力及其分力

2. 切削功率

计算切削功率 P_m 是为了核算加工成本和计算能量消耗，并在设计机床时根据它来选择机床主电动机功率。

主运动和进给运动消耗的切削功率 P_m(单位为 kW)应为：

$$P_m = F_c \cdot v_c + F_f \cdot v_f \qquad (3\text{-}5)$$

式中：v_c——主运动的切削速度；

v_f——进给速度。

v_f 比主运动的切削速度 v_c 小得多，进给功率约占总功率 1％左右，可以忽略不计，所以功率 P_m 的计算公式为：

$$P_m = F_c \cdot v_c \qquad (3\text{-}6)$$

根据式(3-6)求出切削功率 P_m，所以主电动机的功率 P_E 为(单位为 kW)：

$$P_E = \frac{P_m}{\eta_m} \tag{3-7}$$

式中：η_m——机床传动功率，一般取 $\eta_m = 0.75 \sim 0.85$。

式(3-7)是校验和选用机床主电动机功率的计算公式。

二、切削力的测定与计算

1. 切削力的测定

切削力的理论计算只能作定性分析用，求切削力较简单而实用的方法是用测力仪直接测量。测力仪有多种类型，如机械式、液压式、电感式、电阻式、压电晶体式等，其中电阻式和电感式用得较多。图 3-16 所示是八角环形电阻式测力仪工作原理。图 3-16(a)中，在八角环上下环的两侧外壁上黏贴阻值相等的电阻应变形片，当受切削力 F_c 作用，上环拉长，R_{c2}，R_{c4} 应变片受压后缩短；下环压缩，R_{c1}，R_{c3} 应变片受拉后伸长，各应变片的电阻值产生了变化。将它们连成如图 3-16(b)所示的电桥电路就产生了电压的变化。同理，在 F_p，F_f 作用下，黏贴在八角环相应部位处的应变片产生变形而使连成电桥电路产生电压改变。通过标定，将电量转换成切削力值。

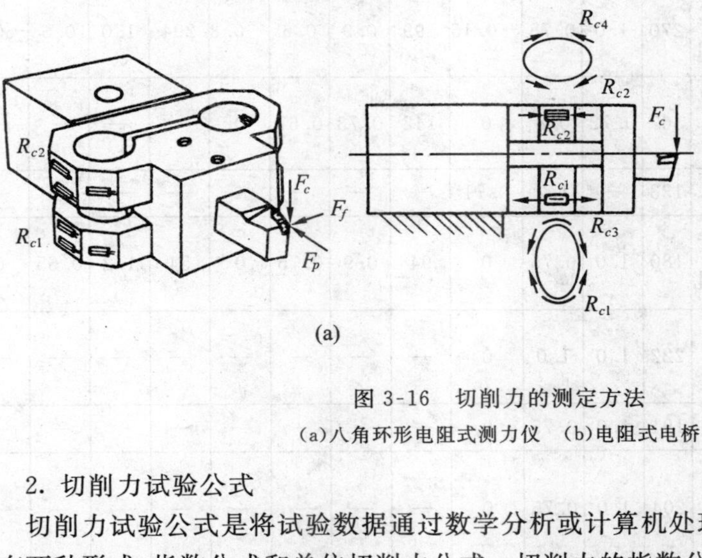

(a)

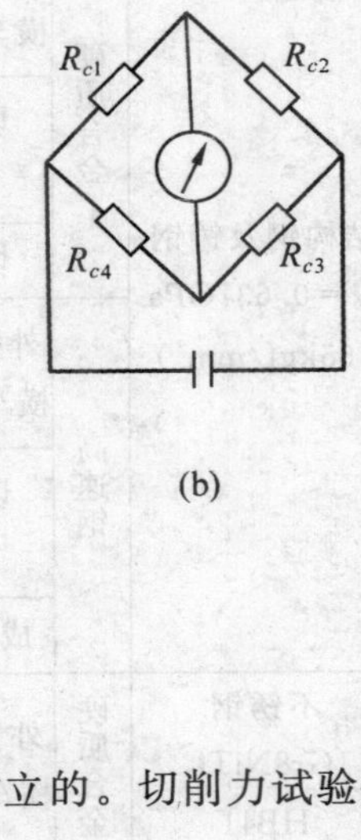

(b)

图 3-16　切削力的测定方法

(a)八角环形电阻式测力仪　(b)电阻式电桥

2. 切削力试验公式

切削力试验公式是将试验数据通过数学分析或计算机处理后建立的。切削力试验公式有两种形式：指数公式和单位切削力公式。切削力的指数公式为：

$$\begin{aligned} F_c &= C_{F_c} a_p^{x_{F_c}} f^{y_{F_c}} v_c^{n_{F_c}} K_{F_c} \\ F_p &= C_{F_p} a_p^{x_{F_p}} f^{y_{F_p}} v_c^{n_{F_p}} K_{F_p} \\ F_f &= C_{F_f} a_p^{x_{F_f}} f^{y_{F_f}} v_c^{n_{F_f}} K_{F_f} \end{aligned} \tag{3-8}$$

式中：F_c，F_p，F_f——主切削力、背向力和进给力；

C_{F_c}，C_{F_p}，C_{F_f}——与被加工金属和切削条件有关的参数，见表 3-1；

x_{F_c}，y_{F_c}，n_{F_c}，x_{F_p}，y_{F_p}，n_{F_p}，x_{F_f}，y_{F_f}，n_{F_f}——三个分力公式中背吃刀量 a_p、进给量 f 和切削速度 v_c 的指数，见表 3-1；

K_{F_c}，K_{F_p}，K_{F_f}——各种因素对切削力的修正系数的乘积，见表 3-2。

表 3-1　　　车削时的切削力及切削功率的计算公式

计算公式		
主切削力 F_c	$F_z=9.81C_{F_c}a_p^{x_{Fp}}f^{y_{Fc}}(60v_c^{n_{Fc}})K_{F_c}$　N	式中 v_c 的单位为 m/s
背向力 F_p	$F_p=9.81C_{F_c}a_p^{x_{Fp}}f^{y_{Fp}}(60v_c^{n_{Fp}})K_{Fp}$　N	
进给力 F_f	$F_f=9.81C_{F_f}a_p^{x_{Ff}}f^{y_{Ff}}(60v_c^{n_{Ff}})K_{F_f}$	
切削时消耗的功率 P_m	$P_m=F_cv_c\times10^{-3}$　KW	

公式中的系数和指数

加工材料	刀具材料	加工形式	主切削力 F_c				背向力 F_p				进给力 F_f			
			c_{Fc}	x_{Fc}	y_{Fc}	n_{Fc}	c_{Fp}	x_{Fp}	y_{Fp}	n_{Fp}	c_{Ff}	x_{Ff}	y_{Ff}	n_{Ff}
结构钢及铸钢 $\sigma_b=0.637$GPa ($65kgf/mm^2$)	硬质合金	外圆纵车、横车及镗孔	270	1.0	0.75	−0.15	199	0.9	0.6	−0.3	294	1.0	0.5	−0.4
		切槽及切断	367	0.72	0.8	0	142	0.73	0.67	0	—	—	—	—
		切螺纹	133	—	1.7	0.71	—	—	—	—	—	—	—	—
	高速钢	外圆纵车、横车及镗孔	180	1.0	0.75	0	94	0.9	0.75	0	54	1.2	0.65	0
		切槽及切断	222	1.0	1.0	0	—	—	—	—	—	—	—	—
		成形车削	191	1.0	0.75	0	—	—	—	—	—	—	—	—
不锈钢 1Gr8NiTi, HB41	硬质合金	外圆纵车、横车及镗孔	204	1.0	0.75	0	—	—	—	—	—	—	—	—
灰铸铁 HB190	硬质合金	外圆纵车、横车及镗孔	92	1.0	0.75	0	54	0.9	0.75	0	46	1.0	0.4	0
		切螺纹	103	—	1.8	0.82	—	—	—	—	—	—	—	—
	高速钢	外圆纵车、横车及镗孔	114	1.0	0.75	0	119	0.9	0.75	0	51	1.2	0.65	0
		切槽及切断	158	1.0	1.0	0	—	—	—	—	—	—	—	—

续表 3-1

可锻铸铁 HB150	硬质合金	外圆纵车、横车及镗孔	81	1.0	0.75	0	43	0.9	0.75	0	38	1.0	0.4	0
	高速钢	外圆纵车、横车及镗孔	100	1.0	0.75	0	88	0.9	0.75	0	40	1.2	06 5	0
		切槽及切断	139	1.0	1.0	0	—	—	—	—	—	—	—	—
中等硬度不均质铜合金 HB120	高速钢	外圆纵车、横车及镗孔	55	1.0	0.66	0	—	—	—	—	—	—	—	—
		切槽及切断	75	1.0	1.0	0	—	—	—	—	—	—	—	—
铝及铝合金	高速钢	外圆纵车、横车及镗孔	40	1.0	0.75	0	—	—	—	—	—	—	—	—
		切槽及切断	50	1.0	1.0	0	—	—	—	—	—	—	—	—

表 3-2 各种参数对切削力影响的修正系数 k_{MF} 值

加工材料	结构钢和铸铁		灰铸铁		可锻铸铁	
系数	$k_{MF}=\left(\frac{\sigma_b}{650}\right)^{n_F}$		$k_{MF}=\left(\frac{\text{HBS}}{1900}\right)^{n_F}$		$k_{MF}=\left(\frac{\text{HBS}}{150}\right)^{n_F}$	
上列公式中的指数 n_F						
加工材料	车削时的切削力					
	F_c		F_p		F_f	
	刀具材料					
	硬质合金	高速钢	硬质合金	高速钢	硬质合金	高速钢
	指数 n_F					
结构钢及铸铁 $\frac{\sigma_b\leqslant 600\text{MPa}}{\sigma_b>600\text{MPa}}$	0.75	$\frac{0.35}{0.75}$	1.35	2.0	1.0	1.5
灰铸铁、可锻铸铁	0.4	0.55	1.0	1.3	0.8	1.1

续表 3-2

加工钢及铸铁时刀具几何参数改变时切削力的修正系数

参数		刀具材料	修正系数			
名称	数值		名称	切削力		
				F_c	F_p	F_f
主偏角 κ_r	30	硬质合金	$K_{\kappa_r F}$	1.08	1.30	0.78
	45			1.0	1.0	1.0
	60			0.94	0.77	1.11
	75			0.92	0.62	1.13
	90			0.89	0.50	1.17
	30	高速钢		1.08	1.63	0.7
	45			1.0	1.0	1.0
	60			0.98	0.71	1.27
	75			1.03	0.54	1.51
	90			1.08	0.44	1.82
前角 γ_0	−15	硬质合金	$K_{\gamma_0 F}$	1.25	2.0	2.0
	−10			1.2	1.8	1.8
	0			1.1	1.4	1.4
	10			1.0	1.0	1.0
	20			0.9	0.7	0.7
	12～15	高速钢		1.15	1.6	1.7
	20～25			1.0	1.0	1.0
刃倾角 λ_s	5	硬质合金	$K_{\lambda_s F}$	1.0	0.75	1.07
	0				1.0	1.0
	−5				1.25	0.85
	−10				1.5	0.75
	−15				1.7	0.65
刀尖圆弧半径 r_ε	0.5	高速钢	$K_{r_\varepsilon F}$	0.87	0.66	1.0
	1.0			0.93	0.82	
	2.0			1.0	1.0	
	3.0			1.04	1.14	
	5.0			1.1	1.33	

续表 3-2

刀具后面磨损 VB	0.25	硬质合金	K_{VBF}	1.06	1.06	1.06
	0.4			1.09	1.12	1.12
	0.6			1.20	1.20	1.25
	0.8			1.30	1.30	1.32
	1.0			1.40	1.50	1.50
	1.3			1.50	2.00	1.60

3. 单位切削力和单位切削公式

单位切削力可用单位切削层面积切削力 k_c 表示。单位切削力 k_c（单位为 N/mm^2）由下式求出：

$$k_c=\frac{F_c}{A_D}=\frac{F_c}{a_p f} \tag{3-9}$$

生产中较方便的是利用单位切削力的公式来计算切削力，所以 $F_c=k_c a_p f$。

应该指出，k_c 是通过试验求得，表 3-3 为硬质合金外圆车刀切削的几种常用材料的单位切削力。在计算切削力时，若切削条件与表列的条件不同，也应乘以修正系数加以修正。

三、影响切削力的因素

影响切削力的因素很多，凡是影响变形和摩擦的因素都影响切削力。

1. 工件材料

工件材料的强度、硬度越高，切削力越大。如与 45 钢相比，加工 60 钢的切削力 F_c 增大了 4%，加工 35 钢的切削力 F_c 减少了 13%。

当两种材料强度相近时，塑性、韧性大的材料切削力大。如不锈钢 1Cr18Ni9Ti 的强度、硬度与 45 钢相差无几，但由于其延伸率是 45 钢的 4 倍，变形强化程度较高，所以切削时变形大，加工时产生的切削力 F_c 较 45 钢增大 25%。

切削铸铁等脆性材料，形成崩碎切屑，刀—屑接触长度短，摩擦较小，切削力也较小。

2. 切削用量

(1)背吃刀量和进给量

背吃刀量 a_p 和进给量 f 加大，均使切削力增大，但两者的影响程度不同。见表 3-3。

f 不变，背吃刀量 a_p 增加一倍，切削力 F_c 也增大一倍。若 a_p 不变，进给量 f 增大一倍时，因 Λ_h 有所下降，摩擦系数 μ 也有所降低，故切削力 F_c 不成正比例增加，增大 0.7～0.8 倍。上述影响反映在切削力 F_c 试验公式中，指数 $x_{F_c}\approx 1$，$y_{F_c}\approx 0.75$。

(2)切削速度 v_c

加工塑性金属时，切削速度对切削力的影响主要是由于积屑瘤影响实际前角 γ_{oe} 和切削温度的变化造成的。如图 3-17 所示，在中低速时，切削力的变化是受积屑瘤影响的，积屑瘤的增大或减小使刀具实际前角增大或减小而导致切削力的变化。在高速时，随切削速度的增大，切削温度升高，摩擦下降，切屑变形减小，切削力减小。

表 3-3　为硬质合金外圆车刀切削的几种常用材料的单位切削力

工件材料				单位切削力	试验条件			
名称	牌号	制造、热处理状态	硬度 HBS	N/mm^2 (kgf/mm^2)	刀具几何参数			切削用量范围
钢	45	热轧或正火	187	1962 (200)	$\gamma_0=15°$ $\kappa_r=15°$ $\lambda_s=0°$	前面带卷屑槽	$b_{y1}=0$	$v_c=1.5\sim1.75m/s$ (90～105m/min) $a_p=1\sim5mm$ $f=0.1\sim0.5mm/r$
		调质（淬火及高温回火）	229	2305 (235)			$b_{y1}=0.1\sim0.15mm$ $\gamma_{o1}=-20°$	
		淬硬（淬火及高温回火）	44 (HRC)	2649 (270)				
	40Cr	热轧或正火	212	1962 (200)			$b_{y1}=0$	
		调质（淬火及高温回火）	285	2305 (235)			$b_{y1}=0.1\sim0.15mm$ $\gamma_{o1}=-20°$	
铸铁	HT200	退火	170	1118 (114)		$b_{y1}=0$ 平前面，无卷屑槽		$v_c=1.17\sim1.42m/s$ (70～85m/min) $a_p=2\sim10mm$ $f=0.1\sim0.5mm/r$

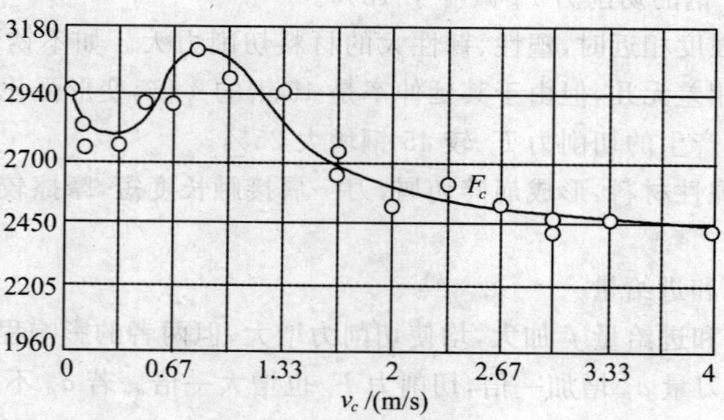

图 3-17　切削速度 v_c 对切削力 F_c 的影响

加工条件：工件材料 45 钢，YT15 车刀，$a_p=4mm$，$f=0.3mm/r$

加工脆性材料时，变形和摩擦均较小，故切削速度 v_c 对切削力影响不大。

在切削用量三要素中，v_c 对切削力的影响最小。试验表明，当切削速度从 50m/min 增加到 500m/min 时，切削力只减小约 40%。所以，若刀具材料和机床性能允许，采用高速切削，既能提高生产效率，又使切削力减小。

3. 刀具几何参数

(1)前角 γ_o

切削塑性材料时，γ_o 增大，变形减小，沿前刀面的摩擦也小，切削力 F_c，F_p，F_f 降低。如图 3-18 所示。切削脆性材料时，由于变形小，摩擦小，前角对切削力的影响不明显。

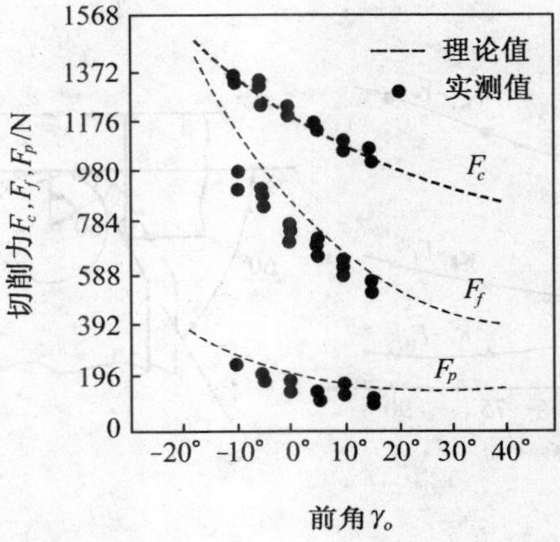

图 3-18 切削塑性材料时前角对切削力的影响曲线

加工条件：工件材料 45 钢，YT15 外圆车刀，a_p=2mm，f=0.3mm/r，v_c=100m/min

(2)负倒棱

负倒棱使切削刃变钝，切削力增加。

(3)主偏角 κ_r

由图 3-19(a)可知，主偏角 κ_r 增大，切削厚度变厚，则切屑变形减小，切削力 F_c 也有所下降。当主偏角 κ_r=60°～90°时，由图 3-19(b)所示的刀尖圆弧部分在切削刃上切削宽度增大，使切屑流出时挤压加剧，切削力 F_c 逐渐增大。但切削力 F_c 的增大或减小都不超过 10%。由图 3-20 可知，主偏角的变化，改变背向力 F_p 和进给力 F_f 的比例，主偏角增大，背向力 F_p 减少，进给力 F_f 增大。生产中，车细长轴时，系统刚性差，常采用较大的主偏角(κ_r=75°～90°，甚至大于 90°)，以防止工件在背向力作用下变形而加工出腰鼓形工件。

(4)刀尖圆弧半径 r_ε

刀尖圆弧半径 r_ε 对背向力 F_p 的影响最大，随着 r_ε 的增大，切削变形增大，切削力增大。试验表明，当 r_ε 由 0.25mm 增大到 1mm 时，F_p 可增大 20%左右，易引起振动。所以，为防止振动，应减小 r_ε。

(5)刃倾角 λ_s

刃倾角对切削力 F_c 的影响较小，对背向力 F_p 和进给力 F_f 影响较大。试验证明，当刃倾角逐渐由正值变为负值时，背向力 F_p 增大，进给力 F_f 减少。如图 3-21 所示。因此对于系统刚性较差，如加工细长轴时，应选用正的刃倾角。

4. 其他因素

(1)刀具磨损

刀具后刀面磨损，使刀具与加工表面间的摩擦加剧，故切削力 F_c，F_p 和 F_f 都增加。

(2)刀具材料

当切削材料相同时，刀具材料与工件材料的摩擦系数、亲和力越小，切削力 F_c 越小。同样条件下，陶瓷刀具比硬质合金刀具的切削力低 5%～10%，而高速钢刀具的切削力比硬质合金刀具略高。

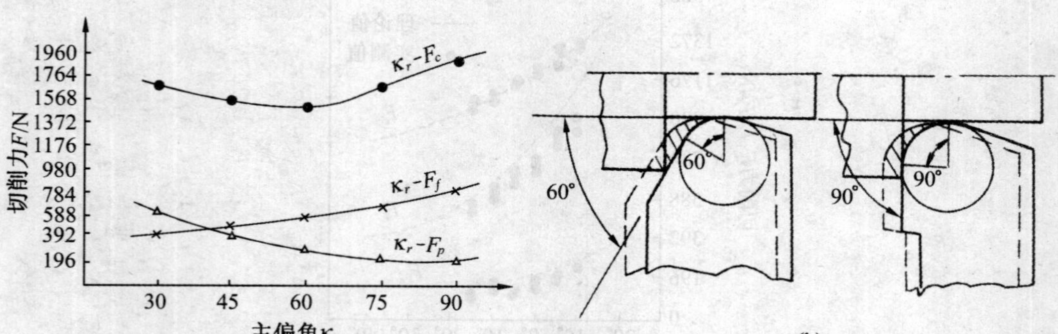

(a)　　(b)

图 3-19　κ_r 对切削力 F_c，F_f，F_p 影响

(a)κ_r 对切削力影响　(b)κ_r 对切削宽度影响

加工条件：工件材料 45 钢，YT15 外圆车刀，$\kappa_r'=10°\sim12°$，$\gamma_o=15°$，$\alpha_o=6°\sim8°$

$r_\varepsilon=0.2\text{mm}$，$a_p=3\text{mm}$，$f=0.3\text{mm/r}$，$v_c=100\text{m/min}$

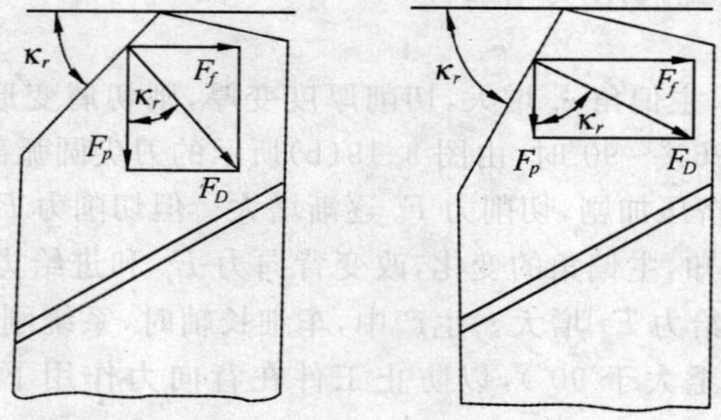

(a)　　(b)

图 3-20　主偏角的变化对背向力和进给力的影响

(3)切削液

合理选用切削液可以减少塑性变形和刀具与工件之间的摩擦，以冷却为主的水溶液对切削力的影响很小，而润滑作用强的切削油由于其润滑作用，可以减小刀具与切屑、工件表面间的摩擦，故能显著降低切削力。切削力 F_c 比干切时一般可降低 10%～15%，这对于高速钢刀具更有实际意义，而硬质合金和陶瓷刀具由于对热裂敏感，一般不加切削液。

综上所述，切削力的大小是许多因素共同作用的结果，要减小切削力，应在分析各种因素的基础上，找出主要因素，并兼顾其他因素间的关系。

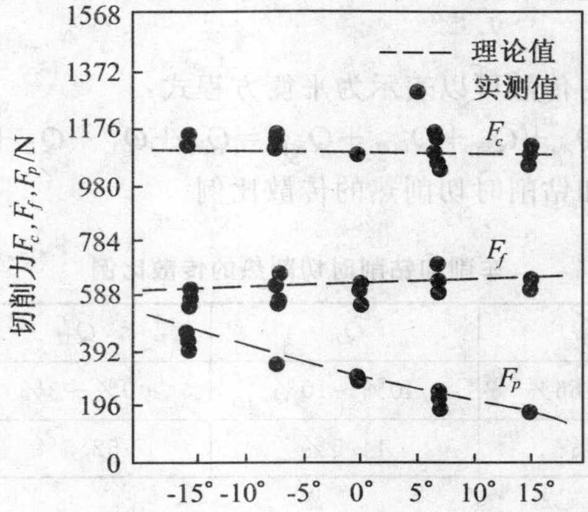

图 3-21　刃倾角 λ_s 对切削力的影响

加工条件：工件材料 45 钢，YT15 外圆车刀，$a_p=2\text{mm}$，$f=0.3\text{mm/r}$，$v_c=100\text{m/min}$

§3-3　切削热与切削温度

切削热与切削温度是切削过程中产生的又一重要物理现象。切削过程中切削力所作的机械功的绝大部分将转化成热能，即切削热。若切削热不及时传散，则切削区的平均温度将大幅度地上升。切削温度的升高，一方面使切削区工件材料的强度、硬度下降，而且使一些耐热性好、脆性大的刀具材料（如硬质合金、陶瓷材料等）的韧性有所改善，从而使切削过程比较顺利；但另一方面切削温度的升高，会加速刀具的磨损，使工件和机床产生热变形，影响零件的加工精度，造成工件表面的热损伤等。因此，研究切削热和切削温度的变化规律，是研究金属切削过程的一个重要方面。

一、切削热的来源与传出

切削过程中变形和摩擦所消耗功的 98%～99%转变为热能。如图 3-1 所示，切削热来源于三个变形区。在第Ⅰ变形区内由于切削材料发生弹性变形和塑性变形产生大量的热量，分别用 $Q_{弹}$，$Q_{塑}$ 表示；第Ⅱ变形区由于刀具前刀面与切屑摩擦产生的热量，用 $Q_{前摩}$ 表示；第Ⅲ变形区由于刀具后刀面与工件摩擦产生的热量，用 $Q_{后摩}$ 表示。单位时间内产生的切削热可由下式来计算：

$$Q=F_c v_c \tag{3-10}$$

式中：Q——每秒产生的切削热。

三个热源产生热量的比例与工件材料、切削条件等有关。切削塑性材料，当切削厚度较大时，以第Ⅱ变形区产生的热量为最多，占 60%～80%；当切削厚度很小时，由于严重的挤压作用，第Ⅲ变形区所产生的热量占相当大的比重。加工脆性材料时，因形成崩碎切屑，刀一屑接触长度很小，故第Ⅱ变形区产生的热量比重下降，而第Ⅲ变形区产生热量的比重相应增加。

切削时所产生的热量由切屑、工件、刀具及周围介质传出，分别用 $Q_{屑}$，$Q_{工}$，$Q_{刀}$，$Q_{介}$ 表示。

上述切削热的产生与传散可以表示为平衡方程式：

$$Q=Q_{弹}+Q_{塑}+Q_{前摩}+Q_{后摩}=Q_{屑}+Q_{工}+Q_{刀}+Q_{介} \tag{3-11}$$

表 3-4 列出了车削和钻削时切削热的传散比例。

表 3-4　车削和钻削时切削热的传散比例

	$Q_{屑}$	$Q_{刀}$	$Q_{工}$	$Q_{介}$
车削	50%～86%	40%～10%	9%～3%	1%
钻削	28%	14.5%	52.5%	5%

二、切削区温度的分布和切削温度的测定

1. 切削区温度

切削区温度是一个重要的概念，对刀具的磨损及工件的加工精度等有很大的影响。通常所指的切削区温度是指切屑、工件与刀具接触表面上的平均温度。实际上，切屑、工件和刀具上各点处的温度是不相同的。根据测量和计算，三者在正交平面内的温度分布如图3-22所示，前刀面上切削温度分布如图 3-23 所示。由此可归纳出切削温度分布的一些规律：

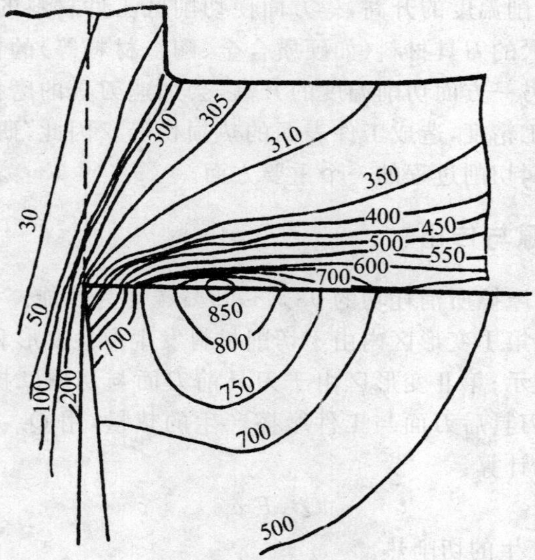

图 3-22　刀具、切屑和工件的温度分布

加工条件：工件材料 GCr15 钢，YT14 外圆车刀，

$\gamma_o=0°$，$b_D=5.8\text{mm}$，$h_D=0.35\text{mm}$，$v_c=80\text{m/min}$

(1)剪切面上各点温度变化不大,几乎相同。

(2)刀屑界面温度最高,一般比切屑的平均温度高 2～2.5 倍,比工件中的平均温度高 20 倍,因为刀屑界面金属变形较大且又与刀具前刀面产生剧烈摩擦。

(3)前刀面和后刀面的最高温度都处于离切削刃一定距离处,而不在切削刃上,这是摩擦热沿刀面不断增加的缘故。在其后面一段距离上,摩擦逐渐减少,热量又不断传出,故切削温度开始下降。

(4)切削塑性材料时,一般前刀面的切削温度高于主后面;切削脆性材料时,最高温度在靠近刀刃的后刀面上。

(5)导热系数越低的工件材料,前刀面和主后面上的温度就越高,且最高温度距切削刃越近,这就是一些高温合金和钛合金难加工和刀具容易磨损的主要原因之一。

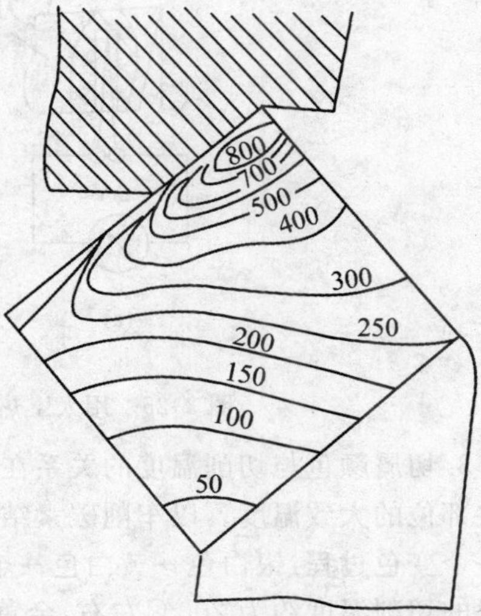

图 3-23　刀具前面上的切削温度分布(单位℃)

加工条件:工件材料 GCr5 钢,YT14 车刀,$a_p=4.1mm,f=0.5mm/r,v_c=80m/min$

2. 切削温度的测定

目前比较成熟的测量切削温度的方法有自然热电偶和人工电偶法。

自然热电偶的基本原理是:利用刀具和工件材料不同而组成热电偶的两极。当工件与刀具接触区的温度升高后,形成了热电偶的热端,离接触区较远的工件引出端保持室温成为热电偶的冷端。切削时热端和冷端产生热电动势,可由接于冷端的毫伏计记录下来。在事先作好的相应标定曲线上读到此值对应的切削区温度值即平均温度。刀具和工件应与机床绝缘。如图 3-24 所示。

图 3-25 所示的人工热电偶的基本原理是:将两种预先标定的金属丝组成热电偶,将其热端连接在预测点上,冷端串接在电压表上。当热端温度升高时,电偶回路中产生温差电动势,在电压表上读取此值,并在标定的曲线上读到此值对应的预测点上的温度。

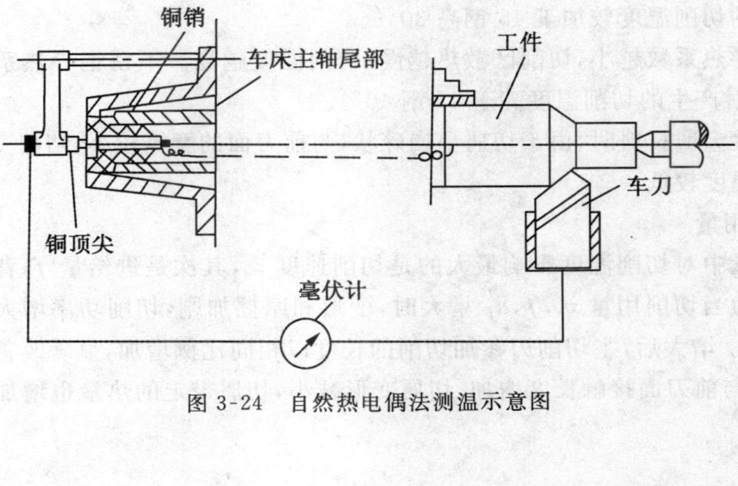

图 3-24　自然热电偶法测温示意图

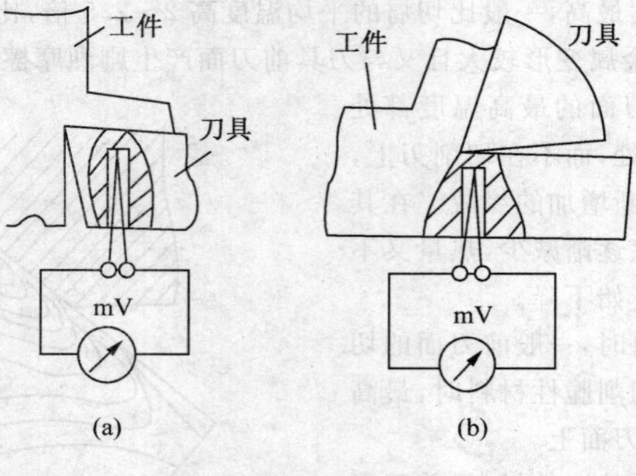

图 3-25　用人工热电偶法测量刀具和工件的切削温度

3. 切屑颜色与切削温度的关系在生产实践中，可通过切削加工时切屑的颜色来判断刀尖部位的大致温度。以车削碳素结构钢为例，随着切削温度的提高，切屑颜色经历着这样一个变色过程：银白色→黄白色→金黄色→紫色→浅蓝色→深蓝色。其中银白色切屑反映的切削温度约为200℃左右，金黄色切屑反映的切削温度约400℃左右，深蓝色切屑反映的切削温度约为600℃左右。

三、切削热对切削过程的影响

切削热通过对切削温度的影响而影响切削过程。切削热传入刀具后，使刀具温度升高，当超过刀具材料所能承受的温度时，刀具材料硬度降低，迅速丧失切削性能，使刀具磨损加快，寿命降低。切削热传入工件后，工件温度升高而产生热变形，影响工件的加工精度和表面质量。所以，必须对刀具和工件的温度升高加以控制。

切削温度高低决定于产生热量多少和传散热量的快慢两方面。凡是能减小切削过程产生热量的因素和改善散热条件的因素，都能降低切削温度。

1. 工件材料

材料的强度、硬度高，切削时消耗的切削功率越多，产生的切削温度也越高。如加工合金钢产生的切削温度较加工 45 钢高 30%。

材料的导热系数越小，切削区散热越慢，切削温度越高。不锈钢导热系数较 45 钢小 3 倍，故切削时产生的切削温度高于 45 钢 40%。

加工脆性金属材料时，由于切屑呈崩碎状，与前刀面的摩擦较小，切削变形也较小，故产生的切削温度较低。

2. 切削用量

切削用量中对切削温度影响最大的是切削速度 v_c，其次是进给量 f，背吃刀量 a_p 影响最小。因为当切削用量 v_c，f，a_p 增大时，变形和摩擦加剧，切削功率增大，所以切削温度升高。但 a_p 增大后，主切削刃参加切削的长度以相同比例增加，显著改善了散热条件；f 增大，切屑与前刀面接触长度增加，切屑变形减小，切屑带走的热量也增加，散热条件有所改善；v_c 增高，虽然使切削力略为减少，但切屑与前刀面接触长度减短，散热条件较差。试验得出，当切削速度 v_c 增大一倍时，切削温度增高 20%～30%；当进给量 f 增加一倍，切削温度增高 10%左右；当背吃刀量 a_p 增加一倍时，切削温度只增高约 4%。

3. 刀具几何参数

前角 γ_o 增大，变形和摩擦减小，切削温度降低；但前角 γ_o 太大，散热体积减小，切削温度反而上升，因此，刀具前角有一最佳值。图 3-26 中加工条件下的最佳前角约为 15°。

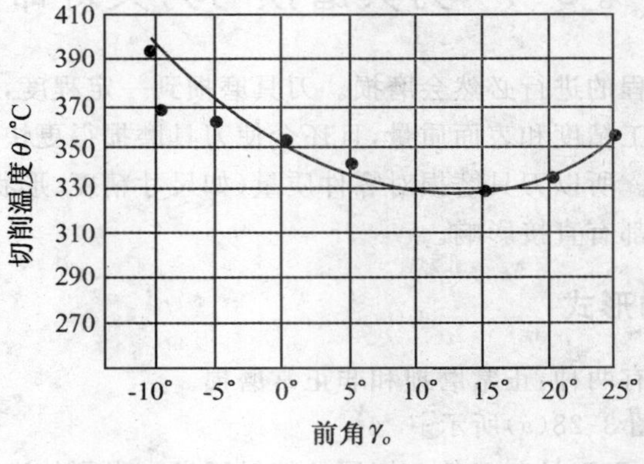

图 3-26 前角 γ_o 对切削温度的影响

加工条件：工件材料 45 钢，刀具材料：W18Cr4V，$\kappa_r=75°$，$\alpha_o=6°\sim8°$

$a_p=1.5\text{mm}$，$f=0.2\text{mm/r}$，$v_c=20\text{m/min}$

主偏角 κ_r 增大，在相同的背吃刀量下，主切削刃参加切削的长度缩短，传热面积减小，切削热相对集中，同时还使刀尖角减小，散热条件变差，切削温度升高。如图 3-27 所示。

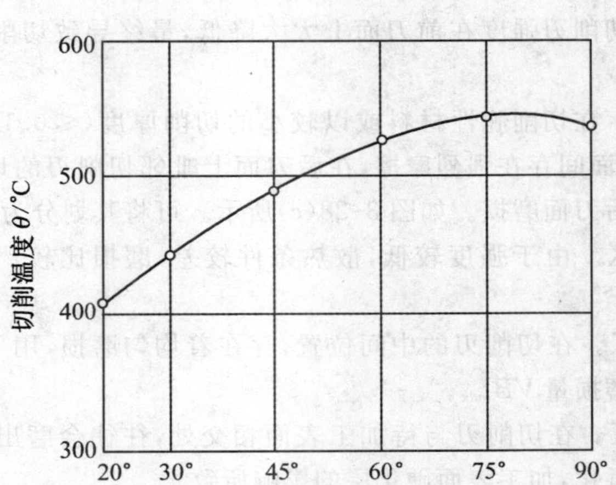

图 3-27 主偏角 κ_r 对切削温度的影响

加工条件：工件材料 45 钢，$r_\varepsilon=2\text{mm}$，$a_p=2\text{mm}$

倒棱和刀尖圆弧半径 r_ε 增大，都能使刀具的散热条件有所改善，切削温度降低。

4. 刀具磨损

刀具磨损后，切削刃变钝，刃区前方对切屑的挤压作用增大，塑性变形增加，从而使切削力及功率的消耗增加。所以，当刀具磨损严重后，切削温度会急剧升高。

5. 切削液

切削液能带走大量热量，切削温度降低。具体作用详见后章。

§3-4 刀具磨损与刀具寿命

刀具随着切削过程的进行必然会磨损。刀具磨损到一定程度，若不及时重磨或更换，不但会影响工件的加工精度和表面质量，且还会使刀具磨损得更快，甚至崩刃。造成重磨困难和刀具材料浪费。所以刀具磨损对零件质量(如尺寸精度、形状精度和表面粗糙度)、生产效率及加工成本都有直接影响。

一、刀具磨损的形式

刀具磨损的形式有两种：正常磨损和非正常磨损。

1. 正常磨损[如图 3-28(a)所示]

在切削过程中，由于刀具—工件—切屑的接触区发生强烈的摩擦，以至刀具表面某些部位(如前、后面)的材料被切屑或工件逐渐带走而磨损。刀具磨损是一种不可避免的现象。正常磨损有三种形式：

(1)前刀面磨损。在切削速度较高、切削层厚度较大(＞0.5mm)的情况下切削塑性材料时，前刀面上靠近切削刃的部位，在切屑的作用下，会磨损成月牙状凹洼，因此也称月牙洼磨损。前刀面磨损的程度可用月牙洼的深度 KT 来衡量。在磨损的初期，随着月牙洼的加深，刀具实际前角加大，使切削条件有所改善，并有利于切屑的卷曲折断。但当月牙洼进一步扩展时，切削刃强度在前刀面上大大降低，最终导致切削刃崩刃。如图 3-28(b)所示。

(2)后刀面磨损。在切削脆性材料或以较小的切削厚度(≤0.1mm)切削塑性金属，由于加工表面和后刀面间存在强烈摩擦，在后刀面上毗邻切削刃的地方很快被磨出后角为零的小棱面，产生后刀面磨损。如图 3-28(c)所示。可将其划分为三个区域：

①刀尖部分 C 区。由于强度较低，散热条件较差，磨损比较严重，其最大值用 VC 表示。

②中间磨损 B 区。在切削刃的中间位置，存在着均匀磨损，用 VB 表示其平均磨损量，局部出现的最大磨损量 VB_{max}。

③边界磨损 N 区。在切削刃与待加工表面相交处，往往会磨出深沟，其深度用 VN 表示，这是由于高温氧化，加工表面硬化层的影响所致。

刀具的磨损主要是后刀面磨损，而且磨损带的宽度 VB 的测量比较简单(可用带刻度的 10 倍放大镜对准后刀面直接测取)，因此通常都用 VB 来表示刀具的磨损程度，VB 愈大，不但会使切削力增大，引起切削振动，而且会影响刀尖圆弧处的磨损，从而影响加工精度及加工表面质量。

(3)前、后刀面同时磨损。这是介于前刀面磨损和后刀面磨损之间的一种磨损形式，前刀面的月牙洼与后刀面的磨损棱面同时产生。一般在中等切削速度和中等切削厚度(0.1～0.5mm)切削塑性金属时，往往出现前、后刀面同时磨损。

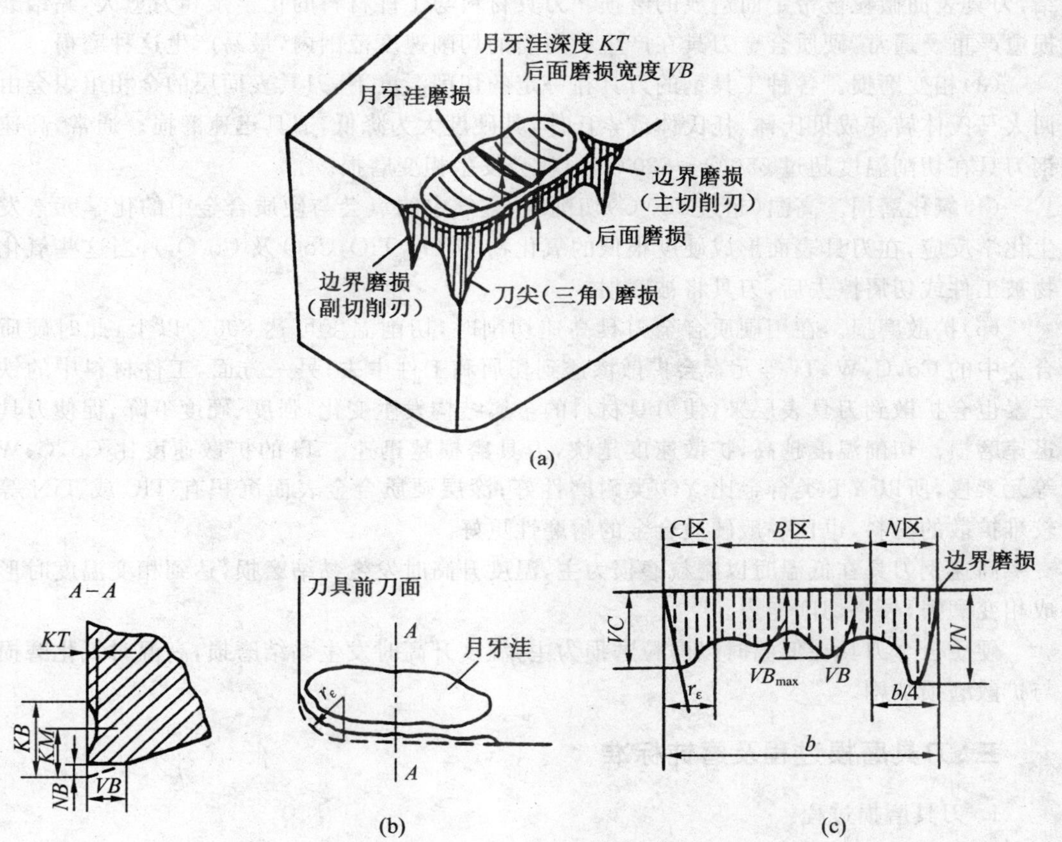

图 3-28 车刀正常磨损形式

(a)刀具的磨损 (b)前刀面磨损 (c)后刀面磨损

2. 非正常磨损

非正常磨损又称破损，可能由于刀具的设计、制造及使用不当，也可能是由于刀具(尤其是一些脆性材料，如硬质合金、陶瓷等刀具)，受切削力冲击产生疲劳破坏、振动、热效应等，以致在切削过程中切削刃或刀片发生脆性破损。这种破损也遵循一定的统计规律。本书重点介绍正常磨损。

二、刀具的磨损原因

造成刀具磨损的原因有很多方面，主要有下列几种：

(1)磨粒磨损。磨粒磨损又称机械擦伤磨损。工件或切屑上的硬质点(如工件材料中的金属碳化物、积屑瘤碎片及由刀具上摩擦下来的微粒等)在刀具表面上摩擦刻划，由于这种机械作用，逐渐擦掉刀具表面材料，造成磨粒磨损。磨粒磨损在各种切削速度下都存在。但在低速切削时，这是刀具磨损的主要原因。工件中的硬质点越多，工件材料硬度与刀具硬度比越高，磨粒磨损就越严重。

(2)黏结磨损。在切削温度稍高的情况下，工件或切屑表面与刀具表面之间发生黏结，刀具表面微粒被带走而造成的磨损。刀具材料与工件材料的化学亲和力愈大，黏结磨损愈严重。通常，硬质合金刀具在产生积屑瘤的切削速度范围内，最易产生这种磨损。

(3)相变磨损。各种工具钢的刀具在一定的切削温度下，刀具表面层的金相组织会由回火马氏体转变成贝氏体、托氏体或索氏体，其硬度大为降低，刀具迅速磨损。通常，高速钢刀具在切削温度超过 550℃～620℃时，就会发生相变磨损。

(4)氧化磨损。高温(超过 700℃)切削时，空气中的氧会与硬质合金中的化学元素发生化学反应，在刀具表面形成硬度很低的氧化物(WO_3，TiO，CoO 及 Co_3O_4)，当这些氧化物被工件或切屑擦去后，刀具将被磨损。

(5)扩散磨损。在用硬质合金刀具高速切削时，切削温度可达 800℃以上，此时硬质合金中的 Co，C，W，Ti 等元素会扩散渗透到切屑和工件中去；另一方面，工件材料中的铁元素也会扩散到刀具表层来，使刀具材料的金属结构发生变化，强度、硬度下降，促使刀具迅速磨损。切削温度越高，扩散速度越快，刀具磨损越迅速。Ti 的扩散速度比 Co，C，W 等元素慢，所以 YT 类合金比 YG 类耐磨性好；涂层硬质合金表面沉积有 TiC 或 TiN 等较难扩散的材料，也比一般硬质合金的耐磨性更好。

高速钢刀具在低温时以磨粒磨损为主，温度升高时发生黏结磨损，达到相变温度时形成相变磨损，失去切削能力。

硬质合金刀具在低温时以磨粒磨损为主，温度升高时发生黏结磨损，高温时氧化磨损与扩散磨损加剧。

三、刀具磨损过程及磨钝标准

1. 刀具磨损过程

若用后刀面磨损带 *B* 区平均宽度 *VB* 表示刀具的磨损程度，则 *VB* 值与切削时间 *t* 的关系如图 3-29 所示。磨损过程一般分为三个阶段：

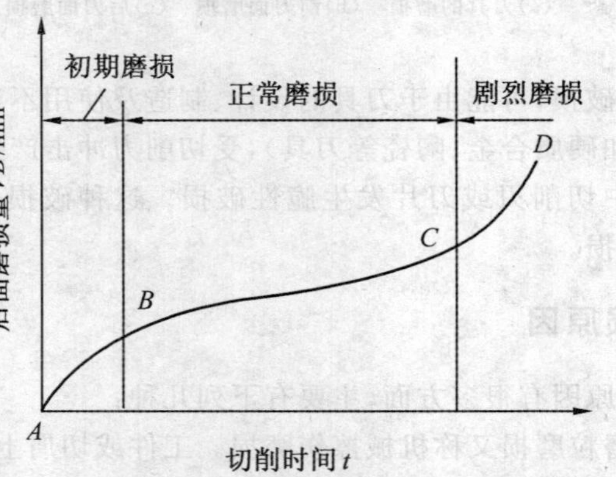

图 3-29　刀具磨损过程

(1)初期磨损阶段。由于刀具刃磨后，表面粗糙度值大或表层组织不耐磨，在开始切削的短时间内，刀面与工件、切屑接触小，压力几乎集中于切削刃附近，应力大，磨损较快。通常磨损量为0.05～0.1mm。初期磨损与刀具刃磨质量有很大关系。实践证明，经仔细研磨过的刀具，其初期磨损量很小。

(2)正常磨损阶段。随着切削时间增长，磨损量缓慢而均匀地增大，这是由于刀具表面磨平后，接触面较大，压力减小所致。在该阶段，切削力和切削温度随磨损量增加而逐渐增大，是刀具工作的有效期，使用刀具不应超过这一阶段。

(3)急剧磨损阶段。当磨损量达到一定程度后，刀具变钝，切削力、切削温度增加，磨损量急剧升高。从而导致表面粗糙度增大，并会出现噪声、振动等现象。应在此阶段前换刀，因此刀具磨损应有一个控制限度。

2. 刀具磨钝标准

刀具磨损不但影响切削过程(变形、切削力、切削温度)，还影响已加工表面的质量和精度以及切屑的卷曲等。由于刀具后刀面上都有磨损且易测量，因此多按刀具后刀面磨损尺寸来确定磨钝标准。磨钝标准通常指刀具后刀面磨损带中间部位平均磨损量允许达到的最大值，以 *VB* 表示。制定磨钝标准需要考虑被加工对象的特点和加工条件等具体情况。表3-5列出了一般情况下车刀磨钝标准的推荐值。

表3-5　　车刀磨钝标准

<table>
<tr><th rowspan="2">车刀类型</th><th rowspan="2">工件材料</th><th rowspan="2">加工性质</th><th colspan="2">磨钝标准 VB/mm</th></tr>
<tr><th>高速钢</th><th>硬质合金</th></tr>
<tr><td rowspan="8">外圆车刀、端面车刀、镗刀</td><td rowspan="2">碳钢、合金钢</td><td>粗车</td><td>1.5～2.0</td><td>1.0～1.4</td></tr>
<tr><td>精车</td><td>1.0</td><td>0.4～0.6</td></tr>
<tr><td rowspan="2">灰铸铁、可锻铸铁</td><td>粗车</td><td>2.0～3.0</td><td>0.8～1.0</td></tr>
<tr><td>精车</td><td>1.5～2.0</td><td>0.6～0.8</td></tr>
<tr><td>耐热钢、不锈钢</td><td>粗、精车</td><td>1.0</td><td>1.0</td></tr>
<tr><td>钛合金</td><td>粗、精车</td><td></td><td>0.4～0.5</td></tr>
<tr><td>淬硬钢</td><td>精车</td><td></td><td>0.8～1.0</td></tr>
<tr><td colspan="4">陶瓷刀具：VB=0.5</td></tr>
</table>

在加工时应合理采用刀具磨钝标准，即剧烈磨损阶段前重磨或更换新刀。否则会使磨损加剧，使刀具寿命缩短，且重磨困难。用磨钝标准判断及时重磨车刀，这在理论上是可以的，但在实际中是很麻烦且很难做到的。因为在操作过程，操作者不可能经常停下来检验磨损棱面的大小，而且还会影响生产。为此，人们根据制定磨损过程曲线的经验，根据正常磨损阶段其后刀面磨损量与切削时间保持线形关系的规律，而制定了又一种车刀重磨时刻的标志——刀具寿命。

四、刀具寿命

1. 刀具寿命的概念

一把新刃磨的刀具，从开始切削至磨损量达到磨钝标准为止所用的切削时间，用 T 表示。刀具寿命高低是衡量刀具切削性能好坏的重要标志，利用刀具寿命来控制磨损量 VB 值，比用测量 VB 的值来判断是否达到磨钝标准要简便得多。

从目前的加工企业来看，大部分企业特别是中小型企业都没有刀具寿命标志来控制适时重磨刀具。刀具寿命是在一定条件下制定出来的，而其中的切削速度是很重要的条件。但在实际加工中所采用的切削用量、加工材料，不可能和实验条件完全相符，这就会使刀具寿命在实际切削时发生变化。有时刀具切削很长时间才磨损（即刀具寿命高），有时刀具切削很短时间即磨损（即刀具寿命低），其中切削速度是主要的影响因素。

2. 刀具寿命的影响因素

刀具磨钝标准确定后，T 越大表示刀具磨损越慢，反之表示刀具磨损越快。因此，凡是影响刀具磨损的因素都影响刀具寿命。

(1)工件材料

工件材料的强度、硬度高，材料的热导率小，刀具磨损快，刀具寿命降低。

(2)刀具材料

刀具材料是影响刀具寿命的重要因素。通常，刀具高温硬度高，耐磨性好，刀具寿命长。合理选用刀具材料，采用涂层刀具材料和使用新型刀具材料，是提高刀具寿命的有效途径。如图 3-30 所示，在加工合金钢时，切削条件相同，陶瓷刀具寿命较硬质合金的高，硬质合金较高速钢的高。

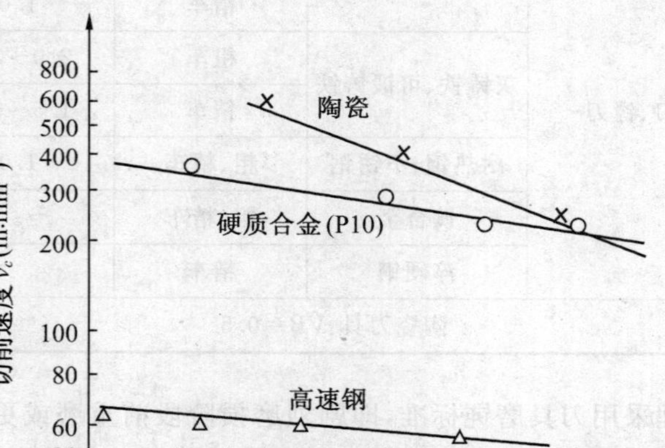

图 3-30　不同刀具材料对刀具寿命的影响

加工条件：工件材料镍、铬、钼合金钢 $VB=0.4$mm

(3)刀具几何参数

前角 γ_o 增大，切削温度降低，刀具寿命延长；但前角 γ_o 太大，散热体积减小，刀具寿命下降。因此，刀具前角有一个最佳值，该值可通过切削试验求得。

主偏角 κ_r 增大，刀头体积减小，主切削刃参加切削的长度缩短，切削热相对集中，切削温度升高，导致刀具寿命下降。但 κ_r 过分减小，由于背向力的增大会引起切削振动而降低刀具寿命。因此，在不引起振动的情况下减小 κ_r，对提高刀具寿命是有利的。

(4)切削用量

切削用量中切削速度 v_c 对刀具寿命影响最大，其次是进给量 f，最后是背吃刀量 a_p。切削用量三要素对刀具寿命的综合影响可用下式表达：

$$T=\frac{C_T}{v_c^{\frac{1}{m}} f^{\frac{1}{n}} a_p^{\frac{1}{p}}} \tag{3-12}$$

式中：C_T——系数，与切削用量之外的切削条件有关；

$1/m$，$1/n$ 和 $1/p$——分别为 v_c，f 和 a_p 对 T 的影响系数，且 $1/m>1/n>1/p$。

用 YT5 硬质合金车削 $\sigma_b=0.637\text{GPa}$ 的碳钢时，通过试验的方法得出刀具寿命的公式为：

$$T=\frac{C_T}{v_c^5 f^{2.25} a_p^{0.75}} \tag{3-13}$$

按式(3-13)计算可知：切削速度 v_c 提高一倍，刀具寿命约降至 1/30；进给量 f 提高一倍，刀具寿命约降至 1/4；背吃刀量 a_p 提高一倍，刀具寿命约降至 1/2。由此可知：当确定刀具寿命合理数值时，应首先考虑增大背吃刀量 a_p，其次 f，然后根据 a_p 和 f 的值计算出 v_c，这样既能保持刀具寿命，发挥刀具切削性能，又能提高切削效率。

3. 合理刀具寿命的选择原则

刀具寿命的合理选择，直接影响到生产效率、加工成本和经济效益。刀具寿命 T 并非越高越好。在工件材料和刀具材料已经确定的情况下，若 T 选择得过大，则势必选用较小的切削用量，尤其是选用较低的切削速度，这样就会降低生产效率、提高加工成本；反之，若 T 定得过小，虽然切削速度较高，机动时间缩短，但刀具磨损很快，同时使换刀、磨刀、调整等辅助时间增加，对加工成本和生产率也不利。所以，刀具寿命要有一个合理的数值。

根据生产实际情况的需要，刀具寿命的合理确定一般从以下两个方面来考虑：

(1)最低成本寿命 T_c。其出发点是加工成本最低。

(2)最大生产率寿命 T_p。其出发点是生产率最高。

生产中常用最低成本寿命，当存在某些特殊情况(如任务较紧)，则采用最大生产率寿命。

各种刀具的寿命值，一般是遵循下列原则来制定的：

(1)简单刀具的制造成本低，寿命较低，对于制造和刃磨较复杂、成本较高的刀具，寿命较高；

(2)可转位刀具的切削刃转位迅速，更换刀片简便，故刀具寿命规定较低；

(3)精加工的刀具寿命较小；

(4)自动线刀具、数控刀具应制定较高的刀具寿命；

(5)加工大型长轴零件，刀具寿命应选得较高。

表 3-6 列举了部分刀具的寿命值，供参考选用：

表 3-6 刀具寿命参考值(min)

刀具类型	寿　命	刀具类型	寿　命
车、刨、镗刀	60	仿形车刀具	120～180
硬质合金可转位车刀	15～45	组合钻床刀具	200～300
钻头	80～120	多轴铣床刀具	400～800
硬质合金面铣刀	90～180	组合机床、自动机、自动线刀具	240～480
齿轮刀具	200～300		

4. 切削过程中的异常现象

在实际生产中，工人师傅常常根据刀具在切削过程中所产生的异常现象来判断刀具的重磨情况，以确定车刀是否应该重磨。以下介绍一些有效经验，供大家参考。

①观察切屑颜色。在切削过程中，当切出的切屑是银白色或者淡黄色时，表示切削温度低，刀具可正常切削。当切屑变为淡灰色、黑紫色、深蓝色等时，表示切削温度升高，刀具磨损变钝，此时刀具应该重磨了。

②切削中出现振动现象。表示刀具已磨损变钝，此时刀具应该重磨了。

③毛刺。在加工表面和待加工表面的相交处产生的"毛边"。这是由于刀具已经磨损。只要将刀具修磨锋利，这种毛刺立即消失。

④刀具切削工件工件时，感到很笨重、吃力，有时还会听到电机的嗡嗡声。表示刀具已严重钝化，应该及时重磨。

⑤切削时出现刺耳的啸声。表示刀具已磨损，刀一工件之间的接触面增大，摩擦剧烈所致，此时刀具该重磨。

⑥工件表面质量发生变化，如表面变得粗糙或出现一些挤压亮点亮带等。表明精加工刀具后刀面已磨损，棱面增大、刀刃钝化。此时应重磨刀具。

⑦工件直径尺寸发生变化。表示刀尖已磨损，或者后刀面(低速精车刀)已磨损，使刀刃和工件的相对位置发生变化所致，此时应重磨刀具。

⑧加工表面出现毛茸边。这是由车刀产生边界磨损所致，刀刃在加工表面和待加工表面相交处的地方磨损出微小缺口，而挤压出毛茸状飞边，此时应及时重磨刀具。

习　题

1. 怎样划分金属切削变形区？
2. 金属切削过程的实质是什么？
3. 切屑有哪些种类？各种切屑有什么特征？在什么条件下形成？
4. 怎样衡量金属切削变形程度？
5. 什么是积屑瘤？积屑瘤对切削过程有什么影响？怎样抑制积屑瘤？

6. 分析生产中各因素对切削变形的影响。
7. 切削力来源于什么？各分力有何作用？
8. 试述切削用量三要素对切削力、切削温度、刀具寿命的影响规律。
9. 如何计算切削力及切削功率？
10. 切削热怎样产生、传出？
11. 试分析刀具前角和主偏角对切削温度的影响。
12. 试述刀具正常磨损形式和原因。
13. 试述刀具正常磨损分哪几个阶段。
14. 什么是刀具寿命？什么是刀具磨钝标准？
15. 影响刀具寿命的因素有哪些？怎样影响？

第四章　已加工表面质量及工件材料的加工性

知识点：1. 表面粗糙度的形成及影响因素。

2. 降低表面粗糙度的措施。

3. 加工硬化起因及影响因素。

4. 残余应力起因及影响因素。

5. 材料切削加工性的评定指标、影响因素。

技能点：1. 能够在加工过程中提高加工表面质量。

2. 合理控制加工硬化、残余应力。

§4-1　已加工表面质量

一、表面质量的概念及其影响

已加工表面质量包括零件表面的微观几何形状及表面层材质的变化两个方面，一般以表面粗糙度、表面层加工硬化及表面层残余应力来衡量。

表面质量对零件的使用性能有着很大的影响。

1. 表面粗糙度对耐磨性的影响

由于两相互摩擦零件配合时，不是全部表面接触，只是一些凸峰相接触，其实际接触面小，导致单位面积上压力增大，磨损加快，这些凸峰很快压扁磨平，使零件从而失去了原有的精度。表面粗糙度并不是越小越好，若表面粗糙度太小，不利于润滑油储存，致使接触表面形成干摩擦。在一定条件下，摩擦表面有一个最佳表面粗糙度值，一般为 0.4～0.8μm。

2. 表面粗糙度对零件疲劳强度的影响。

零件表面越粗糙，在交变载荷的作用下容易引起应力集中，其应力超过疲劳极限，就会产生疲劳裂纹。试验表明，表面粗糙度值 Ra 从 0.02μm 增大到 0.2μm，其疲劳强度下降约 25%。

3. 表面粗糙度对配合性质的影响

表面粗糙度太粗，对于间隙配合的表面，会因峰尖在工作过程中很快磨掉而使间隙增大，降低配合精度；对于过盈配合，则因装配时表面的峰顶被挤平，使有效实际过盈量减小，同样降低配合的连接强度。

4. 表面粗糙度对耐腐蚀性的影响

表面粗糙度值大，腐蚀物质易积于坑凹中腐蚀金属表面，降低工件的表面质量。

5. 加工硬化的影响

加工硬化在某些情况下可提高工件的耐磨性和疲劳强度，但常伴随大量细微裂纹出现，降低抗冲击能力。另外，加工硬化也能使后道工序切削加工困难，使刀具磨损严重。

6. 残余应力的影响

残余应力的存在使工件逐渐变形，影响工件形状、尺寸精度。另外，残余应力易使零件产生裂纹而降低耐磨性、疲劳强度和耐腐蚀性。

实践证明，许多零件的报废往往起源于零件的表面缺陷。所以，表面质量日益引起人们的重视，并作为分析机械故障的重要因素之一。

二、已加工表面粗糙度

表面粗糙度是一种微观几何形状误差，又称微观不平度。表面粗糙度是以已加工表面微观不平度来衡量的。

(一)影响表面粗糙度的因素

1. 残留面积

由于刀具上有主偏角 κ_r 和副偏角 κ_r'，使工件的被切削层材料不能完全被切除，而在工件已加工表面上形成间距等于进给量 f 的螺旋状条纹。这就是通常所谓的“残留面积”，残留面积高度 $H_{\max}$ 愈大，表面质量愈差。

图 4-1 所示为车外圆时，$r_\varepsilon=0°$和 $r_\varepsilon>0°$时形成的残留面积高度 $H_{\max}$。

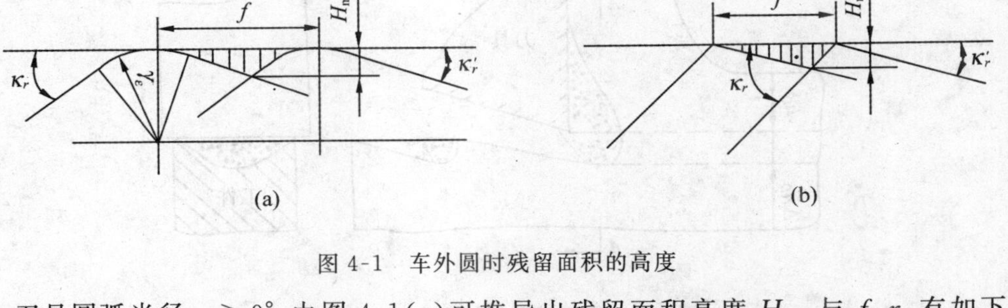

图 4-1　车外圆时残留面积的高度

刀具圆弧半径 $r_\varepsilon>0°$，由图 4-1(a)可推导出残留面积高度 $H_{\max}$与 f，r_ε 有如下的关系：

$$H_{\max}=\frac{f^2}{8r_\varepsilon} \tag{4-1}$$

刀具圆弧半径为 $r_\varepsilon=0°$，由图 4-1(b)可推导出残留面积 $H_{\max}$与进给量 f、主偏角 κ_r 和副偏角 κ_r'的关系：

$$H_{max}=\frac{f}{\cot\kappa_r+\cot\kappa_r'} \tag{4-2}$$

由图 4-1 及公式(4-1),(4-2)可知,残留面积高度 H 随着进给量的减小及主、副偏角的减小或刀尖圆弧半径的增大而减小。

切削后实际得到的粗糙度因还受到其他因素的影响往往大于理论计算值,但残留面积是构成已加工表面微观不平度的基本因素。图 4-2 所示即为刨削和钻削时的残留横截面积。

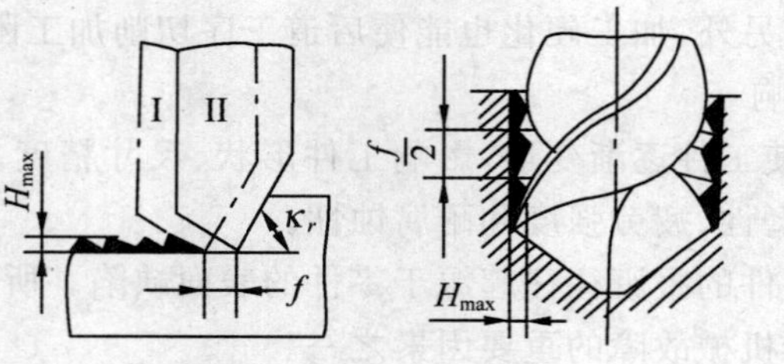

图 4-2　刨削和钻削时的残留横截面积

2. 积屑瘤

由第三章可知,当切削过程中有积屑瘤形成时,由于以下原因而使表面粗糙度增大。

积屑瘤突出在切削刃上,代替切削刃进行切削,其外形轮廓很不规则,因而在工件表面上划出一些与切削速度方向一致的纵向沟纹。积屑瘤破碎时,其碎片会嵌入工件已加工表面。

积屑瘤在已加工表面上切出犁沟的现象是普遍存在的,如图 4-3 所示。当拉削圆孔、键槽等表面时,已加工表面上常常有平行于轴线的犁沟;当铰孔时,常在孔壁上出现螺旋形的犁沟,多数为积屑瘤的生成所致。

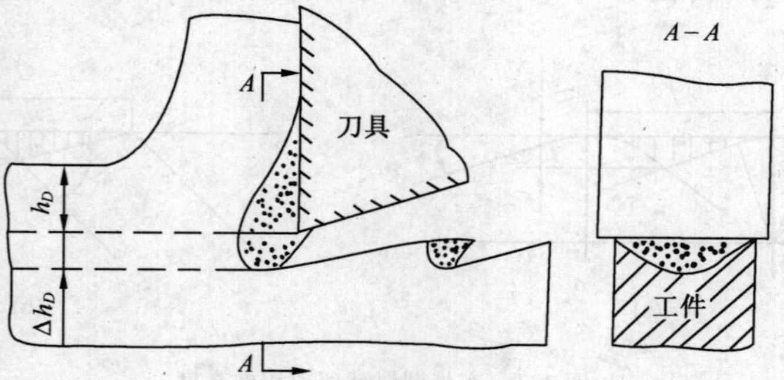

图 4-3　积屑瘤在已加工表面切出犁沟

3. 鳞　刺

用较低的切削速度切削一些常用的塑性材料时,会在工件已加工表面上形成近似与切削速度方向相垂直的横向裂纹,并有鳞片状毛刺出现,即所谓“鳞刺”,如图 4-4 所示。当有鳞刺出现时,表面粗糙度会增大 2～4 级。所以,为改善已加工表面粗糙度,必须对鳞刺加以控制。一般地说,凡是使积屑瘤减小的措施对减轻鳞刺也是适用的。

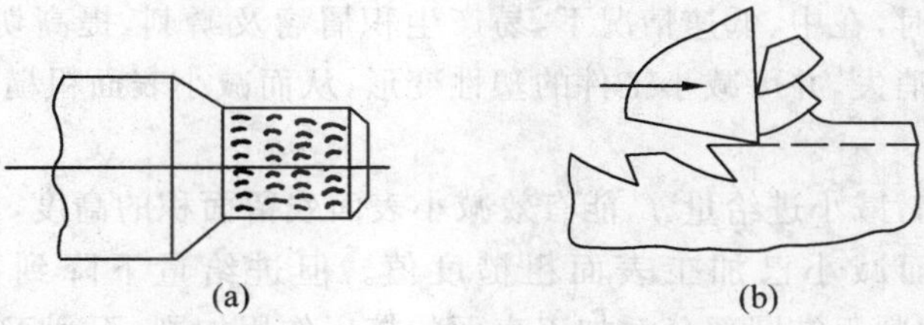

图 4-4　鳞刺现象

4. 振　动

切削过程中发生振动，在工件已加工表面上形成振纹，并引起切削力波动，使已加工表面变得粗糙。形成振动的原因较复杂，通常由于加工工艺系统刚性不足和过大的背向力 F_p 而造成的。

5. 其他因素的影响

(1)形成崩碎切屑时，易在已加工表面造成凹凸不平，增大了表面粗糙度(如图 4-5 所示)。

(2)切削塑性金属时，由于刀具切削刃及后刀面的挤压与摩擦，使已加工表面材料发生塑性变形而使残留面积挤歪或向上隆起，使已加工表面粗糙度值增大(如图 4-6 所示)。

(3)由于刀具刃磨质量不好或磨损与破损造成的切削刃缺陷，也会复映在已加工表面上形成沟痕，使表面粗糙度值增大。

(4)被流向已加工表面的切屑拉毛或刮伤的痕迹，也会使表面粗糙度值增大。

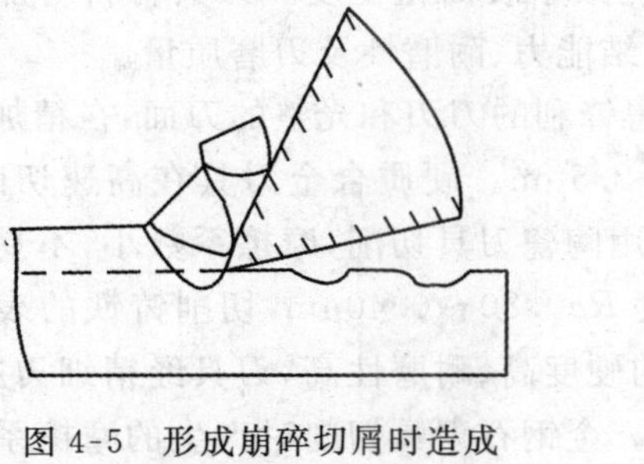

图 4-5　形成崩碎切屑时造成表面粗糙度增大

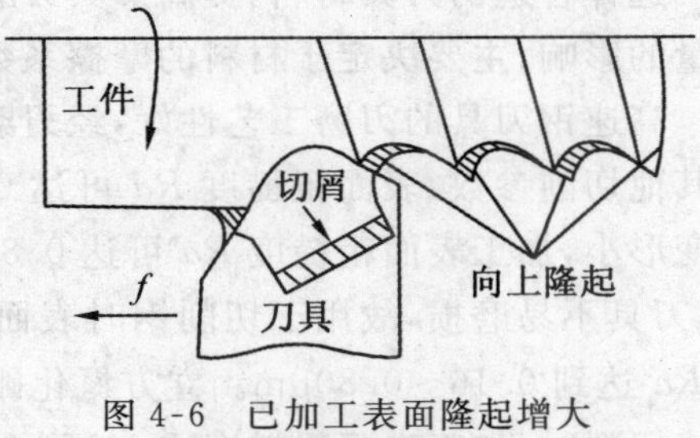

图 4-6　已加工表面隆起增大表面粗糙度值

(二)减小已加工表面粗糙度值的措施

综上所述，欲降低已加工表面粗糙度，必须减小残留面积，避免积屑瘤、鳞刺，控制切削过程中的振动及其他不利因素。减小已加工表面粗糙度值的具体途径有以下几个方面：

1. 工件材料

工件材料的塑性愈大，愈易生成积屑瘤、鳞刺，已加工表面粗糙度也愈大。生产中可通过对工件材料进行热处理改善切削加工性能。如对低碳钢、低碳合金钢加工前进行调质处理以降低塑性，从而减小已加工表面粗糙度。

2. 切削用量

(1)切削速度 v_c

切削塑性材料时，在中、低速情况下，易产生积屑瘤及鳞刺，提高切削速度，能使积屑瘤及鳞刺减小甚至消失，并可减小工件的塑性变形，从而减小表面粗糙度。

(2)进给量 f

由式(4-1)可知，减小进给量 f，能有效减小表面残留面积的高度，并起到抑制积屑瘤及鳞刺的作用，从而减小已加工表面粗糙度值。但进给量下降到某一范围(0.15～0.05mm/r)以后，切削刃钝圆部分对加工表面的挤压作用加剧，不利于表面粗糙度值的减小，甚至会引起振动使表面粗糙度值增大。所以，在生产中使用硬质合金刀具切削时进给量不宜小于 0.05mm/r。

3. 刀具几何参数

(1)增大刀具前角，能减小切削变形，并能有效地抑制积屑瘤和鳞刺。此外，大前角刀具的切削刃锋利，能切下较薄的切屑，有助于减小已加工表面粗糙度值。但前角太大会削弱刀具强度和减小散热面积，加速刀具磨损。因此，为提高加工表面质量，应首先在刀具强度和寿命允许条件下，尽量选用大的前角。

(2)稍微增大刀具后角能减小后刀面与加工表面的摩擦，对减小表面粗糙度值有利。

(3)减小刀具副偏角 κ_r'，增大刀尖圆弧半径以及采用修光刃是减小表面粗糙度值最有效的措施。但修光刃不宜过长，一般为 $1.2f$，否则易引起振动。一般不宜采用减小主偏角 κ_r 的方法，特别是当工艺系统刚性不足时，以免 F_p 力过大而引起振动，反而使表面粗糙度值增大。

4. 刀具材料

选择合适的刀具材料，提高刀具刃磨质量能减小表面粗糙度。刀具材料对加工表面质量的影响，主要决定于材料的摩擦系数、抗黏结能力、耐磨性及刃磨质量。

高速钢刀具的刃磨工艺性好，经刃磨易获得锋利的刀刃和光整的刀面，在精加工时配合其他切削参数，表面粗糙度 Ra 可达 0.125～2.5μm。硬质合金刀具在高速切削时，切削变形小，加工表面粗糙度 Ra 可达 0.80μm。用陶瓷刀具切削，摩擦系数小，不易产生黏结，刀具不易磨损，故用于切削钢时表面粗糙度 Ra0.80～0.40μm，切削铸铁的表面粗糙度 Ra 达到 0.16～0.80μm。立方氮化硼刀具的硬度高、耐磨性高，刀具经精细刃磨后，在高速切削时，加工表面粗糙度 Ra 达到 0.10μm。金钢石刀具切削时产生的摩擦系数是陶瓷刀具的 1/3，刃口非常锋利、平直，具有极高的硬度和耐磨性，切削后冷硬层很小，用它对有色金属加工时可获得高加工表面质量。

5. 切削液

采用润滑性良好的切削液，可减小切削中的塑性变形及摩擦，抑制积屑瘤及鳞刺产生，亦可减少表面粗糙度。

实际生产中，若出现已加工表面粗糙度达不到预定要求时，首先应仔细分析研究原因，找出影响表面粗糙度的主要因素，提出相应的改善措施，并在切削实践中逐步解决。

三、加工硬化及残余应力

(一)加工硬化

在已加工表面形成过程中，刀尖圆弧半径 r_ε 和刀具磨损对切削层金属进行摩擦、挤压作用，使表层金属因经受复杂的塑性变形，使晶格拉长、扭曲和破碎，从而阻碍了进一步塑性变形而使金属强化；另一方面，切削温度使金属弱化，更高的温度甚至引起了相变。因此已加工表面的加工硬化就是在这种强化、弱化和相变作用的综合结果。一般说来，表层塑性变形是加工硬化的主要成因，变形程度越大，加工硬化程度越高，硬化层越深。因此，凡是对切削变形、摩擦、切削温度产生影响的因素，均会影响加工硬化。

表面层加工硬化程度主要以冷硬层的深度 h_d、表面层显微硬度 H 以及硬化程度 N 表示。如图 4-7 所示。

$$N=\frac{H-H_0}{H_0}\times 100\% \tag{4-3}$$

式中：H_0——基体材料的显微硬度；

H——已加工表面的显微硬度。

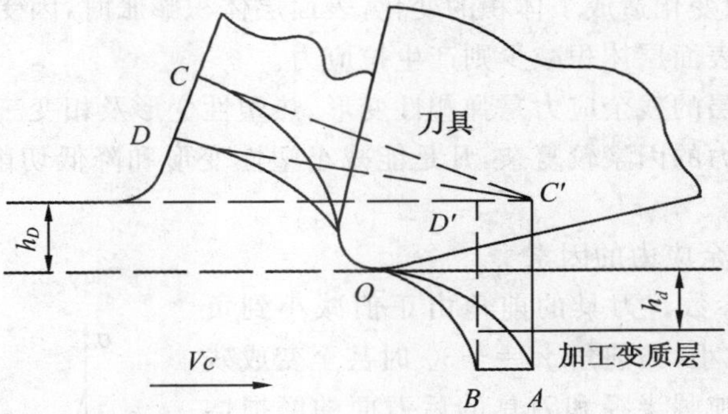

图 4-7 切削加工后表面层的冷硬

影响表面加工硬化的主要因素有：

(1)刀具方面。刀具的前角 γ_o 增大，可减少塑性变形，减轻硬化程度。刀具刃口半径 r_n 增大，刀具对表面层的挤压作用加大，硬化加剧。刀具后角 α_o减小，后刀面的磨损量增大，加大了后刀面与已加工面之间的摩擦，硬化加剧。

(2)切削用量方面。切削速度 v_c 增大，硬化层深度和硬度都有所减小。因为，一方面切削速度 v_c 增大使温度升高，有助于冷硬的回复。另一方面 v_c 增大，刀具与工件接触时间短，塑性变形程度减小；进给量 f 增大，切削力增大，塑性变形程度加剧，硬化现象增大；背吃刀量 a_p 增大，切削力增大，塑性变形增大，硬化程度增加。

(3)被加工材料的影响。材料的塑性愈大、强化系数越高，金属晶格滑移越严重，硬化现象越严重。如低碳钢的加工硬化程度 $N=40\%\sim50\%$，高碳钢 $N=20\%\sim30\%$，不锈钢 $N=140\%\sim220\%$。

(二)残余应力

经切削加工后在工件已加工表面表层中所残存的内应力，叫做残余应力。残余应力有残余拉应力和残余压应力，应力的大小随表面层深度而变化。由于没有外力，最外层的应力与里层的应力符号相反，彼此保持平衡。

1. 残余应力的形成原因

已加工表面残余应力的成因有三个方面：

(1)弹、塑性变形。加工时在切削力的作用下，已加工表面层受拉应力作用，产生伸长塑性变形，表面积趋向增大，此时里层处于弹性变形状态下。切削力去除后，里层金属回复，但受到已产生塑性变形表面层的限制，回复不到原状，因而表面层产生残余应力。此时，残余应力的性质取决于里层弹性变形是拉伸还是收缩。如果里层弹性拉伸，则表层造成压应力；如果里层弹性收缩，则表层造成拉应力。

(2)热塑性变形。表面层在切削热作用下产生热膨胀，而里层温度较低，表面层热膨胀，受到压应力，里层产生拉应力。当切削结束后，温度下降，因为表面层已产生热塑性变形冷收缩比里层的大，又受到里层金属阻碍，使工件表面层产生残余拉应力，里层产生残余压应力。

(3)相变的作用。切削时产生高温引起表面层相变，由于不同金相组织有不同的密度，表面层金相组织变化造成了体积的变化，表面层体积膨胀时，因受到里层基体的限制，产生压应力；反之，表面层体积减少则产生拉应力。

实际加工后表层的残余应力是弹塑性变形、热塑性变形及相变三者综合作用的结果。生产中影响残余应力的因素较复杂，凡是能减小塑性变形和降低切削温度的都可以减小残余应力。

2. 影响表面残余应力的因素

(1)刀具几何参数。刀具的前角由正值减小到负值时，表层拉应力减小，当前角 $\gamma_o=-30°$时甚至变成残余压应力。切削刃钝圆半径和刀具的后刀面的磨损增大时，摩擦增大，温度升高，引起的拉应力增大。

(2)切削用量。图 4-8 所示为切削 45 钢时切削速度对残余应力的影响，切削速度增大，表面沿塑性变形程度减小，表面残余拉应力值也随之减小。进给量增加时，切削力随之增加，热应力引起的残余拉应力占优势，所以，表层残余拉应力也随之增加。背吃刀量对残余应力的影响不大。

(3)工件材料。塑性大的材料，切削加工后一般产生残余拉应力，脆性材料由于后刀面的挤压和摩擦，表面层产生残余压应力。

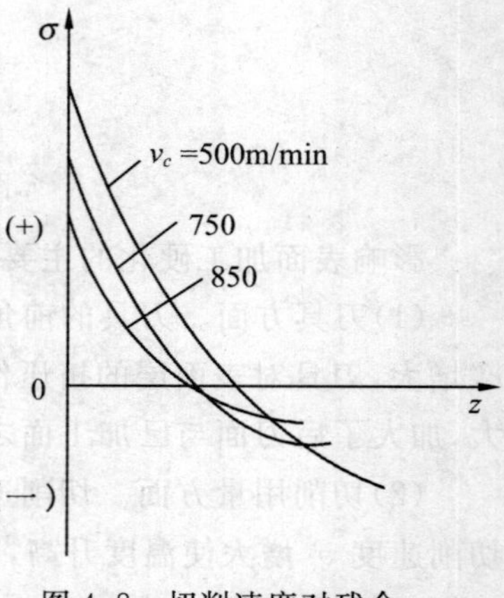

图 4-8 切削速度对残余应力的影响

另外，采用冷却润滑效果良好的切削液有助于减小表面残余应力，对粗加工后的工件进行退火时效处理是消除或减小残余应力的最有效的措施。

§4-2 工件材料的切削加工性能

一、工件材料切削加工性能的概念及主要指标

1. 工件材料切削加工性能的概念

材料的切削加工性是指对某种材料进行切削加工的难易程度。难切削的材料，加工性能差。切削加工性的概念具有相对性，所谓某种材料切削加工性好坏，是相对另一种材料而言。一般在讨论钢料的切削加工性时，习惯地以45碳素钢为基准。如称某种高强度钢比较难加工，就是相对于45钢而言。

研究材料加工性的目的，是为了寻找改善材料加工性的途径。

2. 评定材料加工性的主要指标

刀具寿命指标。在切削普通金属材料时，常用刀具寿命达到60min时允许的切削速度 v_{60} 的高低来评定材料的加工性好坏；难加工材料则用 v_{20} 来评定。在相同条件下，v_{60} 或 v_{20} 越高，加工性则越好。v_{60} 或 v_{20} 可由刀具寿命试验求出，也可用相对加工性指标 k_r 来评定：

$$k_r = \frac{v_{60}}{v_{60j}} \tag{4-4}$$

式中 v_{60j} 是切削45钢（170～229HBS，$\sigma_b = 0.637\text{GPa}$）时，刀具寿命达到60min时允许的切削速度。$k_r > 1$ 的材料，其加工性比45钢好；$k_r > 3$ 的材料，属易切削钢；$k_r < 1$ 的材料，其加工性比45钢差；$k_r \leqslant 0.5$，可称为难加工材料，例如高锰钢、不锈钢、钛合金、耐热合金及淬硬钢等。k_r 分为8级，见表4-1。

表4-1 常用工件材料的相对加工性指标

加工性等级	名称及种类		相对加工性 k_r	代表性材料
1	很容易切削的材料	一般有色金属	>3	铜铅合金、铝铜合金、铝镁合金
2	易切削材料	易切削钢	2.5～3.0	退火15Cr，$\sigma_b = 0.373 \sim 1.441\text{GPa}$ 自动机钢，$\sigma_b = 0.393 \sim 0.491\text{GPa}$
3		较易切削钢	1.6～2.5	正火30钢，$\sigma_b = 0.441 \sim 0.549\text{GPa}$
4	普通材料	一般钢及铸铁	1.0～1.6	45钢，灰铸铁
5	难切削材料	稍难切削材料	0.65～1.0	2Cr13调质，$\sigma_b = 0.834\text{GPa}$ 85钢，$\sigma_b = 0.883\text{GPa}$
6		较难切削材料	0.5～0.65	45Cr调质，$\sigma_b = 1.03\text{GPa}$
7		难切削材料	0.15～0.5	50CrV调质，1Cr18Ni9Ti，某些钛合金
8		很难切削材料	<0.15	某些钛合金，铸造镍基高温合金

2. 加工材料的性能指标

通常用加工材料的物理、化学和力学性能高低来衡量切削该材料的难易程度。表4-2所示就是根据加工材料的硬度HBS，抗拉强度 σ_b，伸长率 δ，冲击韧度 α_k 和热导率 k 来划分加工性等级。

表 4-2 常用工件材料切削加工性分级表

切削加工性		易切削			较易切削	
等级代号		0	1	2	3	4
硬度	HBS	≤50	>50～100	>100～150	>150～200	>200～250
	HRC					>14～24.8
抗拉强度 σ_b		≤0.196	>0.196～0.441	>0.441～0.588	>0.588～0.784	>0.784～0.98
伸长率 $\delta\times100$		≤10	>10～15	>15～20	>20～25	>25～30
冲击韧度 α_k (kJ·m^{-2})		≤196	>196～392	>392～588	>588～784	>784～980
热导率 k (W·m^{-1}·K^{-1})		>418.68～293.08	>293.08～167.47	>167.47～83.74	>83.74～62.80	>62.80～41.87

切削加工性		较难切削			难切削			
等级代号		5	6	7	8	9	9a	9b
硬度	HBS	>250～300	>300～350	>350～400	>400～480	>480～635	>635	
	HRC	>24.8～32.3	>32.3～38.1	>38.1～43	>43～50	>50～60	>60	
抗拉强度 σ_b		>0.98～1.176	>1.176～1.372	>1.372～1.568	>1.568～1.764	>1.764～1.96	>1.96～2.45	>2.45
伸长率 $\delta\times100$		>30～35	>35～40	>40～50	>50～60	>60～100	>100	
冲击韧度 α_k (kJ·m^{-2})		>980～1372	>1372～1764	>1764～1962	>1962～2450	>2450～2940	>2940～3920	>～
热导率 k (W·m^{-1}·K^{-1})		>41.87～33.5	>33.5～25.12	>25.12～16.75	>16.75～8.37	<8.37		

从加工性分级表中查出材料性能的加工性等级，可较直观地、全面地了解材料切削加工的难易程度。例如 1Cr18Ni9Ti 不锈钢的 HBS＝229、σ_b＝0.642GPa、δ＝55％、α_k＝2450KJ·m^2、k＝16.3W·m^{-1}·K^{-1}，从表中可以查出相应得切削加工等级代号为 4、3、8、8、8，加工性好坏不言而喻。

此外，根据不同加工条件与要求，还可采用加工表面粗糙度、切削力和断屑等指标来衡量切削加工性好坏。

二、影响工件材料切削加工性的因素

1. 工件的物理机械性能

(1)硬度和强度。一般金属材料的硬度和强度越高，则切削力越大，切削温度越高，刀具磨损越快，故切削加工性越差。但并不是说硬度越低越好加工，例如纯铁、纯铝等金属材料，硬度虽低，但塑性很大，加工性并不好。所以，适当提高材料的硬度，有利于获得较好的加工表面质量。

(2)塑性。材料的塑性越大，切削变形和加工硬化都比较严重，切屑易与刀具发生黏结，加剧刀具磨损，加工性差。但如果工件材料的塑性越小，则刀屑接触长度变得很短，也会使刀具磨损严重。故塑性太大和太小的工件材料的切削加工均较差。

(3)耐热性。工件材料的耐热性愈好，在高温下能保持较高的强度及硬度，切削起来会愈困难。

(4)导热系数。工件材料导热系数大，由切屑带走的和工件内传导的热量就多，有利于降低切削温度，因此加工性好。

2. 工件的化学成分

碳素钢中碳元素含量增加，硬度、强度增高，塑性、韧性则降低。因此，含碳量太高、太低对加工性都不利。

在钢中加入适量的硫、磷、铅、硒等元素后，能降低钢的强度，同时又能降低塑性，可起到润滑作用，从而有效地改善加工性。

铸铁中的碳元素以两种形式存在：与铁结合成碳化铁，或成为游离石墨。铸铁的切削加工性主要取决于石墨含量的多少。石墨具有润滑作用，当含碳量一定时，石墨愈多，铸铁内的高硬度金属碳化铁愈少，切削加工性也愈好。在铸铁中加入适量的硅、铜、钛等促进碳化物分解出石墨的元素后，可改善铸铁的切削加工性。

3. 金相组织

同样化学成分的材料，如果它们的金相组织不同时，则力学性能也不同。因此，通过热处理来改变材料的金相组织是改善材料切削加工性的切实可行的主要方法。

工件材料的金相组织主要有铁素体、渗碳体、珠光体、奥氏体、马氏体等。一般珠光体的强度、硬度和塑性都较适中，加工性好，而其他组织加工性都较差。对于高碳钢，可通过退火或正火，降低材料的硬度，以利于切削加工；而对低碳钢，则可通过正火或调质处理来降低其塑性，改善切削加工性。

许多难加工材料，可根据材料的性能特点，采用适当的热处理方法来改善切削加工性。

习　题

1. 表面质量对零件的使用性能有何影响？
2. 已加工表面质量可以用哪些要素来衡量？
3. 影响表面粗糙度的因素有哪些？当已加工表面粗糙度达不到要求时，应从哪些方面着手改善？
4. 什么是加工硬化和残余应力？如何减小加工硬化和残余应力？
5. 试述影响材料加工性的因素。

第五章　切削参数的合理选择

知识点：1. 刀具几何参数的作用及合理选择。

2. 切削用量的合理选择。

3. 切削液的合理选择。

技能点：能根据具体的切削加工选择切削参数。

§5-1　刀具几何参数的合理选择

在切削加工过程中，当刀具材料、刀具结构选定之后，刀具切削部分的几何参数对刀具切削性能的影响成为首要因素。它对切削时的切屑变形、切削力、切削温度和刀具磨损都有显著影响，从而进一步影响刀具寿命、加工质量、生产效率和生产成本。所以，刀具几何参数的合理选择在实际生产中有重要意义。

一、刀具几何参数的基本含义及其重要性

刀具几何参数主要包括刃形、刃区形式、刀面形式及参数、几何角度等内容。

1. 刃　形

刃形指切削刃的形状。会影响到切削刃负荷的大小、受力状况、刀具寿命和已加工表面质量等。许多先进刀具都和刃形的合理选择有着密切的关系。

2. 刃区形式

刀具在切削过程中，切削刃区的形式对切削中的变形、力、热的产生及切削后表面的形成都有较大影响，为提高刀具寿命及表面质量，需合理选择刀具刃区形式。生产中典型的刃区形式如图 5-1 所示。

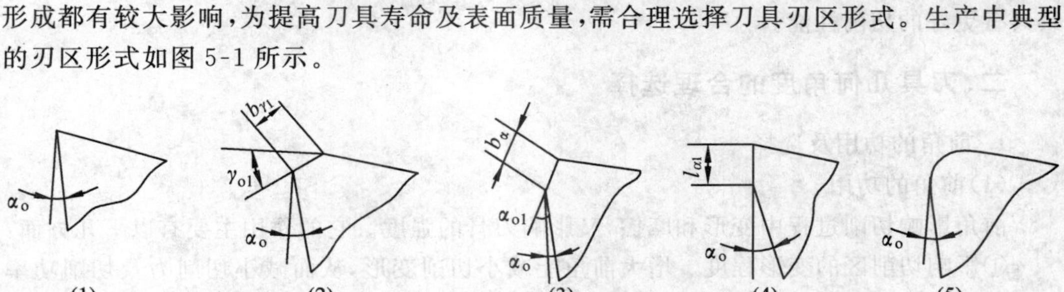

图 5-1　常见刀具刃区形式

(1)锋刃

这是一种最基本的形式。它刃口锋利，刃磨方便，但强度及散热条件差，往往用于精加工刀具和成形刀具。

(2)倒棱

当刃口负荷较重时，倒棱可强化刃口，改善散热，提高刀具寿命。对硬质合金等刀具材料及粗加工刀具，此形式可明显起到保护切削刃的作用。

(3)消振棱

沿切削刃在后刀面上磨出一段负后角的小棱面，可起消振作用，同时对强化刃口、提高刀具寿命以及增加对已加工表面的熨压作用也有好处。

(4)刃带

沿切削刃在后刀面上磨出一段零后角的小棱面，对控制刀具尺寸及稳定导向都可以起到明显的作用。同时，也可强化刃口，提高刀具寿命。刃带多用于定尺寸刀具(如铰刀、拉刀等)。

(5)倒圆刃

在刃口处人为磨出较大刀间圆角，对强化刃口非常有效，可用于加工高硬度、高强度材料。

3. 刀面形式

主要指前、后刀面的形态。如平面形前刀面、断屑前刀面，铲背、波形刀面等。后面还要详细介绍。

4. 几何角度

指刀具切削部分的几何角度，如 γ_o，α_o，κ_r，κ_r'，α_o'，λ_s 等。

所谓“合理的刀具几何参数”，是指在保证加工质量和刀具寿命的前提下，能满足生产效率高、加工成本低的几何参数。

刀具几何参数的合理选择必须首先考虑一定的切削条件，做到“物尽其用”。影响几何参数选择的切削条件主要有工件材料及毛坯类型，加工要求，机床的动力，刚度条件和刀具材料等。其次，刀具的锋利性与坚固性既是刀具工作的必要条件，又是一对尖锐的矛盾，两者不可偏废，正确处理它们的关系对选择几何参数也非常重要。另外，刀具几何参数是个统一体，各参数相互联系并相互影响，选择时不能孤立的考虑任一参数，而应综合分析它们的整体作用与影响，协调平衡好各参数，同时还要通过实践使之不断完善，使刀具具有更好的切削性能。

二、刀具几何角度的合理选择

1. 前角的功用及选择

(1)前角的功用

前角影响切削过程中变形和摩擦，又影响刀具的强度。它的作用主要有以下几方面：

①影响切削区的变形程度。增大前角能减小切削变形，从而减小切削力及切削功率消耗。

②影响刀具寿命。增大前角，可以减小切削力及切削热，使寿命提高。但是，如前角

过大，会使刀头部分体积减少，强度降低，易使刀具崩刃，反而使寿命降低。

③影响切屑形态和断屑效果。减小前角，切屑变形程度增大，也就是说切屑变得更短更厚，容易断屑。

④影响已加工表面质量。增大前角，使切削刃钝圆半径减小，切削刃锋利，可以减少已加工表面硬化程度，也可以抑制积屑瘤和减小振动，使已加工表面质量提高。

(2)前角的合理选择

前角有正负之分。取正前角的目的是为了减小切屑被切下时的弹塑性变形和切屑流出时与前刀面的摩擦阻力，从而减小切削力和切削热，使切削轻快，提高刀具寿命及加工表面质量，所以刀具应尽可能采用正前角。但前角过大时，楔角过小，会削弱切削部分的强度并降低散热能力，反而会使刀具寿命降低。由图 5-2 可以看出，在一定的切削条件下，用某种刀具材料加工某种工件材料时，总有一个使刀具获得最高寿命的前角值。这个前角就叫合理前角。合理前角可能是正前角，也可能是负前角。

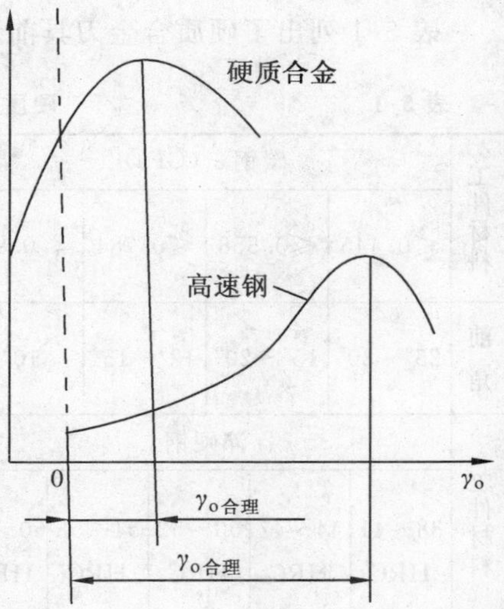

图 5-2　刀具的合理前角

取负前角的目的是改善刃部受力状况和散热条件，提高刀刃强度和耐冲击能力。由图 5-3 可知，正前角刀具切削脆性材料，特别在前角较大时，切屑和前面接触较短，切削力集中作用在切削刃附近，刀刃部位受力的冲击，容易产生崩刃。负前角刀具的前刀面则受压力，[见图 5-3(c)]，刃部相对比较结实。特别在切削硬脆材料时，刃口强度较好，但切削时刀具锋利程度降低，切屑变形和摩擦阻力增大，切削力和切削功率也增加。所以，负前角刀具通常在用脆性刀具材料加工高强度工件材料而刀刃强度又不够、易产生崩刃时才采用。

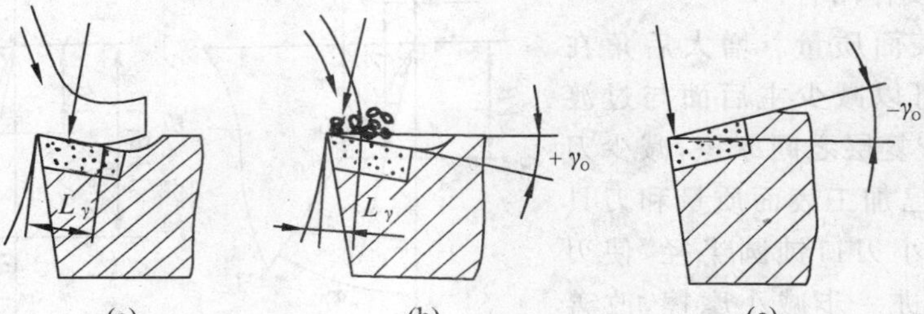

图 5-3　正负前角的受力状况

综上所述，选择前角是首先保证刀刃锋利，同时又要兼顾足够的刀刃强度。前角的选择原则是：

①在刀具材料韧性好时，可选用大的前角，如高速钢刀具比硬质合金刀具的前角大 5°～10°。

②对于成形刀具来说，为减少刀具截形误差，常用较小前角，甚至取前角为零度。

③加工塑性材料时，尤其是加工硬化严重的材料，应选用较大的前角，加工脆性材料时用较小前角。加工特硬材料时，可取负前角。

④粗加工，尤其是断续切削时，为保证切削刃有足够强度，应选用较小前角，精加工应增大前角以提高已加工表面质量。

⑤工艺系统刚性差和机床功率不足时，应选用较大前角。

表 5-1 列出了硬质合金刀具前角选用参考值。

表 5-1　　硬质合金刀具前角选用参考值

工件材料	碳钢 σ_b(GPa)				40Cr	调质40Cr	不锈钢	高猛钢	钛及钛合金
	≤0.445	≤0.558	≤0.784	≤0.98					
前角	25°～30°	15°～20°	12°～15°	10°	13°～18°	10°～5°	15°～30°	3°～−3°	5°～10°

工件材料	淬硬钢					灰铸铁		铜			铝及铝合金
	38～41 HRC	44～47 HRC	50～52 HRC	54～58 HRC	60～65 HRC	HBS ≤220	HBS >220	纯铜	黄铜	青铜	
前角	0°	−3°	−5°	−7°	−10°	12°	8°	25°～30°	15°～25°	5°～25°	25°～30°

2. 后角功用及选择

(1)后角的功用

后角是刀具上重要的几何角度之一，它的主要作用有：

①影响表面质量。增大后角在切削过程中可以减少主后面与过渡表面的弹性恢复层之间摩擦，减少刀具磨损，提高已加工表面质量和刀具寿命，还可减小刃口钝圆半径，使刃口锋利，从而进一步减小摩擦，改善加工质量。

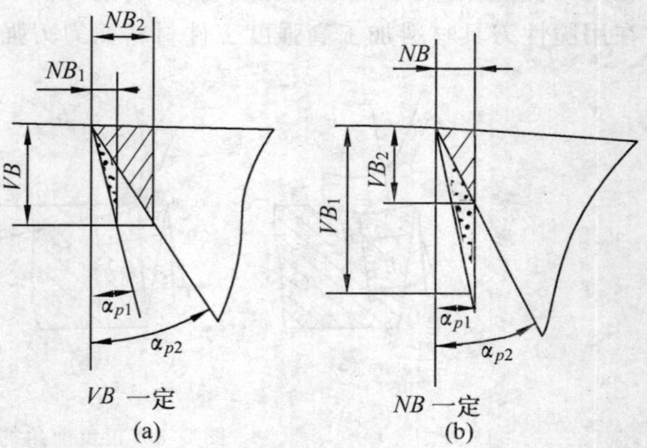

图 5-4　后角大小与刀具材料磨损体积的关系

②提高刀具寿命。如图 5-4 所示，在同样磨钝标准 VB 下，从新用到磨钝，后角大的刀具磨去的金属体积较多，即刀具投入切削的时间长。这也是大后角增大刀具寿命的原因之一。

③影响刀头强度。增大后角会使楔角减小，降低刃口强度。同时，散热体积变小，切

削温度升高。所以，过大的后角反而会使刀具寿命降低。

(2)后角的合理选择

适当增大后角可以提高表面质量及刀具寿命，但后角过大反而使寿命降低，因此在一定切削条件下，同样存在一个使刀具寿命最大的合理后角。图 5-5 表明了不同刀具材料的合理后角值。后角的选择原则为：

①根据加工精度选择。精加工为减小摩擦，后角较大，$\alpha_o=8°\sim12°$；粗加工为提高强度，后角较小，$\alpha_o=6°\sim8°$。

②根据加工材料选择。加工塑性材料，尤其是硬化现象严重的材料，应取大后角以减小摩擦，提高表面质量。加工脆性材料时，为增强切削刃，应取小后角。加工硬度、强度高的材料，应取小后角。

③根据刀具类型选择。定尺寸刀具(如圆孔拉刀、铰刀)，应取小后角以增加重磨次数，延长刀具使用寿命。

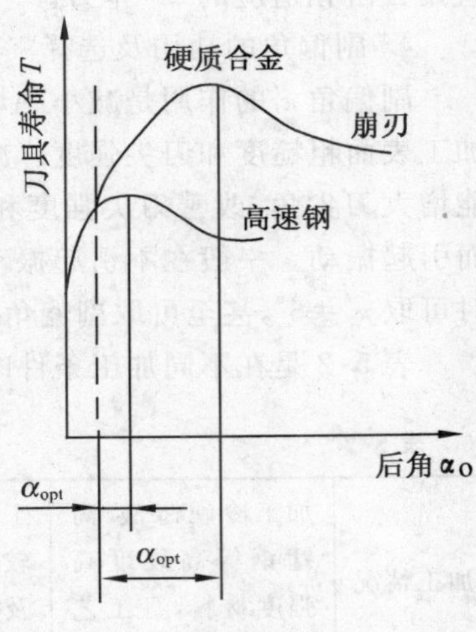

图 5-5　不同材料刀具的合理后角

3. 主偏角的功用及选择

主偏角 κ_r 对切削过程的影响有以下几方面：

(1)影响已加工表面残留面积的高度。由第四章已知，减小主偏角可以降低残留面积高度，改善已加工表面粗糙度。

(2)影响主切削刃单位长度上的负荷，刀尖强度及散热条件。从图 5-6 可以看出，当背吃刀量 a_p 和进给量 f 一定时，减小主偏角会使切削宽度 b_D(即切削刃参与切削的长度)增加，使作用在主切削刃单位长度上的负荷减轻，且刀尖角增大，刀尖强度提高，改善散热条件。

(3)影响切削分力的比例关系。减小主偏角会使进给力 F_f 减小，背向力 F_p 增大。

(4)影响断屑效果。当进给量不变时，增大主偏角，会使切削厚度 h_D 增大，切屑变得更短更厚，有利于断屑。

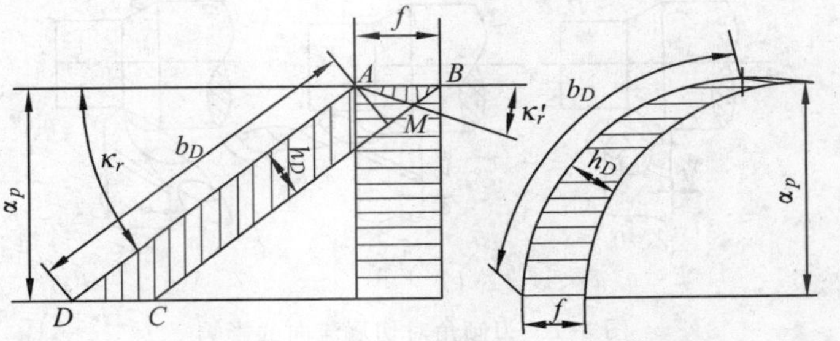

图 5-6　切削层形状及其尺寸

主偏角选择的主要原则是：

(1)工艺系统刚度较好时,κ_r 可以取得小些。特别当加工冷硬铸铁、高锰钢等高硬度、高强度材料时,为减轻刀刃负荷,增加刀尖强度,常取更小数值(10°～30°)的主偏角。

(2)工艺系统刚度不足(如车薄壁筒、细长轴),或刀具材料对振动敏感时,宜取较大主偏角,常取 $\kappa_r=75°$,甚至 $\kappa_r\geqslant75°$,以减小背向力 F_p,避免振动和变形。

(3)单件小批生产或加工带台阶和倒角的工件时,常选取通用性较好的 45°车刀或与直角台阶相适应的 90°车刀。

4. 副偏角的功用及选择

副偏角 κ_r'的作用是减小副切削刃及副后刀面与加工表面之间的摩擦。副偏角影响已加工表面粗糙度和刀尖强度。减小副偏角,可减小残留面积高度,减小理论粗糙度值,并能增大刀尖角,改善刀尖强度和散热条件。但副偏角过小时,会因增大摩擦和背向力 F_p 而引起振动。一般在不引起振动的情况下宜选取小值,精加工时应取得更小。如精加工时可取 $\kappa_r'=5°$,甚至可取副偏角为 0°的修光刃。

表 5-2 是在不同加工条件时,主要从工艺系统刚度考虑的合理主、副偏角参考值。

表 5-2　　合理主偏角和副偏角参考值

加工情况	加工冷硬铸铁、高锰钢等高硬度高强度材料,且工艺系统刚度好时	工艺系统刚度较好,加工外圆及端面,能中间切入	工艺系统刚度较差,粗加工、强力切削时	工艺系统刚度差,车台阶轴、细长轴、薄壁件	车断和车槽
主偏角	10°～30°	45°	60°～75°	75°～93°	≥90°
副偏角	10°～5°	45°	15°～10°	10°～5°	1°～2°

5. 刃倾角的功用及选择

(1)刃倾角的功用

①控制切屑流出方向。图 5-7 所示为外圆车刀刃倾角 λ_s 对排屑方向的影响。应当注意的是,如果是精车,最好取正值,这样可以使切屑流向待加工表面,防止切屑缠绕,划伤已加工表面。

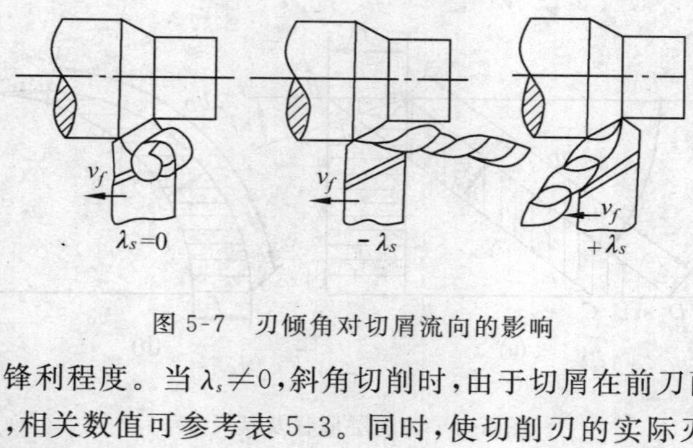

图 5-7　刃倾角对切屑流向的影响

②影响切削刃锋利程度。当 $\lambda_s\neq0$,斜角切削时,由于切屑在前刀面上流向的改变,使实际工作前角增大,相关数值可参考表 5-3。同时,使切削刃的实际刃口钝圆半径减小,起到了使切削刃锋利的作用。

表 5-3　刃倾角对实际工作前角的影响　$\gamma_0=10°$

刃倾角 λ_s	0°	15°	30°	45°	60°	75°
实际工作前角 γ_{oe}	10°	13°14′	22°21′	35°56′	52°30′	70°51′

③影响刀尖强度和散热条件。以图 5-8 所示的刨削加工为例，正刃倾角因刀尖位于最高点，冲击载荷首先作用在它上面，容易产生崩刃、打刀。负刃倾角则是远离刀尖的切削刃先接触工件，使刀尖避免受冲击，起到了保护作用，同时还使刀尖处强度提高，散热条件好。刃倾角为 0°时，切削刃各部分及刀尖同时切入切出，冲击力大，切削过程不平稳。

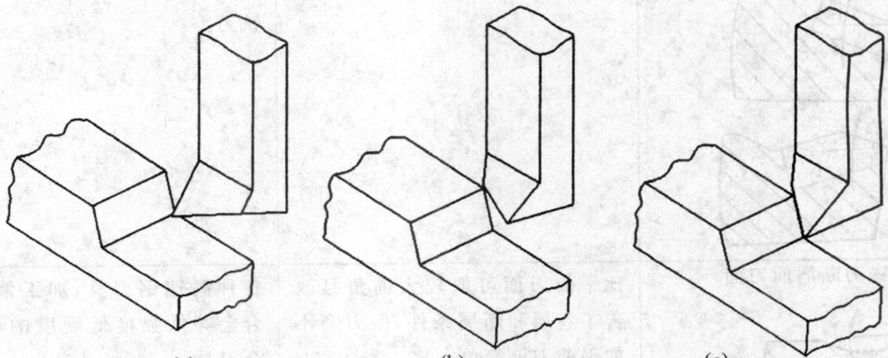

(a)　(b)　(c)

图 5-8　不同刃倾角对刀尖强度的影响

(a)$\lambda_s>0°$　(b)$\lambda_s<0°$　(c)$\lambda_s=0°$

(2)刃倾角的选择

①根据加工要求选择。一般精加工时，为防止切屑划伤已加工表面，选 $\lambda_s=0°\sim+5°$；粗车时，为提高刀具强度，选 $\lambda_s=0°\sim-5°$。

②根据加工条件选择。加工断续表面、加工余量不均匀表面或在其它产生冲击振动的切削条件下，通常取负的刃倾角。

表 5-4 列出了车削时刃倾角选用参考值。

表 5-4　车削时合理刃倾角参考值

适用范围	精车 细长轴	精车 有色金属	粗车一般 钢和铸铁	粗车余量不 均、淬硬钢等	冲击较大的 断续车削	大刃倾角 薄切削
λ_s 值	0°～5°	5°～10°	0°～－5°	－5°～－10°	－5°～－15°	45°～75°

三、刀面和刃区形式的合理选择

正确选择刀面和刃区形式，对防止刀具崩刃，提高刀具寿命和切削效率，降低生产成本有重要意义。

表 5-5 列出了常用的刀面形状及刃区形式。

表 5-5　　前刀面形状及刃区剖面形式

形　式	特点及切削性能	应用范围
正前角锋刃平前刀面 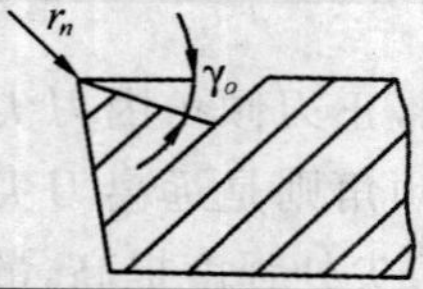	切削刃口较锋利，但强度较差，r_o 不能太大，不易断屑	各种高速钢刃形复杂刀具及成形刀具，精加工铸铁、青铜等脆性材料的硬质合金刀具
负前角平前刀面 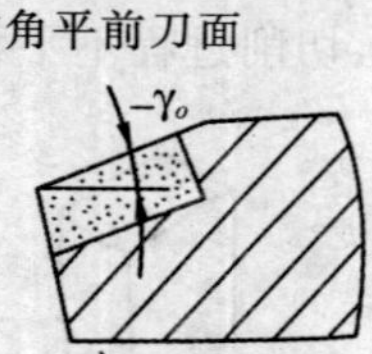 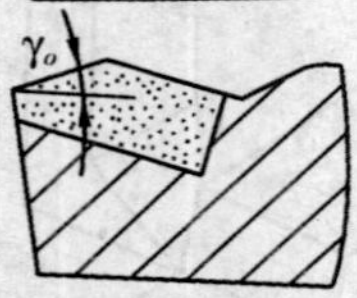	切削刃强度较好，但刀刃较钝，切削变形大	硬脆刀具材料、加工高强度高硬度（如淬火钢）的车刀、铣刀、面铣刀等
正前角锋刃断屑前刀面 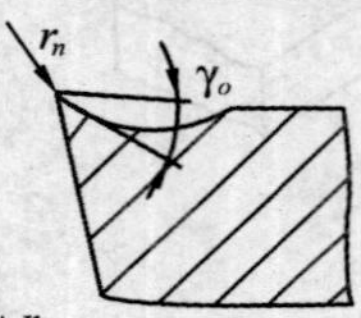 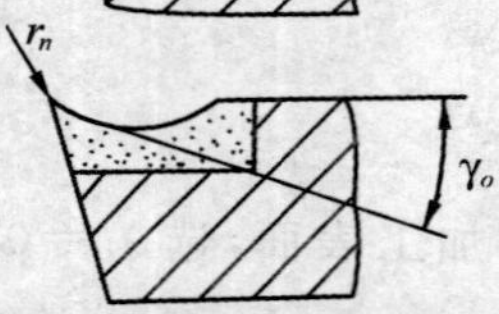	比平前刀面可取较大前角且改善了卷屑和断屑条件，但刃磨不如平前刀面简单	各种高速钢刀具，加工紫铜、铝合金等低强度低硬度的硬质合金刀具
带倒棱的前刀面 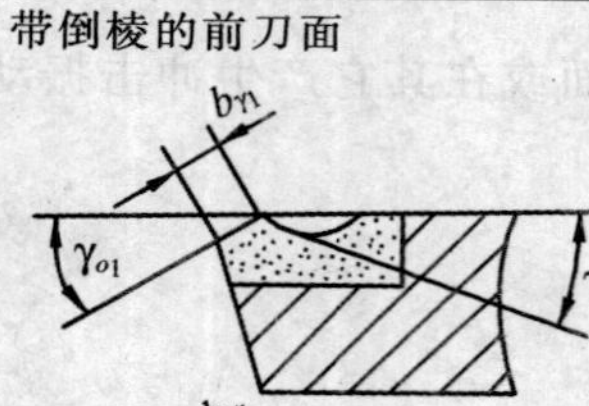	切削刃强度及抗冲击能力增加，在同样条件下允许采用较大的前角，提高了刀具寿命	加工各种钢材等塑性材料的硬质合金车刀
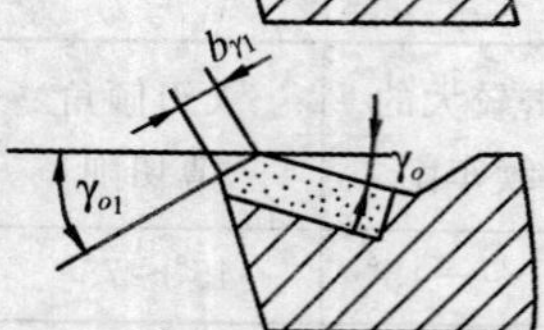		加工铸铁等脆性材料用的硬质合金、陶瓷刀具
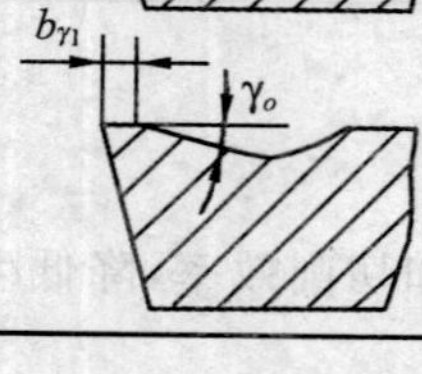		零度倒刃，适用于高速钢刀具

续表 5-5

钝圆切削刃或倒棱刃加钝圆切削刃的前面 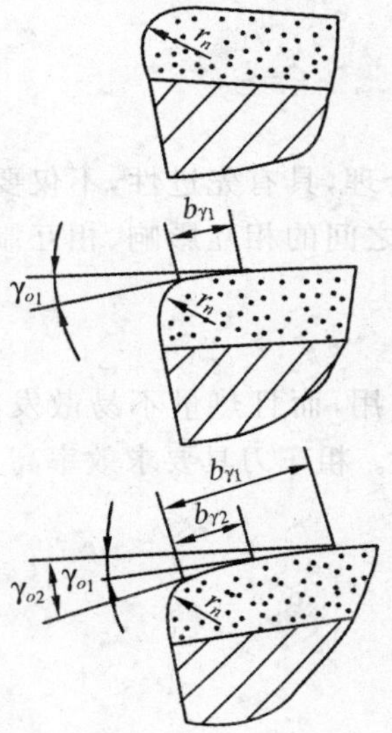	切削刃强度及抗冲击能力增加，且有一定的熨压和消振作用	适用于陶瓷等脆性材料刀具

四、刀尖形状选择

刀尖是切削刃上工作条件最恶劣、构造最薄弱的部位，强度和散热条件都很差。从提高刀具寿命出发，应选择合理的刀尖形状。图 5-9 列出了常见的刀尖形状。

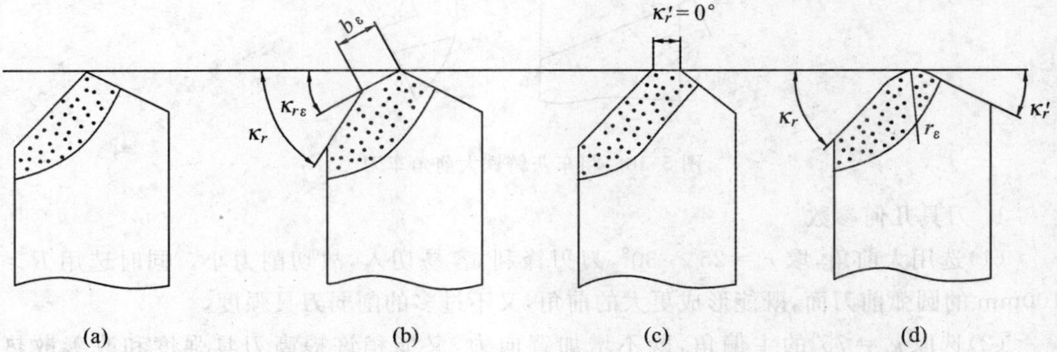

(a)　(b)　(c)　(d)

图 5-9　常见刀尖形式

图 5-9(a)是直线刀刃，属于最基本的形态，结构简单，制造方便，但刀尖强度不足，散热条件不好，刀具寿命不高。

图 5-9(b)，(c)，(d)是带过渡刃的刀尖。从图中可看出，过渡刃的形状有直线和圆弧两种。图 5-9(b)多用于粗加工和强力切削，其中 $\kappa_{r\varepsilon}=\kappa_r/2$，$b_\varepsilon=(0.2\sim0.5)a_p$。当磨出的

过渡刃 $\kappa_r'=0°$时，称为修光刃，如图 5-9(c)，使 $b_\varepsilon'=(1.2\sim1.5)f$，便可在加大进给量的同时获得较小的表面粗糙度。图 5-9(d)表示的是圆弧过渡刃。圆弧过渡刃上各点的主偏角是变化的，其平均值比主切削刃主偏角小，增大圆弧半径 r_ε，相当于主偏角减小，从而提高刀具寿命。

五、刀具几何参数选择举例

在选择刀具几何参数的过程中，要使刀具几何参数选择得合理，具有先进性，不仅要考虑各单个参数的作用，还必须按照实际情况，考虑各几何参数之间的相互影响、相互制约的内在联系，进行综合分析。

下面以粗车灰铸铁大前角车刀为例，分析各参数的选择情况。

粗车灰铸铁时，产生崩碎切屑，刀尖不仅受到冲击载荷的作用，而且热量不易散发。在粗车时，毛坯表面余量不均匀，并且带有硬皮，使刀具磨损严重。粗车刀具要求效率高，刀具有足够的强度、较小的切削力。如图 5-10 所示。

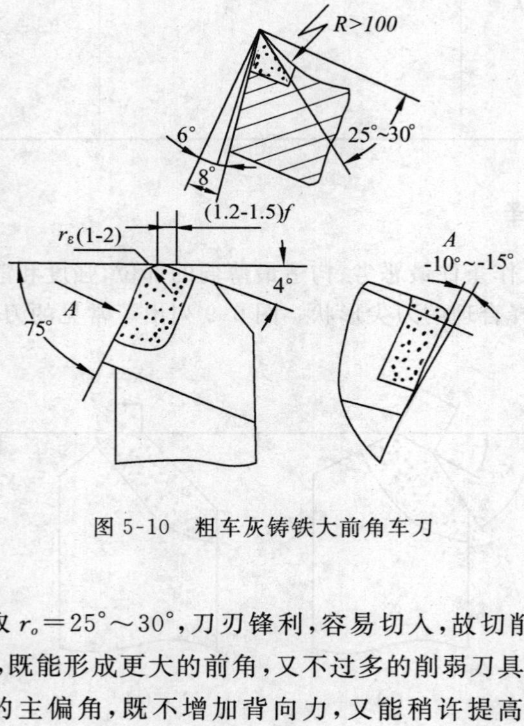

图 5-10　粗车灰铸铁大前角车刀

1. 刀具几何参数

(1)选用大前角，取 $r_o=25°\sim30°$，刀刃锋利，容易切入，故切削力小。同时选用 $R>100$mm 的圆弧前刀面，既能形成更大的前角，又不过多的削弱刀具强度。

(2)选取 $\kappa_r=75°$的主偏角，既不增加背向力，又能稍许提高刀具强度和改善散热条件。

(3)为提高刀具强度，选用刃倾角 $\lambda_s=-10°\sim-15°$和较小副偏角 $\kappa_r'=4°$。

(4)选用圆弧过渡刃 $r_\varepsilon=1\sim2$mm，以提高刀尖强度。

2. 切削用量

考虑到机床系统刚性，切削用量不宜选取过大，一般取 $v_c=50\sim70$m/min，$f=0.3\sim0.5$mm/r，$a_p=3\sim7$mm。

3. 使用机床

CA6140 型卧式车床。若在刚性好的机床上加工，可适当增大切削用量，提高效率。

§5-2　切削用量的合理选择

在切削加工中，切削用量选择得合理与否，直接影响着加工质量、加工成本和生产率。如果切削用量选择得当，便能充分发挥机床和刀具的功能，以取得生产的最大效益；倘若选择不当，会造成很大的浪费或导致生产事故，对此必须引起高度重视。

一、选择切削用量的基本原则

选择切削用量就是要确定具体切削工序的背吃刀量 a_p，进给量 f 和切削速度 v_c。

所谓"合理的"切削用量，是指充分利用刀具的切削性能和机床性能（功率、扭矩），在保证质量的前提下，获得高生产率和低成本的切削用量。

合理选择切削用量有以下要求：

(1)保证安全，不至发生人身事故（或使操作者过分紧张）或损坏机床、刀具等。

(2)保证工件已加工表面的表面粗糙度和尺寸精度。

(3)在满足以上两项要求的前提下，要充分发挥机床的潜力和刀具的切削性能，尽可能选较大的切削用量，使机动时间减少，生产效率最高，成本最低。

(4)不允许超过机床功率；不能使工艺系统产生过大的变形和振动。

切削用量的选择原则是：

首先选取尽可能大的背吃刀量，其次要根据机床动力和刚性的限制条件（粗加工）或已加工表面的粗糙度的限制条件（精加工）选取尽可能大的进给量，最后确定最佳的切削速度。

二、切削用量的选择方法

1. 粗加工切削用量的选择

(1)确定背吃刀量 a_p。背吃刀量 a_p 根据工序来确定。除留给以后工序的余量外，其余的粗加工余量尽可能一次切除，以便减少走刀次数。

下列情况之一可选用两次或数次进给：粗加工余量 h 过大，如外圆车削的单边余量大于 6mm；加工余量极不均匀；工艺系统刚度不足；断续切削、刀片尺寸较小，如果作用切削刃长度超过工作切削刃长度的 60%时，采用两次进给。第一次走刀的 a_{p1} 值应选得大些，一般 $a_p=(2/3\sim3/4)h$。

当加工余量极不均匀时，视具体情况应先切去不均匀部分。

(2)确定进给量 f。粗加工时，进给量 f 的选择受切削力限制。在工艺系统强度和刚度允许的情况下选择较大进给量，一般取 $f=0.3\sim0.9$mm/r。粗车进给量的参考值见表 5-6，表 5-7 为硬质合金刀片强度允许的最大进给量。

(3)确定切削速度 v_c。在 a_p 和 f 选定后，再根据规定达到的合理刀具寿命 T(min)，就可以确定切削速度 v_c。根据切削用量与刀具寿命的关系，可将公式改写为：

$$v_c = C_v K_v / T^m a_p^{x_v} f^{y_v} \tag{5-1}$$

式中的系数 C_v 和指数 m, x_v, y_v 及修正系数 K_v(K_v 为一系列修正系数的乘积)见表 5-8 和 5-9。

表 5-6　硬质合金及高速钢车刀粗车外圆和端面时的进给量

<table>
<tr><th rowspan="3">工件材料</th><th rowspan="3">车刀刀杆尺寸
$B\times H$
(mm)</th><th rowspan="3">工件
直径
(mm)</th><th colspan="5">背吃刀量 a_p(mm)</th></tr>
<tr><th>≤3</th><th>>3～5</th><th>>5～8</th><th>>8～12</th><th>12 以上</th></tr>
<tr><th colspan="5">进给量 f(mm/r)</th></tr>
<tr><td rowspan="10">碳素结构钢和合金结构钢</td><td rowspan="5">16×25</td><td>20</td><td>0.3～0.4</td><td>—</td><td>—</td><td>—</td><td>—</td></tr>
<tr><td>40</td><td>0.4～0.5</td><td>0.3～0.4</td><td>—</td><td>—</td><td>—</td></tr>
<tr><td>60</td><td>0.5～0.7</td><td>0.4～0.6</td><td>0.3～0.5</td><td>—</td><td>—</td></tr>
<tr><td>100</td><td>0.6～0.9</td><td>0.5～0.7</td><td>0.5～0.6</td><td>0.4～0.5</td><td>—</td></tr>
<tr><td>400</td><td>0.8～1.2</td><td>0.7～1.0</td><td>0.6～0.8</td><td>0.5～0.6</td><td>—</td></tr>
<tr><td rowspan="5">20×30
25×25</td><td>20</td><td>0.3～0.4</td><td>—</td><td>—</td><td>—</td><td>—</td></tr>
<tr><td>40</td><td>0.4～0.5</td><td>0.3～0.4</td><td>—</td><td>—</td><td>—</td></tr>
<tr><td>60</td><td>0.6～0.7</td><td>0.5～0.7</td><td>0.4～0.6</td><td>—</td><td>—</td></tr>
<tr><td>100</td><td>0.8～1.0</td><td>0.7～0.9</td><td>0.5～0.7</td><td>0.4～0.7</td><td>—</td></tr>
<tr><td>600</td><td>1.2～1.4</td><td>1.0～1.2</td><td>0.8～1.0</td><td>0.6～0.9</td><td>0.4～0.6</td></tr>
<tr><td rowspan="8">铸铁及铜合金</td><td rowspan="4">16×25</td><td>40</td><td>0.4～0.5</td><td></td><td></td><td></td><td></td></tr>
<tr><td>60</td><td>0.6～0.8</td><td>0.5～0.8</td><td>0.4～0.6</td><td></td><td></td></tr>
<tr><td>100</td><td>0.8～1.2</td><td>0.7～1.0</td><td>0.5～0.7</td><td>0.5～0.7</td><td></td></tr>
<tr><td>400</td><td>1.0～1.4</td><td>1.0～1.2</td><td>0.8～1.0</td><td>0.6～0.8</td><td></td></tr>
<tr><td rowspan="4">20×30
25×25</td><td>40</td><td>0.4～0.5</td><td></td><td></td><td></td><td rowspan="4">0.7～0.9</td></tr>
<tr><td>60</td><td>0.6～0.9</td><td>0.5～0.8</td><td>0.4～0.7</td><td></td></tr>
<tr><td>100</td><td>0.9～1.3</td><td>0.8～1.2</td><td>0.7～1.0</td><td>0.5～0.8</td></tr>
<tr><td>600</td><td>1.2～1.8</td><td>1.2～1.6</td><td>1.0～1.3</td><td>0.9～1.1</td></tr>
</table>

注:1. 加工断续表面及有冲击的加工时,表内的进给量应乘以系数 0.75～0.85;

2. 加工耐热钢及其合金时,不采用大于 1.0mm/r 的进给量;

3. 加工淬硬钢时,表内进给量应乘以系数 0.8(当材料硬度为 44～56HRC 时)或 0.5(当硬度为 57～62HRC 时)。

表 5-7　硬质合金刀片强度允许的最大进给量

f(mm/r)　刀片厚度 / a_p(mm)	4	6	8	10	材料不同时对进给量修正系数			
					钢 σ_b＝0.47～0.637(GPa)	钢 σ_b＝0.637～0.825(GPa)	钢 σ_b＝0.825～1.147(GPa)	铸铁
≤4	1.3	2.6	4.2	6.1	1.2	1.0	0.85	1.6
＞4～7	1.1	2.2	3.6	5.1	主偏角不同时进给量修正系数 $K_{\kappa_{rf}}$			
＞7～13	0.9	1.8	3.0	4.2	30°	45°	60°	90°
＞13～22	0.8	1.5	2.5	3.6	1.4	1.0	0.6	0.4

注：有冲击时，进给量应减小 20%。

(4)校验机床功率 P_E。校验机床功率时，必要情况下，还需校验机床进给机构和刀杆、刀片的强度和刚度。当 a_p 和 f 符合表 5-6 和 5-7 时，可不必校验刀具强度和刚度。

表 5-8　车削速度计算公式中系数和指数

工件材料	刀具材料	进给量 f(mm/r)	系数和指数值			
			C_v	x_v	y_v	m
外圆纵车碳素结构钢	YT15	f≤0.3	291	0.15	0.20	0.2
		f≤0.7	242	0.15	0.35	0.2
		f＞0.7	235	0.15	0.45	0.2
	W18Cr4V	f≤0.25	67.2	0.25	0.33	0.125
		f＞0.25	43	0.25	0.66	0.125
外圆纵车灰铸铁 190HBS	YG6	f≤0.3	189.8	0.15	0.20	0.2
		f＞0.4	158	0.15	0.40	0.2
	W18Cr4V	f≤0.25	2422.7	0.15	0.30	0.1
		f＞0.25		0.15	0.40	0.1

注：1. 表中值是 v_c 的单位为 m/min 时的实验数据。

2. 镗孔时，用外圆纵车速度乘以 0.9；用高速钢干切削结构钢时，乘以 0.8。

表 5-9　　**车削速度计算的修正系数**

项目							
1. 工件材料 K_{Mvc}	加工钢：硬质合金　$K_{mv_c}=0.637/\sigma_b$						
	高速钢　$K_{mv_c}=C_m(0.637/\sigma_b)^{n_{vc}}$						
	$C_m=1.0$　$n_{v_c}=1.75$；　$\sigma_b<0.441$GPa，　$n_{v_c}=-1.0$						
	加工灰铸铁：硬质合金　$K_{mv_c}=(190/\text{HBS})^{1.25}$						
	高速钢　$K_{mv_c}=(190/\text{HBS})^{1.7}$						
2. 毛坯状况 K_{svc}			铸钢、铸铁	Cu-Al			
	无外皮	棒料	锻件	一般	带砂皮	合金	
	1.0	0.9	0.8	0.8～0.85	0.8～0.85	0.9	
3. 刀具材料 K_{rvc}	钢	YT5	YT14	YT15	YT30	YG8	
		0.65	0.8	1	1.4	0.4	
	灰铸铁	YG8	YG6	YG3			
		0.83	1.0	1.15			
4. 主偏角 $K_{\kappa_{rvc}}$	κ_r	30°	45°	60°	75°	90°	
	钢	1.13	1	0.92	0.86	0.81	
	灰铸铁	1.2	1	0.88	0.83	0.73	
5. 副偏角 $K_{\kappa_{r'}vc}$	$\kappa_{r'}$	10°	15°	20°	30°	45°	
	$K_{\kappa_{r'}vc}$	1	0.97	0.94	0.91	0.87	
6. 刀尖半径 $K_{r_\varepsilon v_c}$	r_ε	1mm	2	3	4		
	$K_{r_\varepsilon v_c}$	0.94	1.0	1.03	1.13		
7. 刀杆尺寸 K_{Bvc}	$B\times H$	12×20 16×16	16×25 20×20	20×30 25×25	25×40 30×30	30×45 40×40	40×60
	K_{Bvc}	0.93	0.97	1	1.04	1.08	1.12

2. 半精加工、精加工切削用量的选择

(1)确定背吃刀量 a_p。半精加工的余量较小，约在 1～2mm 左右，精加工余量更小，约在 0.05～0.80mm 之间。在半精加工、精加工时，应在一次进给中切除工序余量。在采用硬质合金车刀精车时，考虑到刀尖圆弧半径 r_ε 与切削刃钝圆半径 r_n 对挤压和摩擦作用的影响，a_p 不宜过小，一般应大于 0.3mm。

(2)确定进给量 f。半精加工和精加工的 a_p 值较小，产生的切削力不大，故进给量主要受到表面粗糙度的限制，一般选得较小，常取 $f=0.08$～0.5mm/r。但也不能太小，否则切削层公称厚度太薄不易切下切屑，对已加工表面质量反而不利。高速车削时的进给量参考值列于表 5-10。选择进给量时要预选一个切削速度 v_c，对硬质合金车刀，一般可预选 $v_c\geqslant 2$m/s；高速钢车刀可预选 $v_c\leqslant 0.8$m/s。

(3)确定切削速度 v_c。半精加工和精加工的 a_p 和 f 值较小，切削力对工艺系统刚度影响较小，消耗功率较少，故切削速度值主要受刀具寿命和已加工表面质量的限制。切削速度 v_c 可由公式(5-1)计算或查有关表格得出。但要注意，切削速度值的选取要尽可能避开积屑瘤和鳞刺生成的速度范围。

表 5-10 给出了高速车削时按表面粗糙度选择进给量的参考值。

表 5-10　高速车削时按表面粗糙度选择进给量的参考值

刀具	表面粗糙度 $Ra(\mu m)$	工件材料	副偏角 κ_r'	切削速度范围 v_c(m/s)	刀尖圆弧半径 r_ε(mm) 0.5	1.0	2.0
					进给量 f(mm/r)		
$\kappa_r'>0°$ 的车刀	12.5	钢、灰铸铁及青铜	5°	不限制	—	1.0～1.1	.3～1.5
			10°			0.8～0.9	1.0～1.1
			15°			0.7～0.81	0.9～1.0
	6.3	钢、灰铸铁及青铜	5°	不限制	—	0.55～0.7	0.7～0.85
			10°～15°			0.45～0.6	0.6～0.7
	3.2	钢	5°	<0.85	0.22～0.3	0.25～0.35	0.3～0.45
				0.85～1.67	0.23～0.35	0.35～0.4	0.4～0.55
				>1.67	0.35～0.4	0.4～0.5	0.5～0.6
			10°～15°	<0.85	0.18～0.25	0.25～0.3	0.3～0.45
				0.85～1.67	0.25～0.3	0.3～0.35	0.4～0.55
				>1.67	0.3～0.35	0.35～0.4	0.5～0.55
		灰铸铁及青铜	5°	不限制	—	0.3～0.5	0.45～0.65
			10°～15°			0.25～0.4	0.5～0.55
	1.6	钢	≥5°	0.5～0.85		0.11～0.15	0.14～0.22
				0.85～1.33		0.14～0.2	0.17～0.25
				1.33～1.67		0.16～0.25	0.23～0.25
				1.67～2.15		0.2～0.3	0.25～0.39
				2.15		0.25～0.3	0.35～0.39
		灰铸铁及青铜	≥5°	不限制 —	—	0.15～0.25	0.2～0.35
	0.8	钢	≥5°	1.67～1.85	—	0.12～0.15	0.14～0.17
				1.85～2.15		0.13～0.18	0.17～0.23
				2.15		0.17～0.2	0.21～0.27
$\kappa_r'=0°$ 的车刀	6.3～3.2	钢	0°	>0.85	≤5(当 a_p>1mm)		
	1.6～0.8			>0.67	2.0～3.0(当 a_p=0.4～0.5mm)		
	6.3～3.2	灰铸铁	0°	不限制	≤5(当 a_p>1mm)		
	1.6				2.0～4.0(当 a_p=0.4～0.5mm)		

§5-3 切削液的合理选择

在金属切削过程中，合理选择切削液，可以改善工件与刀具间的摩擦状况，降低切削力和切削温度，减轻刀具磨损，减少工件的热变形，从而提高刀具寿命，提高生产率和加工质量。所以，对于切削液的研制和应用必须给予足够的重视。

一、切削液的作用

1. 冷却作用

切削液的冷却作用，是通过它从刀具、切屑和工件表面上带走热量，从而降低切削温度，提高刀具寿命和加工质量。当刀具的耐热性较低，工件材料的热膨胀系数较大，以及刀具和工件的导热性较差时，切削液的冷却作用更为重要。

切削液的冷却效果，取决于它的热导率、比热容、汽化热，使用时还要有一定的流量和流速。

2. 润滑作用

金属切削时，切屑、工件和刀具之间的摩擦可分为干摩擦、流体润滑摩擦和边界润滑摩擦三种。

干摩擦是指不用切削液，金属间直接接触，此时摩擦系数最大。如果加入切削液且条件理想，会在切屑、刀具与工件之间形成完全的润滑油膜，金属直接接触面积很小，接近于零，则成为流体润滑摩擦，摩擦系数最小。而在实际切削中，由于高温高压的作用，流体油膜大部分被破坏，造成部分金属直接接触，成为边界润滑摩擦，摩擦系数介于干摩擦和流体润滑摩擦之间。

在一般切削条件下，切削液是依靠刀具和切屑间的毛细管现象和刀、屑相对振动形成的泵吸作用从侧面浸入刀具、切屑和工件接触面的。由于切削液从侧面浸入需要时间，一般切削速度越高润滑效果越差。所以，速度较高时应选用冷却性、渗透性好的低黏度切削液；反之，低速重切削中应选用润滑性好的高黏度切削液。

3. 清洗和排屑作用

在金属切削过程中，有时产生一些细小的切屑（如切削铸铁）或磨料的细粉（如磨削），为了防止碎屑及磨粉黏附在工件、刀具和机床上，影响工件已加工表面质量，降低刀具寿命和机床精度。此时，特别要求切削液具有良好的清洗作用。

清洗性能的好坏与切削液的渗透性、流动性和使用压力有关。一般可加入剂量较大的表面活性剂和少量矿物油，用大的稀释比制成乳化液或水溶液，可提高清洗能力。

切削液的冲洗作用对于精密加工、磨削和自动线加工十分重要。此外，某些加工方式如深孔加工，要靠高压切削液及时排屑。

4. 防锈作用

为防止工件、机床、刀具受周围介质腐蚀，要求切削液具有良好的防锈作用。防锈作用主要取决于切削液本身性能和防锈添加剂的性能。防锈添加剂的加入可在金属表面吸附或化合形成保护膜，防止腐蚀介质接触而起到防锈作用。

除上述作用外，切削液还应廉价、配置方便、稳定性好、不污染环境和不影响人体健康。任何一种切削液，要满足以上全部要求是很困难的，因此只能根据具体加工和使用要求合理加以舍取。

二、切削液的种类及选用

1. 切削液种类

常用切削液有水溶液、乳化液和切削油三类。

(1)水溶液。主要成分是水，冷却性能好。常加入一定的添加剂(如亚硝酸钠、硅酸钠、皂类等)，使其具有良好的防锈性能和一定的润滑性能。

(2)乳化液。是用乳化油加 70%～98%的水稀释而成的乳白色或半透明状液体，兼有良好的冷却和润滑性能。乳化油由切削油加乳化剂制成。乳化液的稀释程度根据用途而定，浓度高的乳化液润滑性能好，冷却效果差；浓度低的乳化液冷却效果好，而润滑性能差。

(3)切削油。一类是以矿物油为基体加入油性添加剂的混合油，用于切削速度较低的精加工、有色金属加工和易切钢加工。另一类是极压切削油，它是在矿物油或混合油中加入极压添加剂而制成。适于重切削及难加工材料的切削加工。

2. 切削液添加剂

现用的切削液大都是以水或油为载体加入适量添加剂而制成。添加剂的作用是改善切削液的性能。常用有以下几种。

(1)油性添加剂。单纯的矿物油与金属的吸附能力差，润滑效果不好。在其中加入油性添加剂能改善这种情况。常用的有动、植物油，脂肪酸，胺类，醇类及脂类。

(2)极压添加剂。极压添加剂是含硫、磷、氯、碘等元素的有机化合物。在高温下能与金属快速化合形成硫化铁、氯化铁等化学吸附膜。这些生成物比原金属的剪切强度低，起到固体润滑剂的作用，因而能减轻刀具与工件材料的摩擦。

(3)表面活性剂(乳化剂)。是使矿物油和水乳化，形成稳定乳化液添加剂。表面活性剂是一种有机化合物，它的分子由极性和非极性基团两部分组成，前者亲水，后者亲油，它使本互不相溶的水和油联系起来，形成稳定的乳化液，它除起乳化作用外，还能吸附在金属表面上，形成润滑膜起润滑作用。

3. 切削液的选用(见表 5-11)

(1)粗加工。粗加工时，切削用量大，产生的热量多，宜选用以冷却作用为主的切削液，以降低切削温度。硬质合金刀具耐热性好，热裂敏感，一般不用切削液。必要时可用低浓度的乳化液或水溶液充分、连续供给，切忌刀片冷却不均匀。陶瓷刀具因热裂很敏感，一般不用切削液。

(2)精加工。精加工使用切削液的主要目的是改善工件表面质量和提高刀具寿命。用高速钢刀具中、低速切削时，特别是螺纹加工、铰削、拉削，其导向部分摩擦较严重，应选用润滑性能好的极压切削液或高浓度的极压乳化液。用硬质合金刀具高速切削时，切削液润滑效果较差，可选用冷却作用为主的低浓度乳化液。

(3)难加工材料。切削高强度钢、高温合金等难加工材料时，由于这些材料硬质点多，导热率低，切削热不易散出，刀具磨损较快，所以对切削液的冷却润滑都有较高要求，应选用极压切削油或极压乳化液。

表 5-11　　常用切削液选用表

加工类型		工件材料					
		碳钢	合金钢	不锈钢及耐热钢	铸铁及黄铜	青铜	铝及合金
车、铣、及镗孔	粗加工	3%～5%乳化液	1. 5%～15%乳化液 2. 5%石墨或硫化乳化液 3. 5%氯化石蜡油制乳化液	1. 乳化液 2. 硫化乳化液	1. 一般不用 2. 乳化液	一般不用	1. 一般不用 2. 中性或含有游离酸小于 4mg 的弱性乳化液
	精加工	1. 石墨或硫化乳化液 2. 5%乳化液(高速时) 3. 10%～15%乳化液(低速时)		1. 氧化煤油 2. 煤油 75%，油酸或植物油 25% 3. 煤油 60%，松节油 20%、油酸 20%	黄铜一般不用，铸铁用煤油	7%～10%乳化液	1. 煤油 2. 松节油 3. 煤油与矿物油的混合物
切断及切槽		1. 15%～20%乳化液 2. 硫化乳化液 3. 活性矿物油 4. 硫化油		1. 氧化煤油 2. 煤油 75%，油酸或植物油 25% 3. 硫化油 85%～87%，油酸或植物油 13%～15%	1. 7%～10%乳化液 2. 硫化乳化液钻		
孔及镗孔		1. 7%硫化乳化液 2. 硫化切削油		1. 3%肥皂加 2%亚麻油(不锈钢钻孔) 2. 硫化切削油(不锈钢镗孔)	1. 一般不用 2. 煤油(用于铸铁) 3. 菜油(用于黄铜)	1. 7%～10%乳化液 2. 硫化乳化液	1. 一般不用 2. 煤油 3. 煤油与菜油的混合物
铰孔		1. 硫化乳化液 2. 10%～15%极压乳化液 3. 硫化油与煤油混合液		1. 10%乳化液或硫化切削油 2. 含硫氯磷切削油		1. 2号锭子油 2. 2号锭子油与蓖麻油的混合物 3. 煤油与菜油的混合物	

续表 5-11

<table>
<tr><td>车螺纹</td><td>1. 硫化乳化液
2. 氧化煤油
3. 煤油 75%,油酸或植物油 25%
4. 硫化切削油
5. 变压器油 70%,氧化石蜡 30%</td><td>1. 氧化煤油
2. 硫化切削油
3. 煤油 60%,松节油 20%,油酸 20%
4. 硫化油 60%,煤油 25%,油酸 15%
5. 四氯化碳 90%,猪油或菜油 10%</td><td>1. 一般不用
2. 煤油(用于铸铁)
3. 菜油(用于黄铜)</td><td>1. 一般不用
2. 菜油</td><td>1. 硫化油 30%,煤油 15%,2 号或 8 号锭子油 25%
2. 硫化油 30%,煤油 15%,油酸 30%,2 号或 3 号锭子油 25%</td></tr>
<tr><td>滚齿插齿</td><td colspan="2">1. 10%～15%极压乳化液
2. 含硫(或氯、磷)的切削油</td><td>1. 煤油(用于铸铁)
2. 菜油(用于黄铜)</td><td>1. 10%～15%极压乳化液
2. 含氯切削油</td><td>1. 10%～15%极压乳化液
2. 煤油</td></tr>
<tr><td>磨削</td><td colspan="2">1. 电解水溶液
2. 3%～5%乳化液
3. 豆油+硫磺粉</td><td colspan="2">1. 3%～5%乳化液</td><td>磺化蓖麻油 1.5%,浓度 30%～40%的氢氧化钠,加至微碱性,煤油 9%,其余为水</td></tr>
<tr><td>拉削</td><td colspan="2">1. 硫化切削油
2. N10 高速机油 80%、氯化石蜡 20%
3. 氯化石蜡+煤油</td><td colspan="3"></td></tr>
</table>

习　题

1. 刀具几何参数包含哪些内容?
2. 何谓合理刀具几何参数?这些参数与生产率的关系是什么?
3. 试述刀具的前角 γ_o、后角 α_o 的作用和选择方法。
4. 试述刀具的主偏角 κ_r、副偏角 κ'_r 的作用和选择方法。
5. 试述刀具的刃倾角 λ_s 的作用和选择方法。
6. 分别说明不同形状刀尖的区别和适用场合。
7. 加工条件为:YT15 车刀,粗车 40Cr 钢齿轮锻坯,加工工艺系统钢性中等。试选择车刀几何参数，并画图表示。

8. 选择切削用量应注意哪些问题？

9. 切削液有哪些种类？在加工中起到了哪些作用？

第六章　特种加工

知识点：1. 电火花成形加工

2. 电火花线切割加工

3. 电解加工

4. 超声波加工

技能点：了解几种特种加工的加工原理及应用

特种加工是指利用机、光、电、声、热、化学、磁、原子能等能源来进行加工的非传统加工方法，它们与传统切削加工不同的特点主要有：①不是主要依靠机械能，而是用其他能量（如电能、热能、光能、声能以及化学能等）去除工件材料；②工具的硬度可以低于被加工工件材料的硬度，有些情况下，例如在激光加工、电子束加工、离子束加工等加工过程中，根本不需要使用任何工具；③在加工过程中，工具和工件之间不存在显著的机械切削力作用，工件不承受机械力，特别适合于精密加工低刚度零件。

特种加工技术可以加工任何硬度、强度、韧性、脆性的金属、非金属材料或复合材料。而且特别适合于加工复杂、微细表面和低刚度的零件，同时，有些方法还可以用于进行超精密加工、镜面加工、光整加工及纳米级（原子级）的加工。

§6-1　电火花成形加工

一、电火花成形加工的基本原理：

电火花加工是基于正负电极间脉冲放电时的电腐蚀现象对材料进行加工的，又称为放电加工、电蚀加工、电脉冲加工等，是一种利用电、热能量进行加工的方法。

图 6-1 为电火花成形加工原理示意图。工件 1 与工具 4 分别与脉冲电源 2 的两输出端相连，自动调节装置 3(此处为液压油缸和活塞使工具和工件间经常保持一很小的放电间隙。当脉冲电压加到两极之间，便在当时条件下相对某一间隙最小处击穿介质，在该局部产生火花放电。工作液将最先被电离为负电子和正离子，形成放电通道。在电场作用下，通道内电子高速奔向阳极，正离子则奔向阴极，电子和正离子在高速运动时相互碰撞，在放电通道内产生大量的热。动能转化成热能，通道中心温度可达 10000℃左右。瞬时

高温使工具和工件表面局部熔化，甚至气化蒸发而电蚀掉一小部分金属，在工件表面留下一个带凸边的小凹坑，如图 6-2 所示。脉冲放电结束后，经过脉冲间隔时间（10^{-8}～10^{-6}秒），使工作液恢复绝缘后，第二个脉冲电压又加到两极上，又电蚀出一个小凹坑。这种放电循环每秒钟重复数千次到数万次，加工表面将被电蚀出无数个小凹坑。随着工具电极不断地向工件进给，就将工具的形状复制在工件上，达到成形加工的目的。

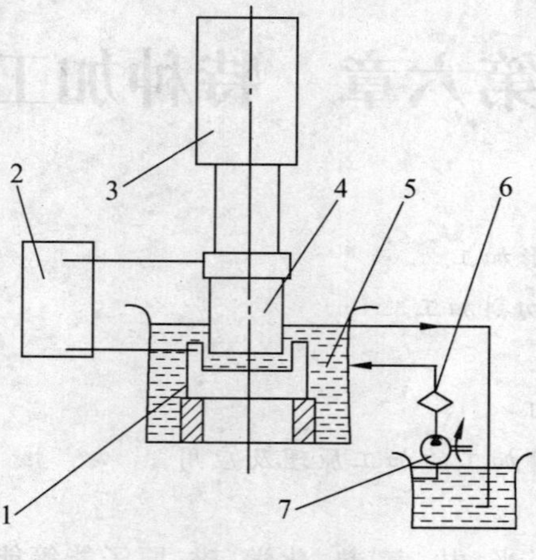

图 6-1　电火花成形加工原理

1—工件　2—脉冲电源　3—自动进给调节装置　4—工具　5—工作液　6—过滤器　7—工作液泵

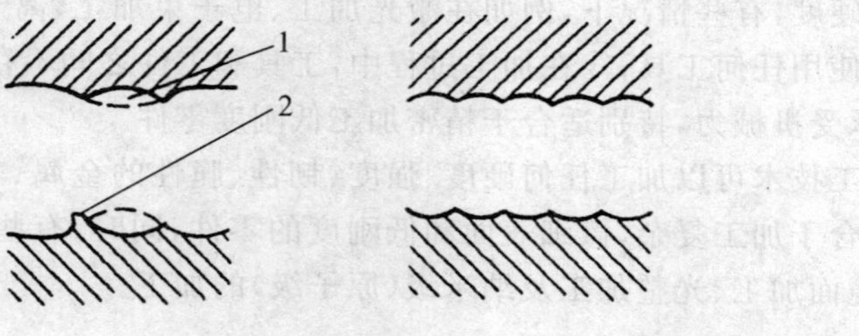

图 6-2　电火花加工表面示意图

1—凹坑　2—凸边

二、电火花成形加工的应用和特点

1. 电火花成形加工的应用

适用于对各种导电材料的成形加工，在一定条件下，还可以加工半导体材料和非导电材料。

2. 电火花成形加工的特点

(1)适用的材料范围广。可以加工任何硬、软、韧、脆、高熔点的材料。

(2)适于加工特殊及复杂形状的零件。

(3)脉冲参数可以在一个较大的范围内调节，可以在同一台机床上连续进行粗、半精及精加工。精加工时精度一般为 0.01mm，表面粗糙度 Ra 为 0.63～1.25μm；微细加工精度可达 0.002～0.004mm，表面粗糙度 Ra 为 0.04～0.16μm。

(4)直接利用电能进行加工，便于实现自动化。

3. 电极材料：

电火花成形加工需要制造复杂的成形工具电极。电极材料必须是导电材料，要求损耗小、稳定、机械加工性好。常用电极有紫铜、石墨、铸铁、钢、黄铜等。一般精密小电极用铜，而大电极用石墨。

三、电火花成形加工的基本规律

1. 极性效应

在电火花成形加工过程中，无论是正极还是负极，都会受到不同程度的电蚀。由于正、负极性不同而彼此电蚀量不一样的现象叫做极性效应。

2. 加工速度

电火花加工时，工具和工件同时遭到不同程度的电蚀。单位时间内工件的蚀除量称为加工速度，亦即生产率。一般采用体积加工速度 v_W 来表示，有时为了测量方便，也采用重量加工速度 v_G 或直线加工速度 v_L 来表示。

3. 加工精度

影响加工精度的主要因素有放电间隙的大小及其一致性、工具电极的损耗及其稳定性和“二次放电”。精加工的放电间隙一般只有 0.01mm(单面)，而在粗加工时可达 0.5mm 以上。“二次放电”是指已加工表面上由于电蚀产物等的介入而再次进行的非正常放电，集中反映在加工深度方向产生斜度和加工棱角、棱边变钝方面。

4. 表面完整性

评定电火花加工表面完整性的主要参数是：表面粗糙度、表面变质层和表面力学性能。

(1)表面粗糙度。电火花加工表面是由无方向性的无数小坑和硬凸边所组成，特别有利于保存润滑油，表面的润滑性能和耐磨损性能均比机械加工表面好。

(2)表面变质层和表面力学性能。电火花加工过程中，在火花放电的瞬时高温和工作液的快速冷却作用下，材料表面层的化学成分、微观结构发生了很大的变化，形成一层通常存在残余应力和微观裂纹的变质层。表面变质层的形成导致电火花加工表面力学性能的改变，通常硬度和耐磨性能提高，而抗疲劳性能下降。

§6-2　电火花线切割加工

一、电火花线切割加工的原理

电火花线切割加工与电火花成形加工的基本原理一样，都是基于电极间脉冲放电时的电火花腐蚀原理，实现零部件的加工。所不同的是，电火花线加工不需要制造复杂的成形电极，而是利用移动的细金属丝(钼丝或铜丝)作为工具电极，工件按照预定的轨迹运动，“切割”出所需的各种尺寸和形状。通常认为电极丝与工件之间的放电间隙在

0.01mm 左右。若电脉冲的电压高，放电间隙会大一些。图 6-3 为电火花线切割加工示意图。

为了确保每一个电脉冲时在电极丝和工件之间产生的是火花放电而不是电弧放电，首先必须使两个电脉冲之间有足够的时间间隔，即使放电通道中的带电粒子复合为中性粒子，恢复本次放电通道处介质的绝缘强度，以免总是在同一处发生放电而导致电弧放电。一般情况下，脉冲间隔应为脉冲宽度的四倍以上。

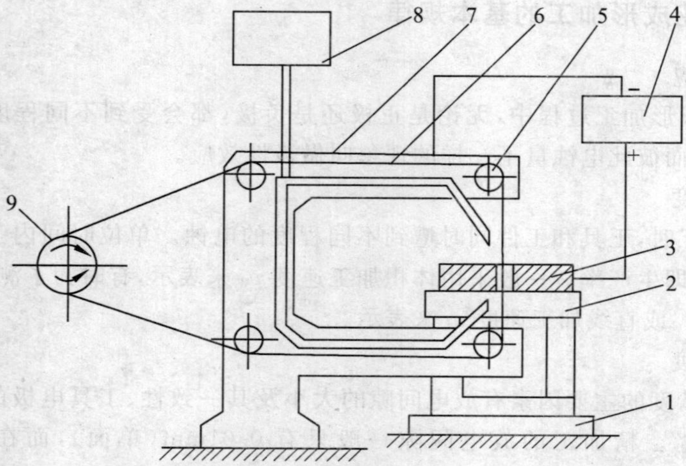

图 6-3　电火花线切割加工示意图

1—坐标工作台　2—夹具　3—工件　4—脉冲电源　5—导轮

6—电极丝　7—丝杂　8—工作液箱　9—贮丝筒

二、电火花线切割加工的特点和应用

1. 与电火花成形加工相比，电火花线切割加工有如下主要特点：

(1)不需要制造复杂的成形电极。采用直径不等的细金属丝(铜丝或钼丝)作为工具电极。

(2)利用计算机编程软件，能够方便快捷地加工薄壁、窄槽、异形孔等复杂结构零件。

(3)由于采用移动的长电极丝进行加工，使单位长度电极丝的损耗较少，从而对加工精度的影响比较小，特别是在低速走丝线切割加工时，电极丝一次性使用，电极丝的损耗对加工精度的影响更小，可以完全或短时间不考虑。低速走丝线切割机床是发展方向。

(4)工作液多采用水基乳化液，很少使用煤油，不易引燃起火，容易实现安全无人操作运行。

(5)没有稳定的拉弧放电状态。拉弧放电指放电间隙连续地发生在电极同一位置上，危害极大，电极和工件会烧蚀出一个深坑，使工件和工具电极报废。

(6)脉冲电源的加工电流较小，脉冲宽度较窄，属于中、精加工范畴，采用正极性加工方式。

(7)所加工的表面必须是直线，并且不能是不通孔。

2. 电火花线切割加工的应用

(1)适用于各种形式的冲裁模及挤压模、粉末冶金模、塑压模等通常带锥度的模具加工。

(2)高硬度材料零件的加工。

(3)特殊形状零件的加工。

(4)加工电火花成形加工用的铜、铜钨、银钨合金等材料电极。

三、电火花线切割加工的基本规律

1. 加工速度

电火花线切割加工速度常以单位时间内的加工断面积表示，提高加工速度的途径是增加线电极直径、加大脉冲电源的功率、增大脉冲电源的宽度或脉冲电压，但表面质量会有所下降。

2. 加工精度

机床的精度和数控精度决定了工件的形状精度和间距精度，一般可达 0.01mm 左右，高精度机床本身进给精度可达 0.02mm 左右。

3. 工作液

放电部位的电极丝必须用流动的工作液充分包围起来，将电极上的热量和电蚀物随电极丝的移动和工作液的流动被带出放电部位。

§6-3　电解加工

一、电解加工的原理

铝制品中盛放醋、酱油等，日久会被腐蚀穿孔，钢铁等金属在潮湿地方会生锈腐蚀，这些都是电化学腐蚀现象。如将两块通以直流电的金属板，放入导电的电解液中，此时正极金属板(阳极)的腐蚀会加快，这就是金属的阳极溶解现象。

电解加工是利用金属在电解液中产生阳极溶解的原理实现金属零件的成形加工。

电解加工原理如图 6-4 所示。以工件为阳极(接直流电源的正极)、工具为阴极(接直流电源的负极)，两极之间加 6～24V 的直流电压，电解液以 5～60m/s 的速度从两极之间的缝隙冲过，使两极之间形成导电通路，两极和电解液之间就有电流通过。金属工件表面在电化学反应的作用下，不断地溶解到电解液中，电解产生物则被高速流动的电解液带走。随着工具电极恒速向工件进给，工件材料按工具电极型面形状不断地溶解，最终使工件与工具电极之间各处的间隙趋于一致，在工件上加工出和工具电极型面相反的形状。

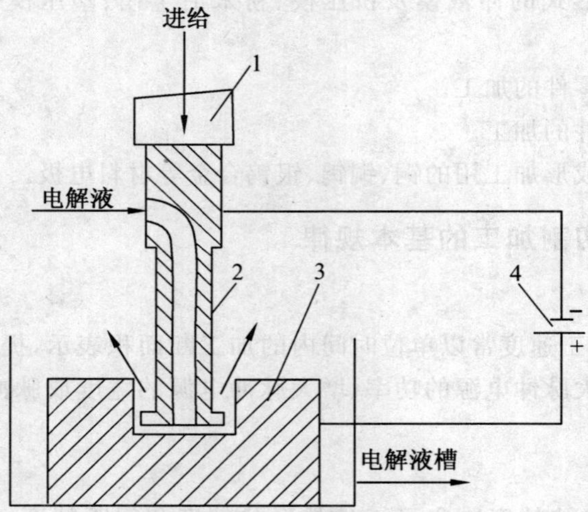

图 6-4　电解加工原理

1—主轴　2—工具　3—工件　4—直流电源

在刚开始加工时，工件毛坯的形状与工具电极不一致，如图 6-5(a)所示，使得阴阳两极间的间隙差别较大。这时，间隙大处的电流密度小，金属溶解速度慢，间隙小处的电流密度大，金属溶解速度快。随着工具电极的不断进给，两极之间各处的间隙会趋于一致，阳极表面的形状也就逐渐地与阴极表面相吻合，如图 6-5(b)所示，最终完全吻合。

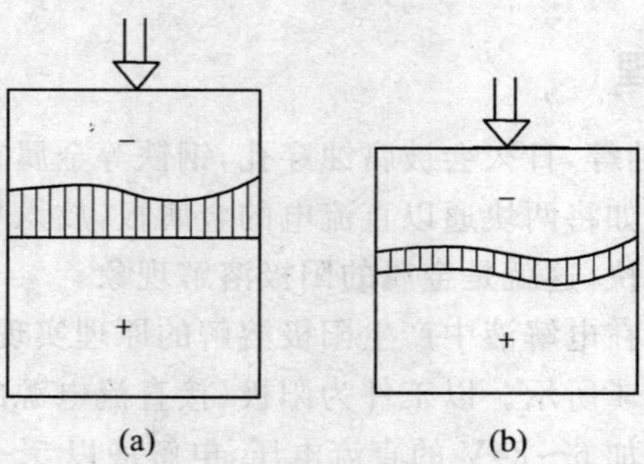

图 6-5　电解加工成形原理

工具电极常用黄铜、不锈钢等，电解液常用 $NaCl$、$NaNO_3$ 的水溶液。

二、电解加工的特点和应用

电解加工的应用范围和发展速度仅次于电火花加工，已成功地应用于机械制造领域。其主要特点是：

(1)能以简单的直线进给运动一次加工出复杂的型面和型腔，如锻模、叶片等，设备构成简单。

(2)可以加工高硬度、高强度和高性等难以切削加工的金属材料，如淬火钢、钛合金、不锈钢、硬质合金等。其工作效率高于电火花加工。

(3)加工过程中无切削力和切削热，工件不产生内应力和变形，适合于加工易变形和薄壁类零件。

(4)加工后的零件无毛刺和残余应力，加工表面粗糙度 Ra 可以达到 0.2～1.6μm，尺寸精度对于内孔可以达到±0.03～0.05mm，对于型腔可以达到±0.5～0.20mm。电解加工工件的表面质量比电火花加工好，但尺寸精度不如电火花加工。

(5)与其他加工方法相比，生产率较高。

(6)加工过程中工具电极(阴极)基本不损耗。

(7)电解液对机床有腐蚀作用，因此电解加工机床需采用防腐措施，所以机床费用高。另外，由于电解物难以处理和回收，故对环境污染严重。

电解加工主要用于批量生产条件下难切削材料和复杂型面、型腔、薄壁零件以及异形孔的加工，还可应用于去毛刺、刻印、磨削、表面光整加工等方面，已经成为机械加工中一种必不可少的补充手段。由于电解加工比电火花加工生产率高，加工精度较低机床费用较高，故电解加工适用于大批量生产，而电火花加工适合单件小批量生产。随着对电解加工研究的深入，电解加工的局限性将会逐渐缩小，应用范围也将越来越大。

§6-4　超声波加工

人耳能听到的声波频率 16～16000Hz，频率低于 16Hz 的声波为次声波，频率超过 16000Hz 的声波为超声波。超声波和普通声波的区别是频率高、波长短、能量大和有较强的束射性。它对其传播方向上的障碍物产生很大的压力，能量强度大，因此超声波可进行机械加工。

一、超声波加工的原理

超声波加工是利用工具端面做超声频振动，通过磨料浮液加工脆性材料的一种成形加工方法，加工原理如图 6-6 所示。超声波发生器产生 1.6 万赫兹以上高频交流电源，输送给超声换能器，产生超声波振动，并借助变幅杆将振幅放大到 0.05～0.1mm 左右，使变幅杆下端的工具产生强烈振动。含有水与磨料的悬浮液由工具带动也产生强烈振动，冲击工件表面。加工时，工具以很小的力压在工件上。为了冷却超声换能器，还需接通冷却水。工件表面受到磨料以很大速度和加速度的不断撞击，被粉碎成很细的微粒，从工件表面上脱落下来。虽然每次打击下来的材料很少，但由于每秒钟打击的次数多达 1.6 万次以上，所以仍能获得一定的加工速度，循环流动的悬浮液带走脱落下来的微粒，并使磨料不断更新。同时，悬浮液受工具端部的超声振动作用而产生液压冲击和空化现象，也加速了工作表面被机械破坏的效果。工具连续进给，加工持续进行，工具的形状便“复印”在工件上，直到达到要求的尺寸。

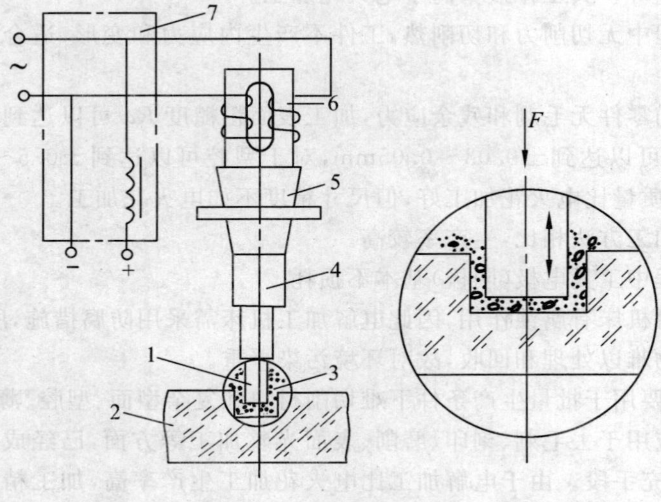

图 6-6　超声波加工

1—工具　2—工件　3—磨料悬浮液　4、5—变幅杆　6—换能器　7—超声波发生器

二、超声波加工的特点和应用

(1)特别适合加工各种硬脆材料,尤其是电火花加工等无法加工的不导电非金属材料,如玻璃、陶瓷、人造宝石、半导体等。

(2)加工精度高,加工表面质量好。尺寸精度可达 0.01～0.02mm,表面粗糙度 Ra 可达 0.63～0.08μm,加工表面也无组织改变、残余应力及烧伤等现象。

(3)工件在加工过程中受力较小,对于加工薄壁、窄缝等低刚度工件非常有利。

(4)加工出工件的形状与工具形状一致,只要将工具做成不同的形状和尺寸,就可以加工出各种复杂形状的型孔、型腔、成形表面,不需要使工具和工件做较复杂的相对运动。

(5)与电火花加工、电解加工相比,采用超声波加工硬质金属材料的效率较低。

(6)工件材料的去除是靠磨粒直接作用,故磨粒硬度一般比加工材料高。而工具材料的硬度可以低于加工材料的硬度,但工具磨损也较大。工具材料常用不淬火的 45 钢。

(7)超声波加工机床结构简单、操作维修方便,加工精度高。

习　题

1. 电火花成形加工有哪些特点? 主要用于什么场合?
2. 电火花成形加工的基本规律有哪些?
3. 什么叫极性效应?
4. 与电火花成形加工相比,电火花线切割有什么特点?
5. 电解加工有哪些特点,主要用于哪些场合?
6. 试述超声波加工的基本原理。

第七章　车　　刀

知识点：1. 可转位机夹车刀刀片型号与夹紧形式。

2. 成形车刀几何角度与加工误差。

技能点：1. 可转位机夹车刀刀片型号的识别及选择。

2. 能正确使用成形车刀。

在各类金属切削机床中，数量最多的是车床，因此，车刀是金属切削刀具中应用最广的刀具。车刀用于各种车床上，可加工外圆、内孔、端面、螺纹，也用于切槽和切断等。车刀的主要类型如图 7-1 所示。

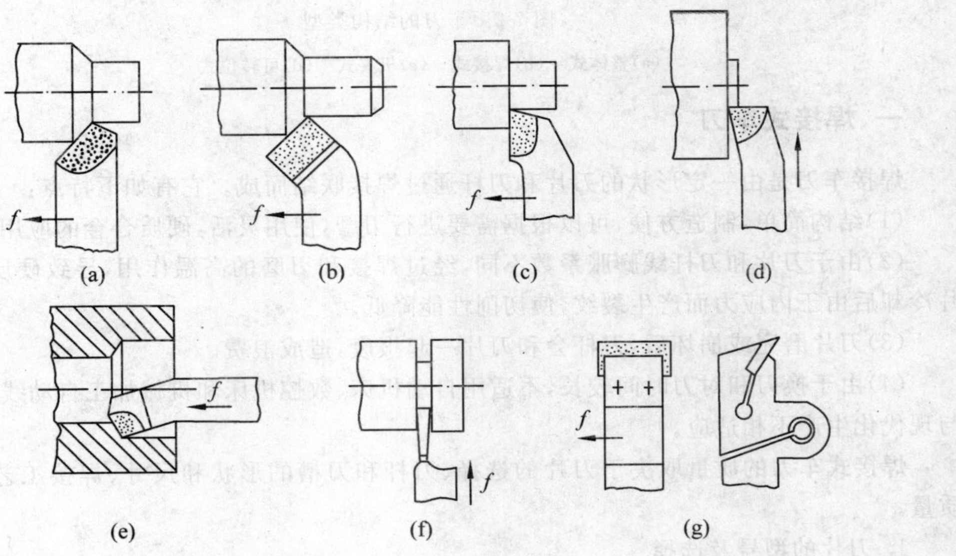

图 7-1　常用车刀

(a)直头外圆车刀　(b)弯头外圆车刀　(c)90°外圆车刀

(d)端面车刀　(e)内孔车刀　(f)切断刀　(g)宽刃光刀

§7-1 普通车刀

图 7-1 所示的都是普通车刀，可见其用途的广泛。普通车刀按结构可分为整体式、焊接式、机夹式和可转位式四种类型，图 7-2 给出了相关图示。整体式车刀一般用高速钢制造，形状为长条形，截面为正方形、矩形和圆形，使用时可根据需要将切削部分刃磨成各种角度和形状。本节重点介绍后三种车刀。

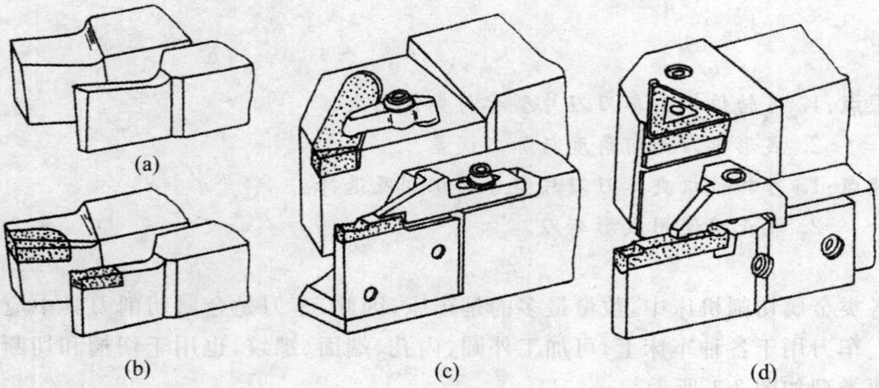

图 7-2 车刀的结构类型

(a)整体式 (b)焊接式 (c)机夹式 (d)可转位式

一、焊接式车刀

焊接车刀是由一定形状的刀片和刀杆通过焊接联结而成。它有如下特点：

(1)结构简单，制造方便，可以根据需要进行刃磨，使用灵活，硬质合金的应用较充分。

(2)由于刀片和刀杆线膨胀系数不同，经过焊接和刃磨的高温作用，导致硬质合金刀片冷却后由于内应力而产生裂纹，使切削性能降低。

(3)刀片磨完或崩坏后，刀杆会和刀片一起报废，造成浪费。

(4)由于换刀和对刀时间较长，不适用自动机床、数控机床和机械加工自动线的需要，与现代化生产不相适应。

焊接式车刀的质量取决于刀片的选择、刀杆和刀槽的形状和尺寸、焊接工艺和刃磨质量。

1. 刀片的型号及选择

选择硬质合金焊接刀片除材料牌号外还应合理选择型号。刀片型式和尺寸由一个字母和三位数字组成。字母和第一位数字代表刀片的型式，后两位数字表示刀片的主要尺寸。如：

A1——08

表示刀片长度8mm（08）

表示刀片形状为长方形（A1）

如果是左切刀，再加标字母 L。

国家标准 GB5244-85、GB5245-85 中规定了常用的刀片形状。选择刀片形状主要依据是车刀的用途及主、副偏角的大小。表 7-1 列出了常用型号的刀片形状。

表 7-1　　硬质合金刀片的常用型号

型　号	刀片简图	主要尺寸(mm)	用途举例
A1	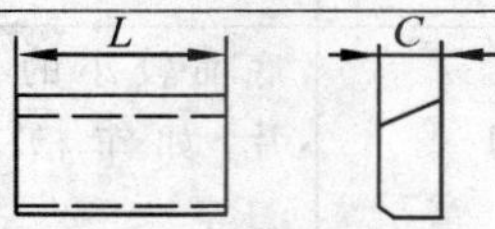	$L=6\sim70$	$\kappa_r<90°$ 的外圆车刀和内孔车刀、宽刃车刀
A2	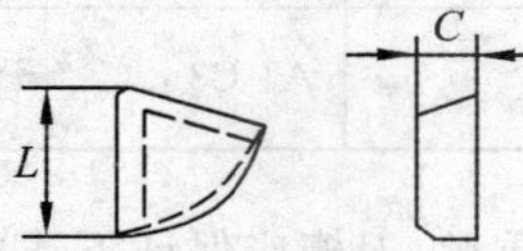	$L=8\sim25$	端面车刀、盲孔车刀
A3	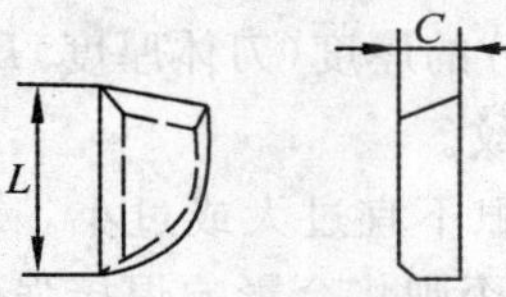	$L=10\sim40$	外圆车刀、端面车刀
A4	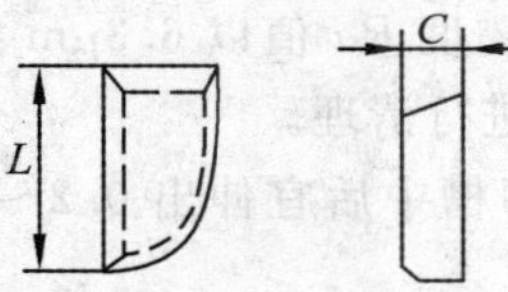	$L=6\sim50$	端面车刀、直头外圆车刀、内孔车刀
C1	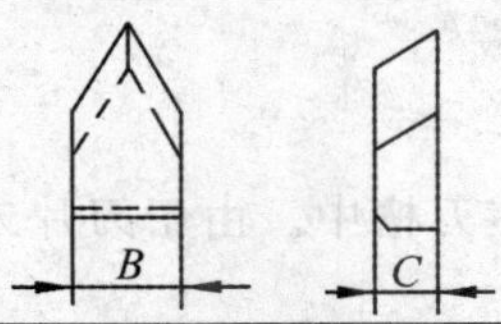	$B=4\sim12$	螺纹车刀
C3	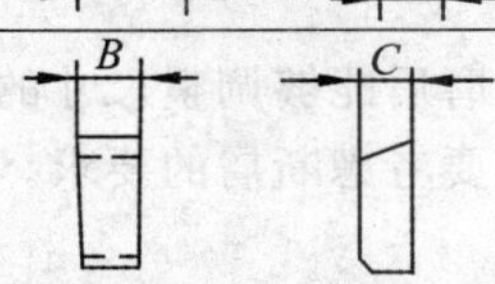	$B=3.5\sim16.5$	切断刀、切槽刀

使用时刀片长度根据背吃刀量 a_p 和主偏角 κ_r 而定，除切槽刀和切断刀，其他车刀工作长度一般不超过切削刃长度的 50%～60%。刀片宽度在切削空间允许时可选择较宽，以增大支撑面和重磨次数。刀片厚度主要取决于切削力的大小，切削力越大，刀片厚度须相应增大。

2. 刀槽的选择

选择刀槽的形式应根据车刀型式与刀片型式。常用槽形与使用特点列于表 7-2 中。

表 7-2 刀片槽型与使用特点

简　图	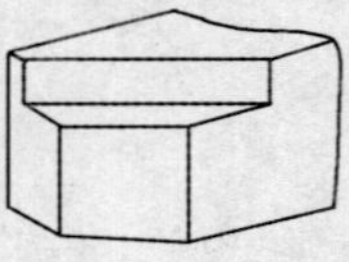	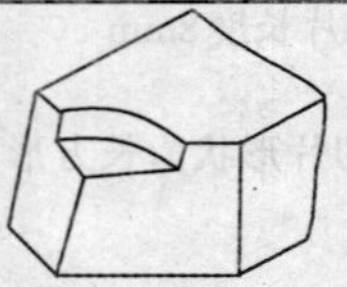		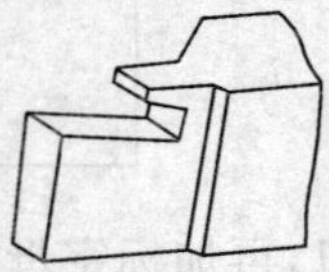	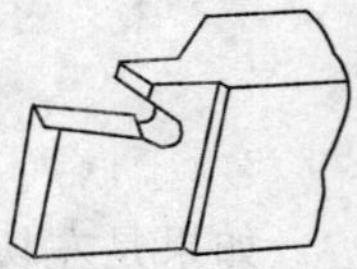
名　称	开口槽	半封闭槽	封闭槽	嵌入槽	V 形槽
特　点	焊接面最小 刀片应力小 制造简单	夹持牢固 焊接面大 易产生应力	夹持牢固 焊接应力大 易产生裂纹	增加焊接面 提高结合强度	
用　途	外圆车刀 弯头车刀 车槽车刀	90°外圆车刀 内孔车刀	螺纹车刀	底面较小的刀片，如车槽车刀等	
配用刀片	A1 C3 C4 B1 B2	A2 A3 A4 A5 A6 B3 D1	C1	A1 C3	

由于刀片是焊接到刀槽中的，为了保证焊接质量，刀槽应保证下述主要要求：

(1)控制刀体厚度。控制刀杆上支承刀片部分的厚度(刀体厚度)H 与刀片厚度 D 的比值，当 $H/D<3$ 时，焊后拉应力较大，易产生裂纹。

(2)控制刀片与刀槽间隙。刀片与刀槽的间隙不宜过大或过小。对圆弧结合面则应尽量吻合，局部最大间隙应小于 0.05～0.15mm，否则将会影响焊接强度。

(3)控制刀槽的表面粗糙度。刀槽的表面粗糙度 Ra 值以 6.3μm 为宜。刀片焊接面应保证光洁和平整。在焊接前，刀槽如有油污应进行清理。

(4)控制刀片长度。一般情况下，刀片放在刀槽中后宜伸出 0.2～0.3mm，以便于车刀的刃磨。

二、机夹式车刀

机夹式车刀是将刀片用机械夹固方法夹紧在刀槽中。由于刀片未经高温焊接，排除了产生裂纹的可能。刀片和刀杆都可重复使用。

机夹式车刀刀片的夹固方式应适应刀片在重磨后能够调整尺寸的要求。在结构上要保证夹固可靠，结构简单，便于调整刀片。有时还要考虑断屑的要求。常用的刀片夹固方式为上压式和侧压式。

(1)上压式(见图 7-3，7-4)一般均采用螺钉和压板从上面夹紧刀片，用调整螺钉调整刀片位置。上压式结构简单，夹固可靠，使用方便，是应用最多的机夹结构。此外，压板前端可镶焊硬质合金，起断屑作用。上压式机夹车刀一般可将刀片安装出所需前角，重磨时仅磨后刀面，大大减少刃磨工作量。

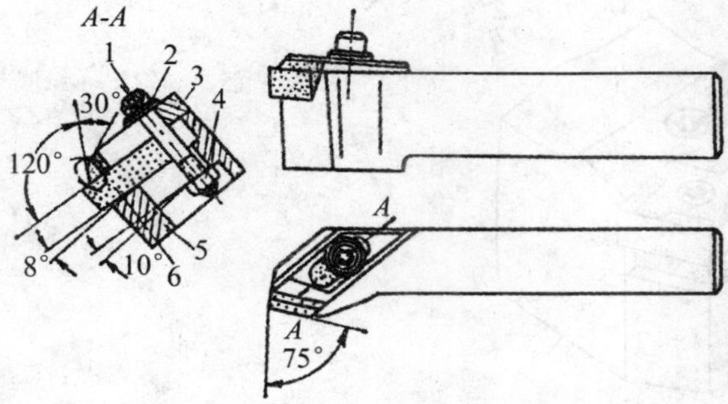

图 7-3　上压式机夹外圆车刀

1—螺钉　2—垫圈　3—压板

4—螺母　5—刀杆　6—刀片

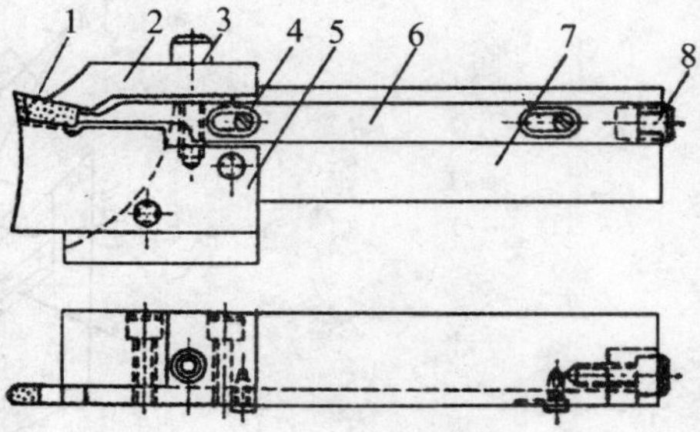

图 7-4　上压式机夹外切断刀

1—刀片　2—压板　3,4,8—螺钉

5—刀板　6—推杆　7—刀杆

(2)侧压式(见图 7-5,7-6)一般多利用刀片本身的斜面由楔块和螺钉从刀片侧面夹紧刀片。图 7-5 是刀片平放的车刀,图 7-6 是刀片立放的车刀。这两种结构在车刀重磨后都可以调整刀片的位置。侧压式机夹车刀一般要刃磨前刀面。

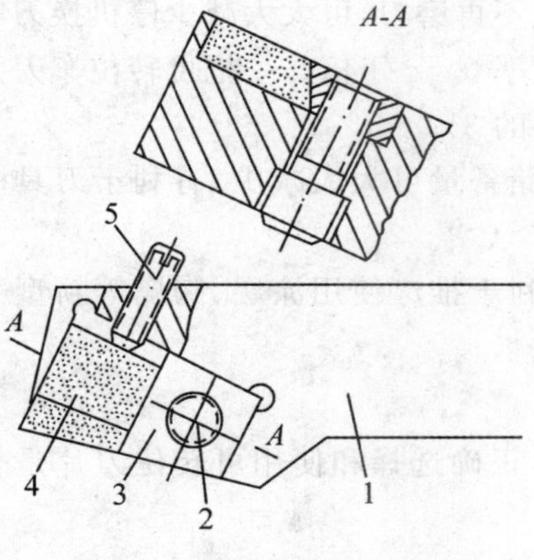

图 7-5　侧压式平装机夹车刀

1—刀杆　2—螺钉　3—楔块　4—刀片　5—调整螺钉

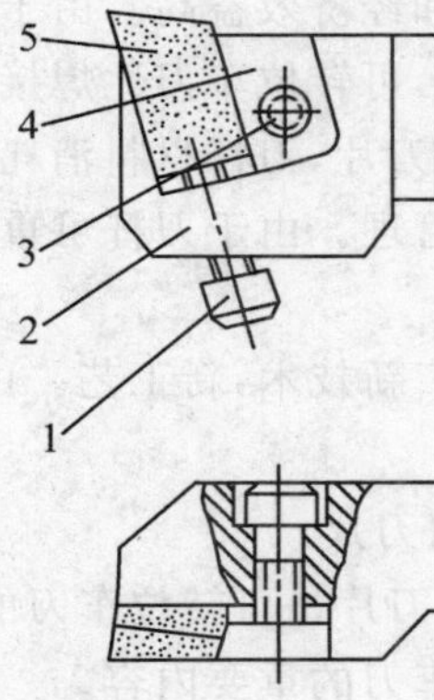

图 7-6　侧压式立装机夹车刀

1,3—螺钉　2—刀杆　4—楔块　5—刀片

三、可转位车刀

可转位车刀是使用可转位刀片的机夹车刀。图 7-7 给出了可转位车刀的组成。刀垫 2、刀片 3 套装在刀杆的夹固元件 4 上,由该元件将刀片压向支撑面而紧固。车刀的前后角靠刀片在刀杆槽中安装后获得。一条切削刃用钝后可迅速转位换成相邻的新切削刃,即可继续工作,直到刀片上所有切削刃均已用钝,刀片才报废回收。更换新刀片后,车刀又可继续工作。

1. 可转位车刀的优点

与焊接车刀相比,可转位车刀有如下特点:

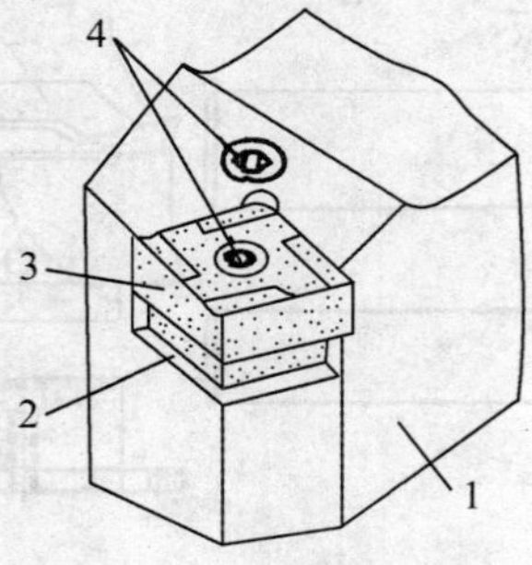

7-7　可转位车刀的组成

1—刀杆　2—刀垫　3—刀片　4—夹固元件

(1)切削性能好,刀具寿命高。刀片不需焊接与刃磨,避免了由于焊接产生的内应力和刃磨、重磨产生的缺陷,提高了刀片寿命。

相同型号的刀片几何参数一致,卷屑、断屑稳定。刀片转位或更换新刀片后,切削刃与工件相对位置改变很小,重复定位精度高,调刀容易,这对于自动线和数控机床尤为重要。

(2)生产效率和经济效益高。由于机床操作工人不再磨刀,可大大减少停机换刀等辅助时间。实践证明,可转位车刀比焊接车刀可提高效率 0.5～1 倍。一把可转位车刀刀杆可使用 80～200 个刀片,刀杆材料消耗仅为焊接车刀的 3%～5%。

(3)简化工具管理。由于刀杆可重复利用,因此储备量可大大减少,有利于刀具的标准化、系列化。

(4)有利于推广新技术,新工艺。可转位车刀有利于推广使用涂层、陶瓷等新型刀具材料。

2. 可转位车刀刀片

可转位车刀的刀片是可转位车刀的最关键部分,正确选择和使用可转位刀片是合理设计、使用可转位车刀的重要内容。

(1)刀片型号的表示规则

表示可转位刀片型号的国家标准 GB2076-87 基本采用了 ISO 的有关规定,它适用于硬质合金和陶瓷可转位刀片。标准规定:可转位刀片的型号由按一定位置顺序排列的代表一定意义的字母和数字代号组成,共有 10 个号位。每个号位的意义如表 7-3 所示。

第一位表示刀片形状。生产中常用的是"T"表示的三角形和"S"表示的正方形刀片。

第二位表示主切削刃的法后角。目前,用得最多的是 C,N,P 三种后角,尤其又以 N 型刀片后角 0°应用最广。

第三位表示刀片尺寸公差等级。共有 12 种。分别用字母 A,F,C,H,E,G,J,K,L,M,N,U 表示。其中 U 为普通级,M 为中等级,其余皆为精密级,A 为最精密级。

表 7-3 可转位刀片的标记

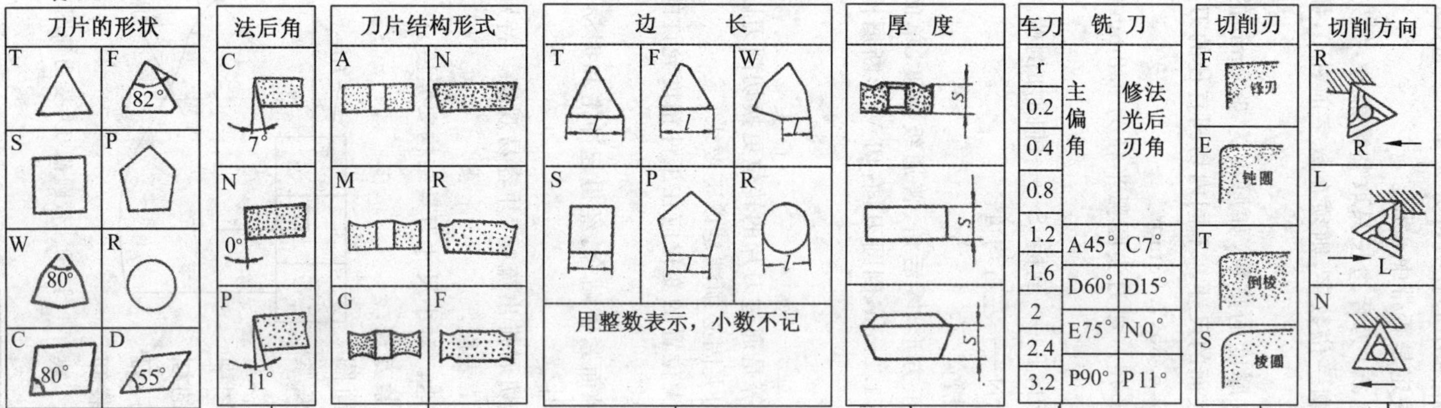

号位	1	2	3	4	5	6	7	7	8	10
车刀片	S	N	MC	M	15	06	20	20	R	-A4
铣刀片	S	P		N	15	04	ED	ED	R	

精度等级									
d′			m′				s		
A C G	K M	U	A	C K	G	M	U	A C K	M U	G
±0.025	±0.05 ±0.015	±0.08 ±0.025	±0.005	±0.013	±0.025	±0.008 ±0.02	±0.13 ±0.38	±0.025	±0.13	±0.013

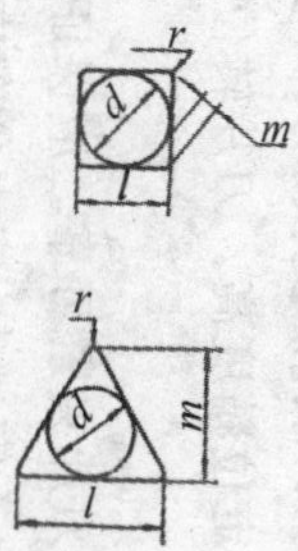

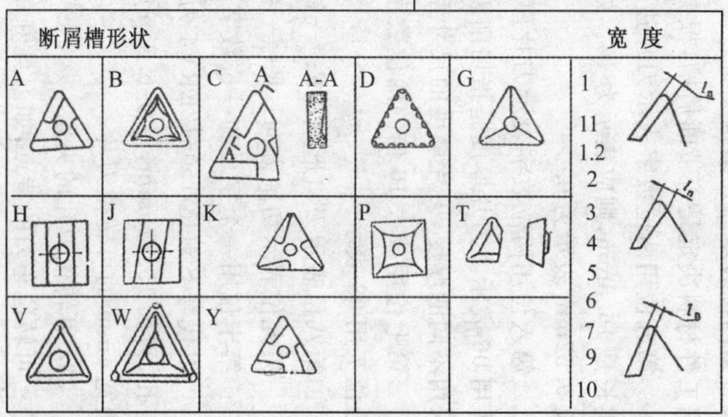

第四位表示刀片结构类型。按刀片是否有断屑槽和中心孔共可分为 6 种。选择时根据工件材料决定是否带断屑槽，根据刀片装夹形式决定是否带中心孔。

第五位用两位数字表示刀片边长或内切圆直径 d。刀片边长只取整数部分，如刀片实长是 16.5mm，则应表示为 16。如舍去小数后只剩一位数字，则须在数字前补 0，如实长 9.52mm 表示为 09。

第六位用两位数字表示刀片厚度。数字也只取厚度的整数，如厚度为 6.5mm 的刀片用 06 表示。刀片厚度是指切削刃刀尖处至刀片底面的尺寸。不同内切圆直径的刀片，采用不同的厚度，刀片厚度的尺寸系列为 3.18，4.76，6.35，7.93mm。

第七位用放大 10 倍的两位数字表示刀尖圆弧半径。如刀尖圆弧半径为 0.8mm 时，号位 7 用 08 表示。

第八位表示刃口形式。F——锋刃，E——倒圆刃，T——倒棱，S——钝圆加倒棱。

第九位表示切削方向。R——右切，L——左切，N——左右均可。

第十位用一个字母和一位数字表示断屑槽形和槽宽。

以代号 SNUM150612ERV4 为例，它表示的是正方形、零后角、普通级精度、单面槽有孔、刃长 15.875mm，厚度 6.35mm，刀尖圆弧半径 1.2mm，倒圆刃，右切 V 形断屑槽且槽宽 4mm 的可转位刀片。

3. 可转位刀片的夹紧

可转位车刀的特点，如刀具寿命高，生产效率高等是通过刀片的转位更换切削刃以及所有切削刃用钝后更换新刀片实现的。因此，刀片的夹固必须满足以下要求：

(1)定位精度高。刀片转位或更换新刀片后，刀尖位置的变化应在工件精度允许的范围内。

(2)刀片夹紧可靠。应保证刀片、刀垫、刀杆接触面紧密贴合，经得起冲击和振动，但夹紧力也不宜过大，应力分布应均匀，以避免压碎刀片。

(3)排屑流畅。刀片前刀面上最好无障碍，保证切屑排出流畅，并容易观察。特别对于车孔刀，最好不用上压式，防止切屑缠绕划伤已加工表面。

(4)使用方便。转换刀刃和更换新刀片方便、迅速。对小尺寸刀具结构要紧凑。

下面根据刀片结构类型不同介绍几种典型的夹紧方式：

(1)圆孔刀片。利用刀片孔将刀片夹紧，受力简图如图 7-8 所示。能实现这种受力的有以下几种夹紧方式：

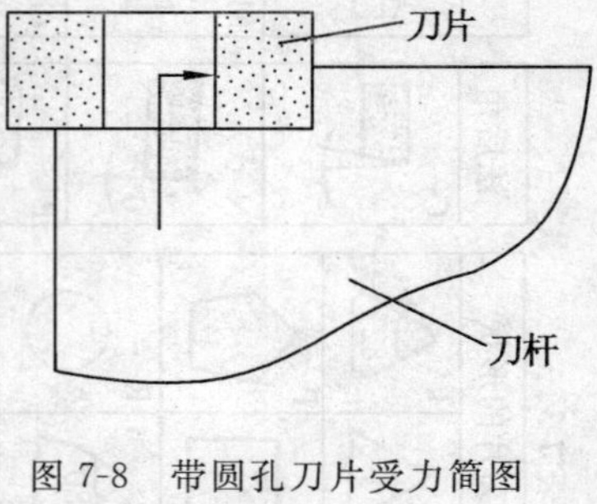

图 7-8　带圆孔刀片受力简图

①杠杆式。杠杆式夹紧方式如图 7-9 所示。从图中可以看出，杠杆式夹固方式共同的特点是在直或曲的杠杆作用下由刀片两个侧面定位，所以定位精度较高，刀片受力方向较为合理，夹紧可靠，刀头尺寸小，刀片装卸灵活，使用方便，是一种受欢迎的较好的夹紧形式。缺点是结构复杂，制造较困难。

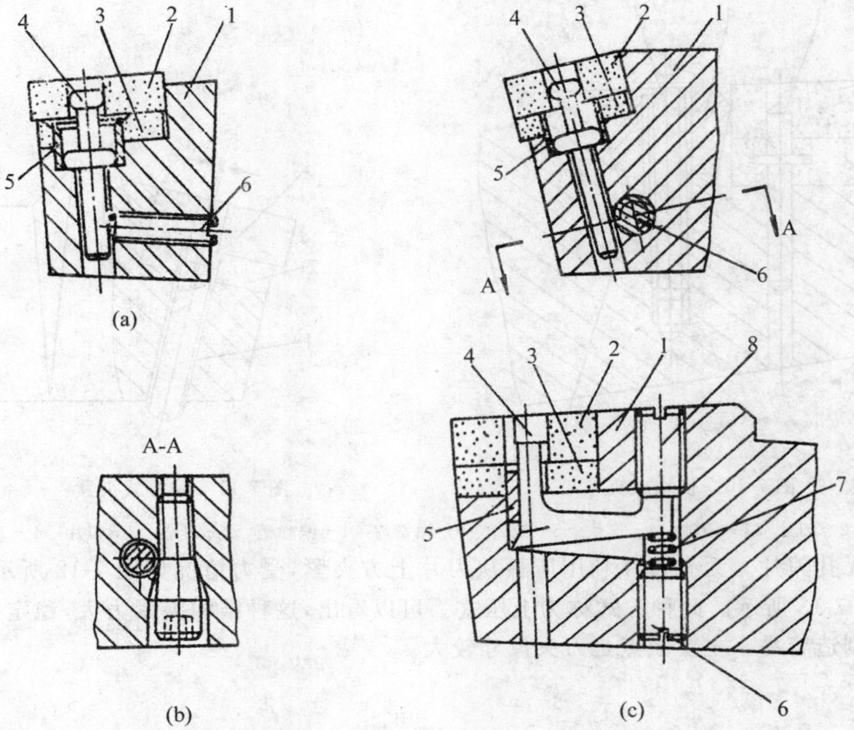

图 7-9　杠杆式夹紧

(a)直杆式　(b)直杆式　(c)曲杆式

1—刀杆　2—刀片　3—刀垫　4—杠杆　5—弹簧套　6—螺钉　7—弹簧　8 螺钉

②楔块式。楔块式夹紧方式如图 7-10 所示。图中刀片由销轴在孔中定位，楔块下压时把刀片推压在圆柱销上。松开螺钉时，弹簧垫圈自动抬起楔块。这种结构夹紧力大，简单方便，但定位精度较低，且夹紧时刀片受力不均。

③偏心式。偏心式夹紧方式如图 7-11 所示。这种方式用偏心螺钉销夹固。它以螺钉为转轴，螺钉上端为偏心圆柱销，偏心量为 e。当转动螺钉时，偏心销就可以夹紧或松开刀片。这种方式结构简单，使用方便，但很难保证双边的夹固力均衡，在冲击和振动下刀片容易松动。

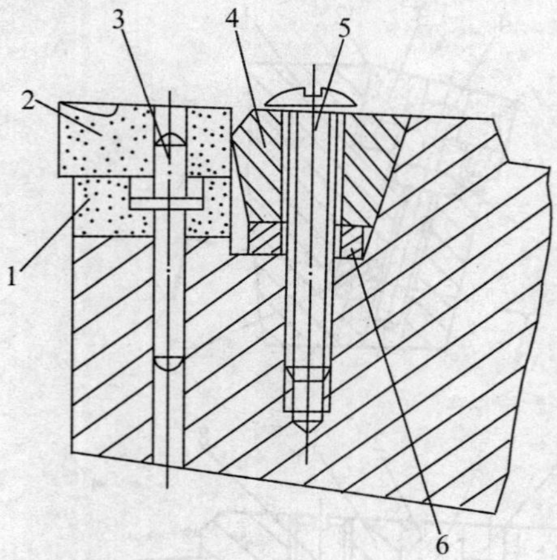

图 7-10　楔块式夹紧

1—刀垫　2—刀片　3—销轴　4—楔块　5—螺钉　6—弹簧片

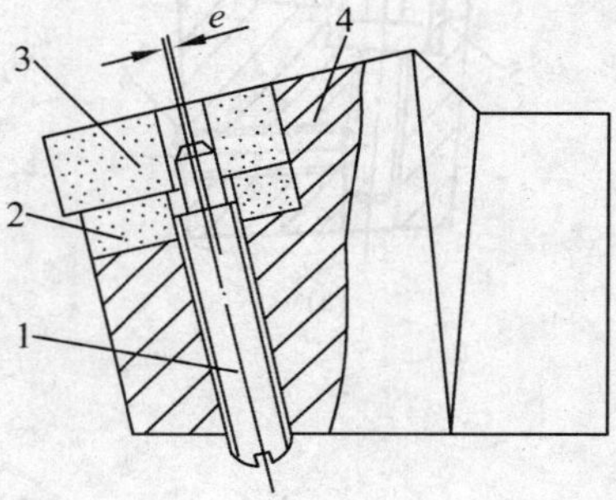

图 7-11　偏心式夹紧

1—偏心销　2—刀垫　3—刀片　4—刀杆

(2)无孔刀片。无孔刀片利用压板从刀片上方夹紧,受力情况如图 7-12 所示。夹紧结构如图 7-13 所示。此种方式称为上压式。可以看出,这种结构夹紧力大,稳定可靠,装夹方便,制造容易。主要缺点是刀头尺寸较大。

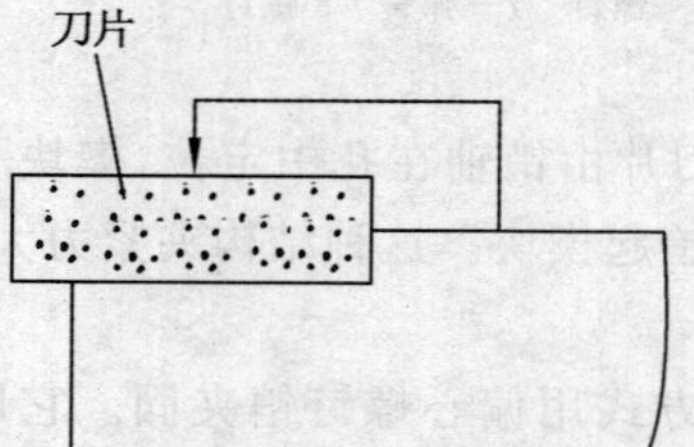

图 7-12　无孔刀片受力简图

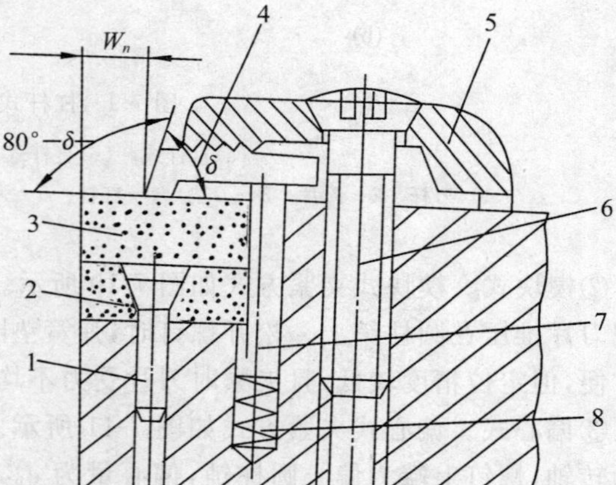

图 7-13　上压式夹紧

1—销轴　2—刀垫　3—刀片　4—压板
5—锥孔压板　6—螺钉　7—支钉　8—弹簧

§7-2　成形车刀

回转体成形表面是机械制造中常遇到的加工表面。尺寸较大的回转体成形表面通常是在半自动靠模车床或数控车床上加工;尺寸较小的则在半自动车床或自动车床上使用成形车刀来完成。因此,成形车刀是半自动车床、自动车床刀具中的一种重要刀具。同时，工件批量小时在普通车床上也往往使用它。

与普通车刀相比，成形车刀有如下特点：

(1)加工精度稳定。成形表面的精度与工人熟练程度无关，主要取决与刀具切削刃的制造精度。它可保证被加工工件表面形状和尺寸精度的一致性和互换性。加工精度可达IT8～IT10，表面粗糙度 Ra 可达 6.3～3.2μm。

(2)生产效率高。一把成形车刀相当于多把切削刃形状不同的普通车刀组合在一起同时参加切削。同时工作的切削刃较长，只要经过一次切削行程就能切出成形表面。

(3)刀具使用寿命长。刀具允许重磨的次数多，使用寿命比普通车刀长得多。

(4)刃磨简单。一般后刀面为成形表面，前刀面为平面，相交形成成形车刀的切削刃。刀具磨钝后，只需重磨前刀面，很方便。

(5)刀具制造成本高。成形车刀的刃形形状复杂，制造较麻烦，刀具成本比较高，故主要用在批量生产中。

一、成形车刀的种类和用途

按成形车刀的结构和形状，可分为以下三种：

(1)平体成形车刀。平体成形车刀如图 7-14(a)所示，刀体形状与普通车刀相似。常用于加工简单的成形表面，如铲齿、车螺纹和车圆弧等。

(2)棱体成形车刀。棱体成形车刀如图 7-14(b)所示，刀体呈棱柱形，利用燕尾榫装夹在刀杆燕尾槽中，用于加工外成形表面。

(3)圆体成形车刀。圆体成形车刀如图 7-14(c)所示，刀体是个带孔回转体，并磨出容屑缺口和前刀面，利用刀体内孔与刀杆连接。它制造方便，可用于对内、外成形表面加工。

按进给方向，成形车刀又可分为：

(1)径向进给车刀。图 7-14 所示均为径向进给车刀。这种车刀工作时，整条切削刃沿工件径向同时切入，切削行程短，生产率高，但不适用于加工细长和刚性差的工件。

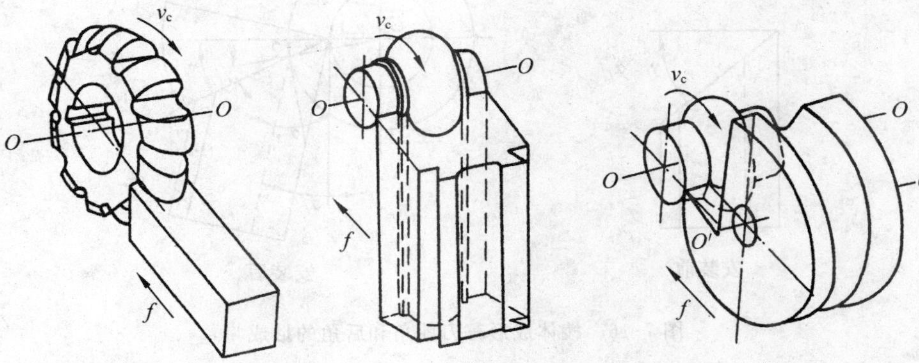

图 7-14　径向成形车刀

(a)平体　(b)棱体　(c)圆体

(2)切向成形车刀。如图 7-15 所示，切削刃沿工件体加工表面切向切入。特点是切削力小，且切削终了位置不影响加工精度。常用于自动车床上对精度较高的小尺寸零件加工，或对细长轴及刚性较差的工件加工。

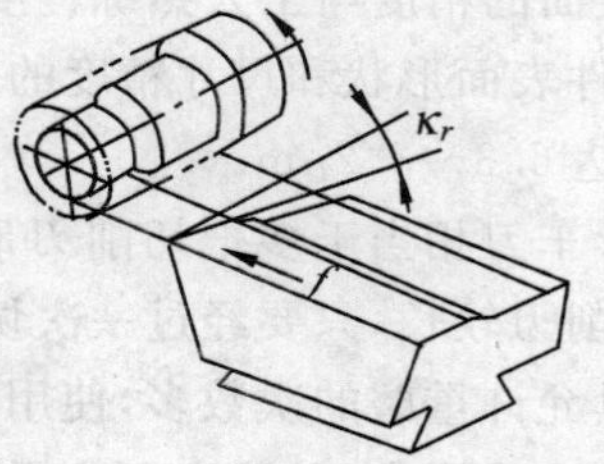

图 7-15　切向进给成形车刀

二、成形车刀的几何角度

1. 成形车刀的前角和后角

成形车刀和其他刀具一样，必须有合理的前角和后角才能有效工作。与其他刀具直接磨出前、后角不同，成形车刀是预先磨出一定角度，然后依靠刀具相对工件的安装位置形成前角和后角。为了使成形车刀角度的测量、制造和重磨调整方便，且角度大小不受复杂刃形的影响，规定成形车刀的前、后角在假定工作平面内测量。

图 7-16 表示棱体成形车刀前角和后角的形成。刀具制成后，其楔角为 $90°-(\gamma_f+\alpha_f)$，安装时车刀倾斜 α_f 角，即能形成所需的前角和后角。

对于圆体成形车刀(如图 7-17 所示)，制造时使车刀中心到前刀面的垂直距离为 $h_0=R_1\sin(\gamma_f+\alpha_f)$。安装时，使刀尖位于工件中心高度位置，并使刀具中心比工件中心高 H，$H=R_1\sin\alpha_f$，这样就能使刀具获得所需的前角和后角。

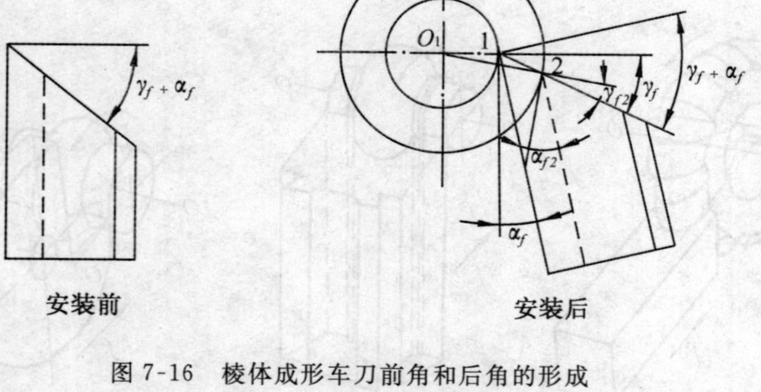

图 7-16　棱体成形车刀前角和后角的形成

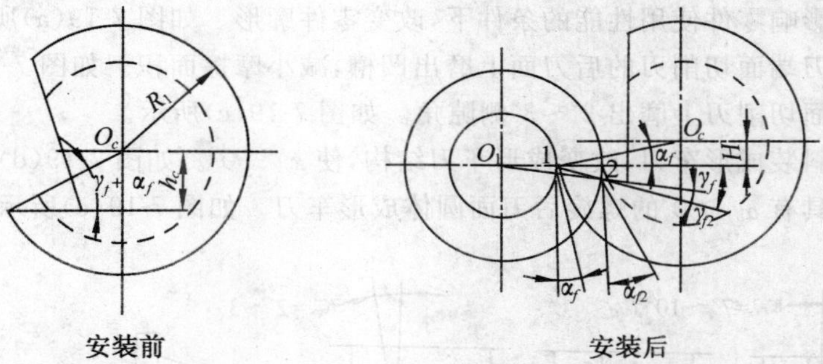

图 7-17　圆体成形车刀前角和后角的形成

2. 成形车刀各点前、后角变化

从图 7-16 可以看出，成形车刀在工作时只有切削刃上最外缘一点（称为基点）与工件中心等高，其他各点都低于工件中心。由于切削刃上各点的基面与切削平面的位置不同，因而前角和后角也就不相等。离基点越远，其前角越小，后角越大。

3. 成形车刀的主后角

在前面的学习中我们了解到，刀具主后角 α_o 的大小会直接影响到刀具与工件间的摩擦，进而影响到刀具磨损及使用寿命。而对成形车刀，我们确定的是它在进给平面中的后角 α_f。那么，如何在 α_f 与 α_0 之间确立联系，由进给平面后角求出主后角呢？

从图 7-18 中可以看出，当 $\lambda_s=0°$ 时，有如下关系式：

$$\tan\alpha_{ox}=\tan\alpha_{fx}\sin\kappa_{rx} \tag{7-1}$$

其中：α_{ox} 为切削刃上任一点 x 在正交平面的后角。

从上式可以看出，切削刃上各点在正交平面内的后角随该点主偏角的不同而变化。当 $\kappa_{rx}=0°$ 时，$\alpha_{ox}=0°$，磨损最为严重。

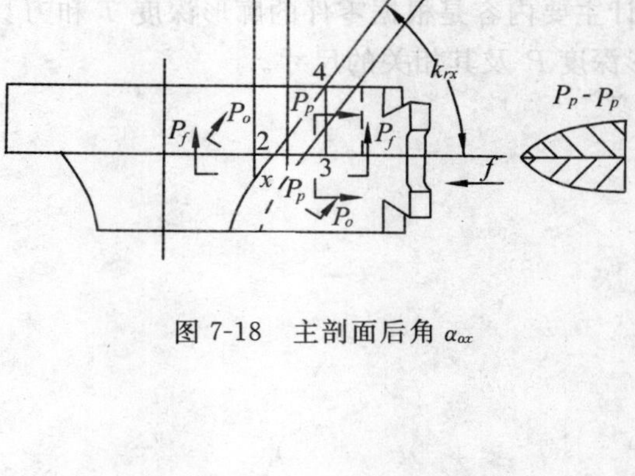

图 7-18　主剖面后角 α_{ox}

出现上述情况时，必须采取适当措施以改善切削状况。常用措施有以下几种：

(1)在不影响零件使用性能的条件下，改变零件廓形。如图 7-19(a)所示。

(2)在车刀端面切削刃的后刀面上磨出凹槽，减小摩擦面积。如图 7-19(b)所示。

(3)在端面切削刃上磨出 2°～3°侧隙角。如图 7-19(c)所示。

(4)采用斜装成形车刀，改变成形车刀结构，使 $\kappa_{rx}>0°$。如图 7-19(d)所示。

(5)采用具有 $\alpha_{ox}>0°$ 的螺旋后刀面圆体成形车刀。如图 7-19(e)所示。

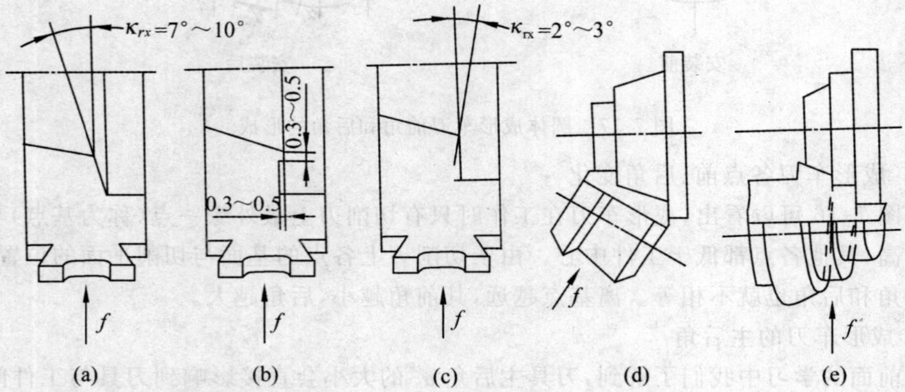

图 7-19 $\alpha_{ox}=0°$ 的改善措施

(a)改变零件廓形 (b)磨出凹槽 (c)磨出侧隙角

(d)斜装成形车刀 (e)螺旋面成形车刀

三、成形车刀的廓形设计

成形车刀的廓形设计是指根据零件廓形来确定刀具廓形。以下简单介绍 $\lambda_s=0°$ 的径向成形车刀的廓形设计方法。

1. 廓形设计的概念

零件廓形是指零件在轴向平面内的形状，包括宽度、深度、角度和圆弧等。成形车刀的廓形是指切削刃在垂直于后刀面的平面上投影形成的形状。在这个平面内，成形车刀的廓形容易制造和测量。

如图 7-20 所示，由于成形车刀的 $\gamma_f>0°$，$\alpha_f>0°$，因此，刀具的廓形不重合于零件的廓形。对于 $\lambda_s=0°$ 的径向成形车刀来说，刀具的廓形宽度相同于对应的零件廓形宽度，因此，成形车刀的廓形设计主要内容是根据零件的廓形深度 T 和刀具的前角 γ_f，后角 α_f 来修正计算成车刀的廓形深度 P 及其相关的尺寸。

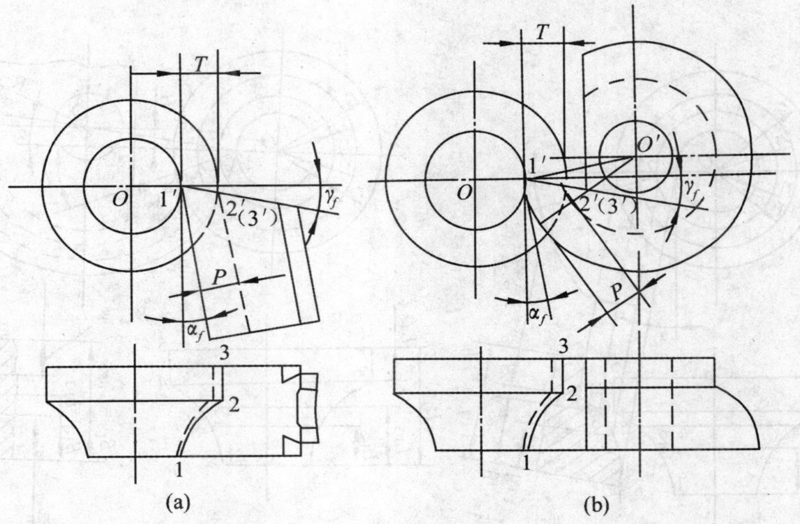

图 7-20　成形车刀廓形与零件廓形间关系

(a)棱形成形车刀　(b)圆形成形车刀

2. 成形车刀廓形设计

成形车刀廓形设计的方法有作图法、计算法和查表法三种。作图法简单、清晰、精确度较低；计算法的精度高，若利用计算机编程运算更为方便；查表法也能达到设计精度要求，且较简单、迅速。工厂中主要采用计算法和查表法。

(1)作图法

作图法设计的主要内容是：已知零件的廓形、刀具前角 γ_f 和后角 α_f，圆体成形车刀廓形的最大半径 R。通过作图找出切削刃在垂直后刀面的平面上的投影。

如图 7-21 所示，取平均尺寸画出零件的主、俯视图；在俯视图中找出零件形状和尺寸变化的转折点 1，2，3，4，…在主视图中找出 1′点，由 1′点作前角为 γ_f、后角为 α_f 的前刀面和后刀面投影线；作出各点切削刃的后刀面投影线；在垂直后刀面平面中，连接各点切削刃投影线与相等于零件廓形宽度引出线的各交点 1″，2″，3″，4″，…由 1″2″3″4″…所形成的曲线即为成形车刀廓形。

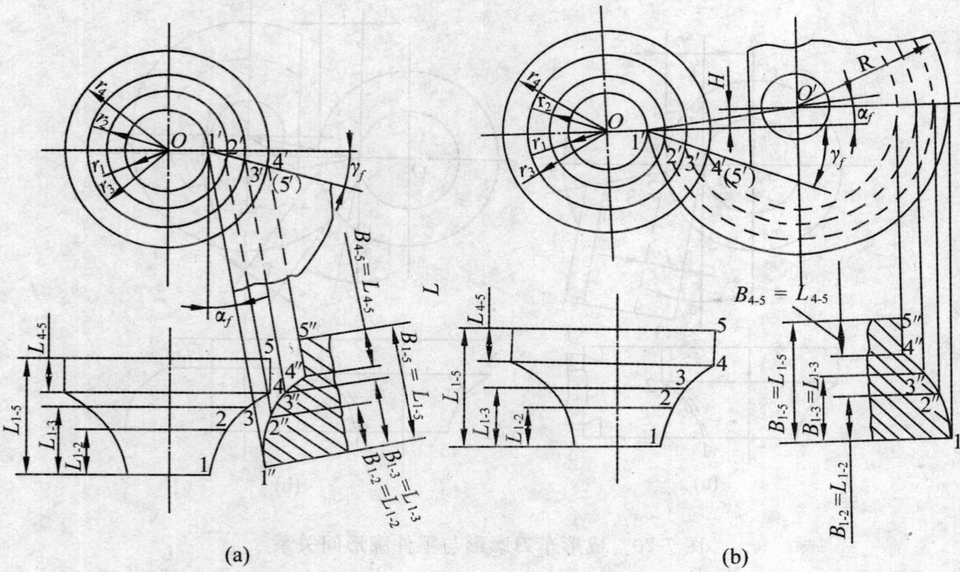

图 7-21　作图法设计成形车刀廓形

(a)棱体成形车刀　(b)圆体成形车刀

(2)计算法

计算法是利用解析几何的方法，建立成形车刀廓形深度的计算公式。考虑到实用性，常取计算数字位数 0.001，最终精确度 0.01mm，角度 1′。

图 7-22(a)为棱体成形车刀的计算分析图。图中已知条件为：零件廓形半径 $r_1, r_2, r_3, \cdots$，刀具前角 γ_f，后角 α_f。求刀具切削刃上任一点廓形深度 P_x。

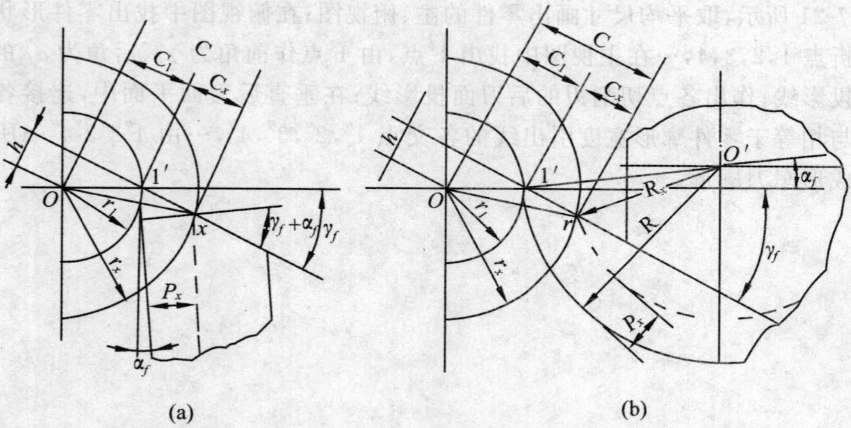

图 7-22　成形车刀的计算分析图

(a)棱形成形车刀　(b)圆形成形车刀

由图 7-22(a)可知：

$$h=r_1\sin\gamma_f$$

$$C=(r_x^2-h^2)^{1/2};\ C_1=r_1\cos\gamma_f$$

$$C_x=C-C_1=(r_x^2-h^2)^{1/2}-r_1\cos\gamma_f=[r_x^2-(r_1\sin\gamma_f)^2]^{1/2}-r_1\cos\gamma_f$$

$$P_x=C_x\cos(\gamma_f+\alpha_f)=[r_x^2-(r_1\sin\gamma_f)^2]^{1/2}\cos(\gamma_f+\alpha_f)$$

图 7-22(b)为圆体成形车刀的计算分析图，已知条件为：零件廓形半径 $r_1, r_2, r_3, \cdots$，刀具前角 γ_f，后角 α_f，刀具廓形最大半径 R，则刀具切削刃上任一点廓形深度 P_x 应为刀具廓形最大半径 R 与该切削刃点所在位置处的半径 R_x 之差，即 $P_x=R-R_x$.

$$h=r_1\sin\gamma_f$$

$$C=(r_x^2-h^2)^{1/2};\ C_1=r_1\cos\gamma_f$$

$$C_x=C-C_1=(r_x^2-h^2)^{1/2}-r_1\cos\gamma_f=[r_x^2-(r_1\sin\gamma_f)^2]^{1/2}-r_1\cos\gamma_f$$

$$R_x=(R^2+C_x^2-2RC_x\cos(\gamma_f+\alpha_f))^{1/2}$$

$$P_x=R-R_x$$

上述公式中，$r_1, \gamma_f, \alpha_f, R$ 为常数，刀具廓形深度 P_x 取决于所在点零件廓形半径 r_x。

根据上述各公式计算出刀具切削刃上各点的廓形深度 P_x 和已知零件上对应的廓形宽度 B_x，可画出刀具廓形设计图。

成形车刀廓形深度设计，均以在工件中心水平位置上的切削刃点 $1''$ 作为设计基准点，而在刀具廓形设计图中，廓形深度尺寸的标注基准应取被加工零件直径的精度最高处，如果两基准不重合，应将设计尺寸换算成标注尺寸。

四、成形车刀加工圆锥零件时的误差分析

1. 双曲线误差产生的原因

用 $\gamma_f>0°$ 的成形车刀加工圆锥体零件时，会发现圆锥部分的素线不是直线，而是一条内凹的双曲线，圆锥体实际上变成了双曲线体，产生了形状误差。

如图 7-23 所示，用 $\gamma_f>0°$ 的棱体成形车刀车圆锥体零件时，前刀面 $M-M$ 不通过零件的轴平面，根据画法几何原理，前刀面与圆锥曲面的交线应为一条外凸的双曲线，换言之，刀刃在 $M-M$ 平面上的形状应该是内凹的双曲线 1—2—3 才能切出形状正确的圆锥体。然而刀刃却是直线 1—4—2，故使工件被多切去一部分材料，产生了双曲线误差。

图 7-24 所示为圆体成形车刀加工圆锥面的情况。同棱体车刀一样，也会因为前刀面不过工件轴线而产生双曲线误差。而且会因为刀具本身也是圆锥体的原因产生更大的误差，所以圆体成形车刀的加工精度比棱体成形车刀低。

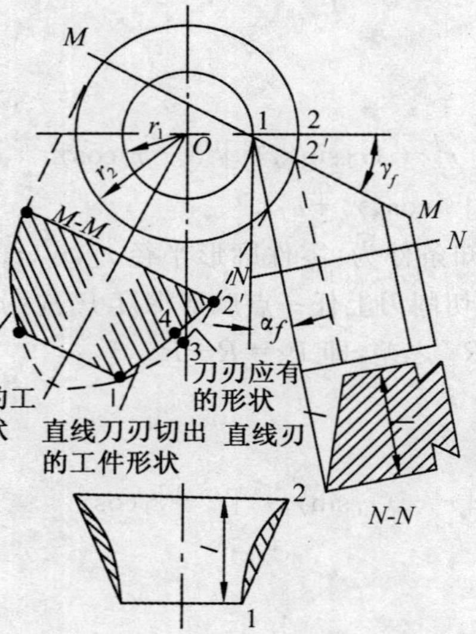

图 7-23　棱体成形车刀加工圆锥体双曲线误差分析

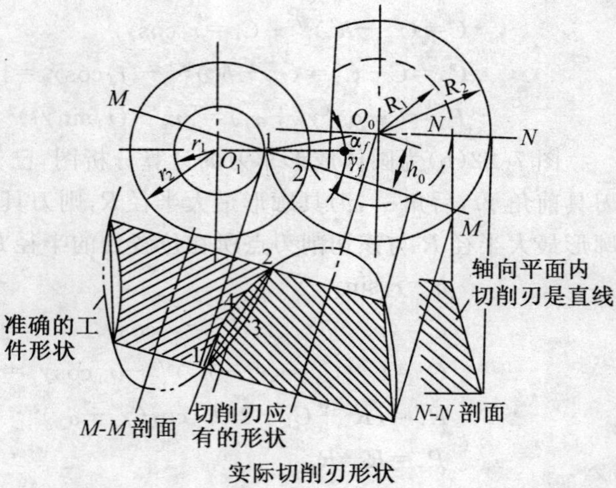

图 7-24　圆体成形车刀加工圆锥体双曲线误差分析

2. 避免或减少双曲线误差的措施

措施一：产生双曲线误差的根本原因是 $\gamma_f > 0°$。"治标先治本"，从理论上讲，只要使 $\gamma_f = 0°$ 即可解决这一问题。其实不然，$\gamma_f = 0°$ 的成形车刀切削性能差，除了粗加工，生产中并不经常用到。

措施二：采用带有前刀面侧向倾角 ω 的成形车刀如图 7-25 所示。为了使切削刃与工件圆锥母线重合，可以设计带有前刀面侧向倾角 ω 的成形车刀。其方法是将成形车刀的前刀面沿工件轴线方向倾斜 ω 角，从而将低于工件中心的刀刃提高到工件中心高度位置，使切削刃与工件圆锥母线重合。

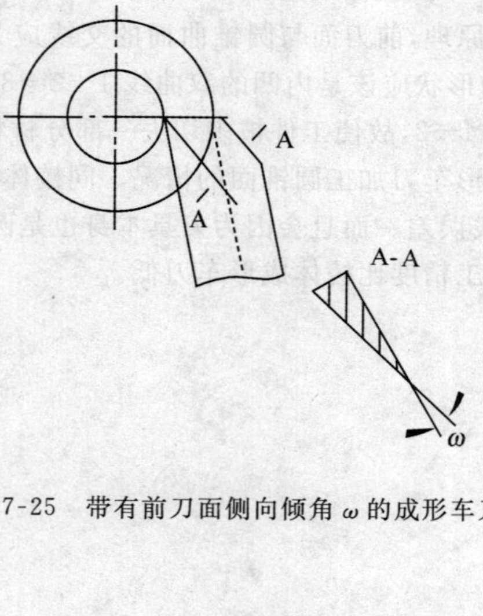

图 7-25　带有前刀面侧向倾角 ω 的成形车刀

五、成形车刀的使用

1. 成形车刀的安装

成形车刀的加工精度不仅取决与刀具廓形的设计和制造，而且与刀具的安装有关。安装时应注意以下几点：

(1)刀具装夹必须牢固。

(2)刀刃最外沿点(基准点)应对准工件中心。

(3)棱体成形车刀的安装定位基准平面与圆体成形车刀的轴线应平行于工件的轴心线。

(4)刀具安装后的前角和后角应符合设计所规定的大小。

2. 成形车刀的切削特点

成形车刀切削刃工作长度较长，进给力大，易引起振动，因此应注意提高工艺系统刚性。此外，进给速度应较低且均匀，切削刃光整锋利，浇注切削液充分等。

成形车刀切削速度较低，通常切削碳钢时为20～40m/min。

六、成形车刀的重磨

成形车刀达到规定的磨损限度后必须进行重磨。重磨一般是在工具磨床上用碗形砂轮沿前刀面进行。重磨的基本要求是保持其原始前角和后角不变。

如图 7-26 所示，重磨成形车刀时，使棱体成形车刀的前面与砂轮的工作端面平行，使圆体成形车刀的中心与砂轮的工作端面偏移 h_o 值：$h_o=R\sin(\alpha_f+\gamma_f)$。

为检验磨出的前刀面位置是否正确，对于棱体成形车刀，可测量其侧楔角 $90°-(\alpha_f+\gamma_f)$ 值；对于圆体成形车刀，可检验它的前面是否与端面上画出的检验圆相切，检验圆是以 h_o 值为半径的圆。

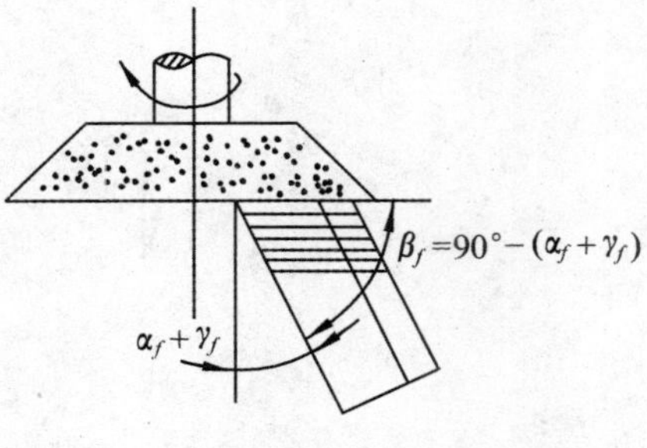

(a)

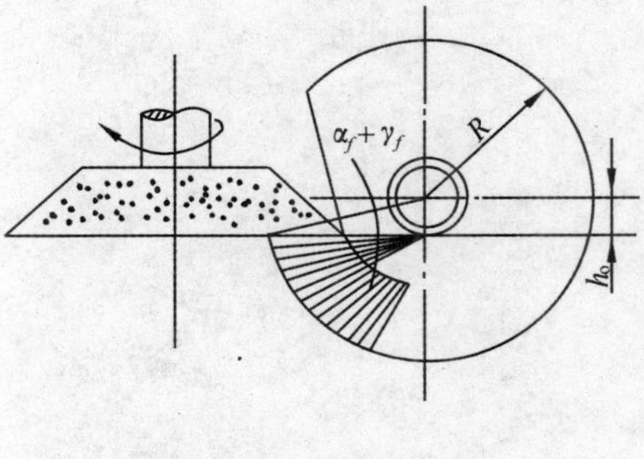

(b)

图 7-26　成形车刀的重磨

(a)棱体成形车刀　(b)圆体成形车刀

习　题

1. 车刀按用途和结构分为哪些类型？使用场合如何？
2. 常用硬质合金焊接刀片型号是如何规定的？其使用范围如何？
3. 简述可转位车刀的特点。
4. 可转位车刀刀片代号是如何标记的？解释代号 SNMM150612ERA2 所表示的意义。
5. 为什么可转位车刀的刀槽底面一般都做成负前角和负刃倾角？
6. 分析常用的可转位车刀的夹紧机构各有何优缺点。
7. 成形车刀的前、后角是怎样形成的？规定在哪个平面内测量？为什么？
8. 成形车刀切削刃上各点的前、后角是否相同？为什么？
9. 简述成形车刀廓形设计的必要性及其主要方法。
10. 用成形车刀加工圆锥体零件时为什么会产生双曲线误差？如何解决这一问题？
11. 成形车刀是如何重磨的？如何确定砂轮端面与被磨削面之间的关系？

第八章　孔加工刀具及螺纹刀具

知识点：1. 标准麻花钻结构、几何角度、缺陷及修磨方法。
2. 标准群钻特点。
3. 铰刀的类型及加工特点。
4. 深孔加工刀具类型结构。
5. 螺纹刀具类型及结构。

技能点：1. 标准麻花钻刃磨方法。
2. 标准麻花钻的修磨方法及目的。
3. 合理使用铰刀、深孔加工刀具、螺纹刀具。

在金属切削中，孔和螺纹的加工占有很大的比例，因此，孔加工刀具与螺纹刀具的应用十分广泛。

§8-1　麻花钻

麻花钻是目前孔加工中使用最广的刀具之一，主要用于在实体材料上加工精度较低的孔，有时也用于扩孔。

一、麻花钻的结构

标准麻花钻主要由夹持部分和工作部分组成，如图 8-1 所示。

1. 夹持部分

用于装夹钻头和传递动力，包括柄部和颈部。柄部有圆柱柄和莫氏锥柄两种。颈部是钻柄与工作部分的连接部分，印有厂标、规格等标记。

2. 工作部分

工作部分是麻花钻的主要部分，又分为切削部分和导向部分。

切削部分承担主要的切削工作，它由两个螺旋前刀面、两个圆锥后刀面（刃磨方法不同，也可能是螺旋面）和两个副后刀面（即刃带棱面）组成。麻花钻有两条主切削刃、两条副切削刃和一条横刃。两后刀面在钻芯处相交形成的切削刃称为横刃，位于钻头的最前端。

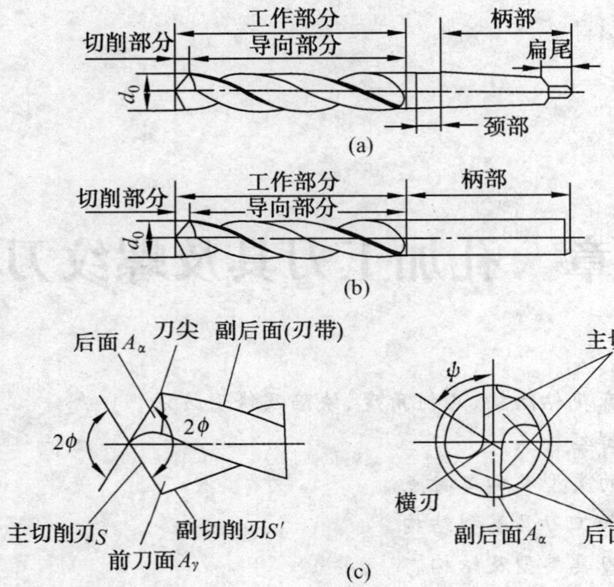

图 8-1 麻花钻的结构

导向部分由两条螺旋槽组成，切削时起保持进给方向的作用及冷却、排屑作用，同时还是切削部分的备用部分。为保证钻头具有必要的强度和刚性，用钻芯将两条螺旋槽连为一体。钻芯直径一般取为钻头外径的 0.125～0.15 倍，并且向柄部方向逐渐增大。每 100mm 长度上增大 1.4～1.8mm。为防止钻孔时钻头引偏并减少导向部分与孔壁之间的摩擦，每条螺旋槽上各有一条狭窄的螺旋形刃带，其外径向柄部方向递减，形成倒锥，中等直径钻头的倒锥量为 0.05～0.12mm/100mm。倒锥形成了麻花钻的副偏角 κ_r'。

二、麻花钻的几何参数

1. 麻花钻的参考系

麻花钻参考系平面及测量平面如图 8-2 所示。图中标注了基面 p_r，切削平面 p_s，正交平面 p_0，假定工作平面 p_f 和背平面 p_p，它们的定义与前述车削中的规定相同。

为了确定钻头的几何角度还规定了三个测量平面：

(1)端平面 p_t：与钻头轴线垂直的投影面。

(2)中剖面 p_c：通过钻头轴线与两主切削刃平行的平面。

(3)柱剖面 p_z：过切削刃选定点作与钻头轴线平行的直线，该直线绕钻头轴线旋转所形成的圆柱面。

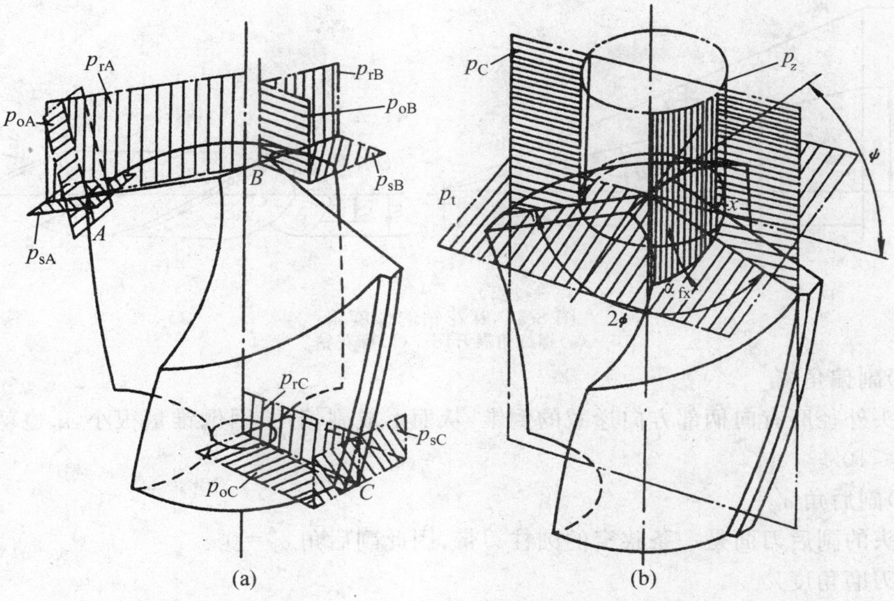

图 8-2　麻花钻正交平面参考系及测量平面

2. 麻花钻的角度

麻花钻的几何角度可以分为三类：

结构角度　即钻头设计制造中需要控制的参数，它决定麻花钻的几何形状。如螺旋角 ω、副偏角 κ_r'、副后角 α_0' 等。

刃磨角度　即刃磨钻头时形成的角度，其大小有刃磨者控制。如钻头后角 α_f、顶角 2φ、横刃斜角、横刃前角、横刃后角等

派生角度　即不是由制造及刃磨形成，而是角度间的几何关系推导出来的角度。

a. 结构角度

(1)螺旋角 ω。螺旋角 ω 指钻头刃带螺旋线上任一点的切线与钻头轴线的夹角。图 8-3 为刃带螺旋线展开图，切削刃上 x 点的螺旋角 ω 可用下式计算：

$$\tan\omega_x=\frac{2\pi r_x}{L} \tag{8-1}$$

式中：r_x——钻头选定点半径；

　　L——螺旋槽导程。

式(8-1)说明，钻头外沿处的螺旋角最大，越接近钻心，螺旋角越小。刃带处的螺旋角 ω 一般为 25°～32°。增大螺旋角可使前角增大，有利于排屑，切削轻快，但钻头刚性差。

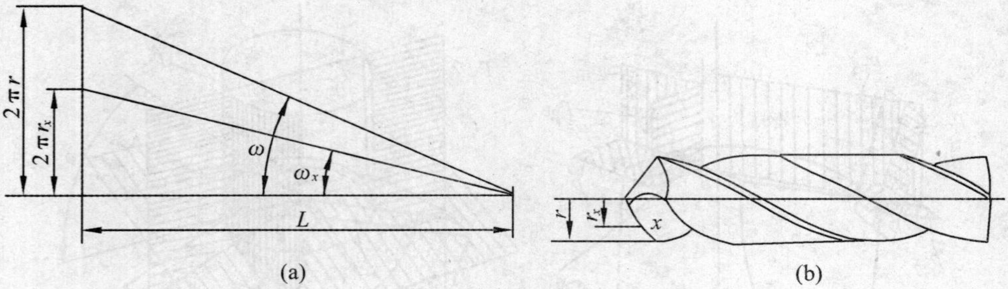

图 8-3　麻花钻的螺旋角

(a)螺旋角展开图　(b)麻花钻

(2)副偏角 κ_r'

钻头外径磨有向柄部方向递减的倒锥，从而形成副偏角，因倒锥量很小，κ_r'也就很小，一般 $\kappa_r' \leqslant 10'$。

(3)副后角 α_0'

钻头的副后刀面是一条狭窄的圆柱刃带，因此副后角 $\alpha_0'=0°$

b. 刃磨角度

(1)顶角 2ϕ。顶角 2ϕ(如图 8-1 所示)指两主切削刃在中剖面上投影的夹角。顶角由刃磨获得，对钻头寿命及钻削效率有较大影响。顶角越小，主切削刃越长，单位长度上的负荷减轻，轴向力减小，刀尖角 ε_r 增大，有利于散热。但顶角过小，则钻尖强度削弱，切屑变薄，变形增加，扭矩增大，钻头易折断。标准麻花钻的顶角 $2\phi=118°$，此时主切削刃为直线；$2\phi<118°$，主切削刃呈外凸曲线；$2\phi>118°$主切削刃呈内凹曲线。普通麻花钻的顶角 $2\phi=116°\sim120°$。

(3)刃倾角 λ_s。刃倾角 λ_s(如图 8-4 所示)是在切削平面内主切削刃与基面的夹角。由于主切削刃上各点的基面与切削平面的位置不同，因而各点的刃倾角也是变化的。一般麻花钻刃倾角为负值，所以它的切屑排向已加工表面(向后排)，这也正是钻削后孔表面比较粗糙的原因。

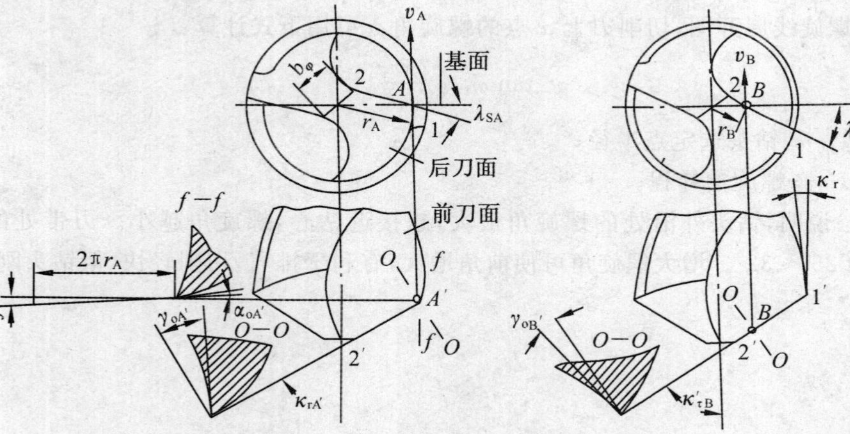

图 8-4　麻花钻前角、后角、主偏角和刃倾角

(4)主偏角 κ_r。主切削刃上选定点的主偏角是主切削刃在该点基面上的投影与进给方向之间的夹角。由于主切削刃上各点基面位置不同，因此主偏角也不相等。当顶角确定后，主切削刃上各点的主偏角也就随之确定。

麻花钻的主偏角，从钻头外沿到中心逐渐减小。标准麻花钻外缘处的主偏角为顶角的一半。

(5)前角 γ_0。主切削刃上选定点的前角是在该点的正交平面内前刀面与基面之间的夹角。由于切削刃上各点的螺旋角、刃倾角、主偏角不同，所以各点的前角也不相同。由图 8-5 可知，从外沿到钻芯前角由 +30°逐渐减小至 −30°。

(6)后角 α_f。主切削刃上选定点的后角规定为柱剖面内后刀面与端平面之间的夹角，由刃磨获得。其大小也是变化的，从外缘到钻芯逐渐增大，如图 8-5 所示。后角规定为柱剖面内因主切削刃作圆周运动，如此定义后角更能确切地反映出后刀面与工件加工表面之间的摩擦状况及进给运动对后角的影响。

(7)横刃角度。横刃角度由两后刀面相交而成，普通麻花钻横刃近似直线，横刃角度主要包括横刃斜角、横刃前角和横刃后角，如图 8-6 所示。在端平面中，横刃与主切削刃之间的夹角为横刃斜角 ψ，b_ψ 为横刃长度。在刃磨钻头后刀面时，后角越大，横刃斜角 ψ 就越小，b_ψ 越长。因此可通过观察横刃斜角的大小来判断后角是否磨得合适。一般 ψ＝50°～55°。国际标准 ISO5419－1982 中规定横刃斜角 ψ 用横刃和中剖面的钝夹角表示，但实际应用中用锐角表示。

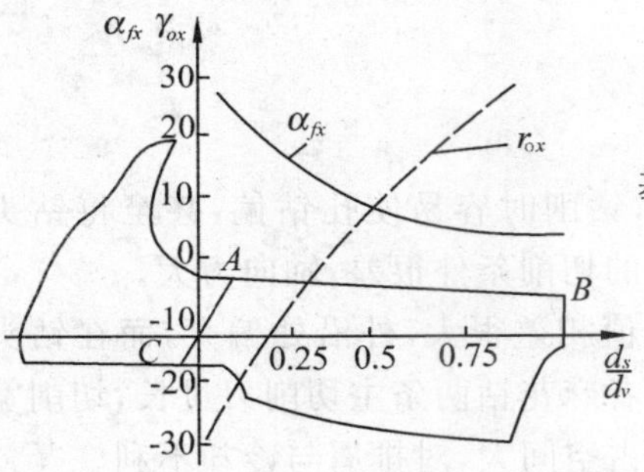

图 8-5　麻花钻前角、后角的分布情况

AB－主切削刃　AC－横刃

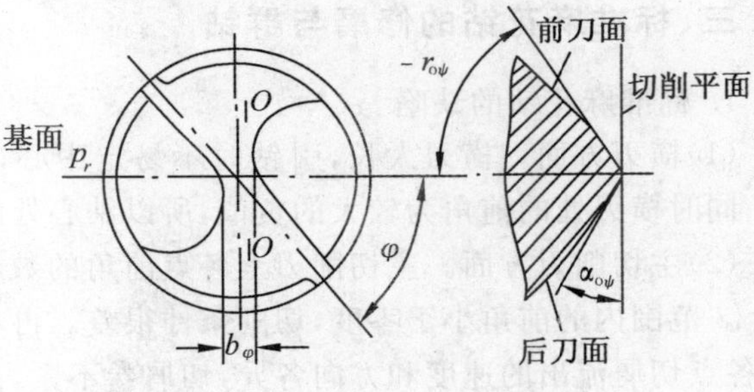

图 8-6　麻花钻的横刃角度

c. 派生角度由于横刃通过钻头轴线，因此横刃上各点的基面 p_r 及切削平面 p_s 相同，因此有：

$$|\gamma_{o\psi}|+\alpha_{o\psi}=90^\circ \tag{8-2}$$

其中：$\gamma_{o\psi}=-54^\circ\sim-60^\circ$；

$\alpha_{o\psi}=36^\circ\sim30^\circ$。

由于横刃的前角 $\gamma_{o\psi}$ 是绝对值很大的负值，因此横刃的切削条件很差，钻削时发生严重挤压，产生的轴向力约为钻削时总轴向力的 60%，因此横刃的存在对钻削不利。

麻花钻主切削刃上角度的变化规律如图 8-7 所示。

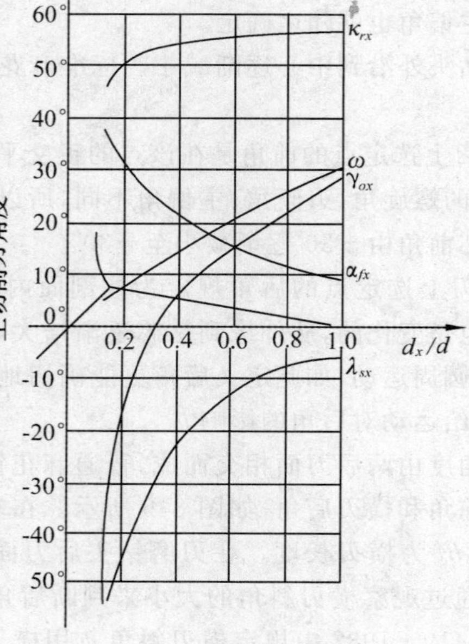

图 8-7　麻花钻主切削刃角度的变化规律

三、标准麻花钻的修磨与群钻

1. 标准麻花钻的缺陷

(1)横刃方面。横刃太长,引钻时不易定中心,钻削时容易使孔钻偏,甚至将钻头折断。同时横刃处的前角为较大的负值,所以钻心处的切削条件很差,轴向力大。

(2)主切削刃方面。主切削刃上各点前角的数值相差很大,外沿处偏大,而在钻头直径 1/3 范围内的前角小于零度,切削条件很差。再者麻花钻两条主切削刃过长,切削宽度大,各点切屑流出的速度和方向各异,切屑卷不紧,占空间大,对排屑与冷却不利。

(3)棱边方面。棱边处无后角,且该处的切削速度最高,因此转角处磨损最快,是钻头最薄弱的部位。

2. 麻花钻的修磨方法

钻头的修磨是指在普通刃磨的基础上,根据具体工艺要求进行补充的刃磨。在使用过程中可采用修磨麻花钻的刃形及几何角度的方法,来充分发挥钻头的切削性能,保证加工质量和提高效率。常用的修磨方法有以下几种:

(1)修磨横刃。修磨横刃如图 8-8 所示。主要是针对标准麻花钻横刃较长、不易定心、切削条件差采取的措施。修磨横刃的目的是增大钻尖部分的前角,缩短横刃的长度,以减小轴向力。

(2)修磨前刀面。修磨前刀面如图 8-9 所示。主要是针对标准麻花钻主切削刃上前角分布不合理所采取的措施。修磨前刀面的目的是改变前角的分布,增大或减小前角,以满足不同的加工要求。如加工黄铜、塑料时,为避免产生"扎刀"现象,应使外沿处的前角减小到 5°～10°；钻胶木时，可减小到－5°～＋10°。

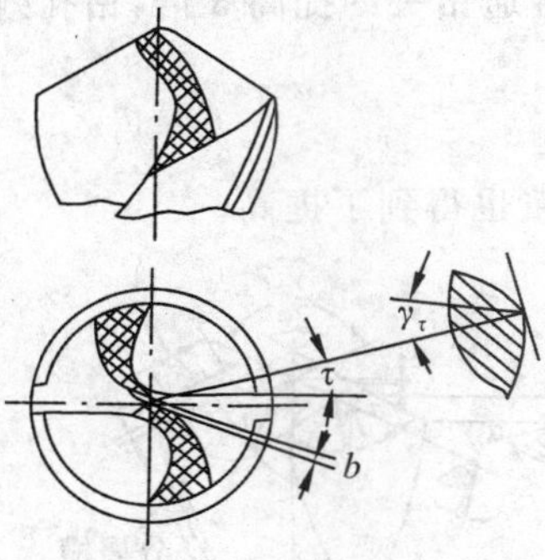

图 8-8　修磨横刃

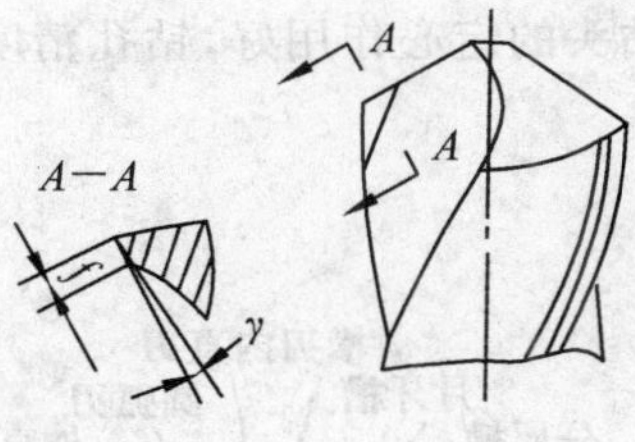

图 8-9　修磨前刀面

(3)修磨刃带。修磨刃带如图 8-10 所示。这是针对标准麻花钻在钻削韧性材料或较软材料时，为减小刃带与孔壁的摩擦所采取的措施。修磨刃带的要求是减小刃带宽度，磨短使其宽度为原来的 1/3～1/2，磨出副后角为 6°～8°。

(4)修磨主切削刃。修磨主切削刃在主副切削刃交接处磨出双重顶角(图 8-11)或三重顶角或外凸圆弧刃，这是针对标准麻花钻在钻削铸铁及中等硬度钢件时，为改善散热条件，提高刀具寿命所采取措施。

(5)修磨分屑槽。修磨分屑槽如图 8-12 所示。这是针对标准麻花钻在钢件上钻削较大直径孔时排屑不顺、冷却不力所采取的措施。钻直径较大的韧性材料时，可在钻头的后刀面上交错磨出小狭槽，使切屑变窄，有利于切屑的卷曲、排出和切削液的注入。

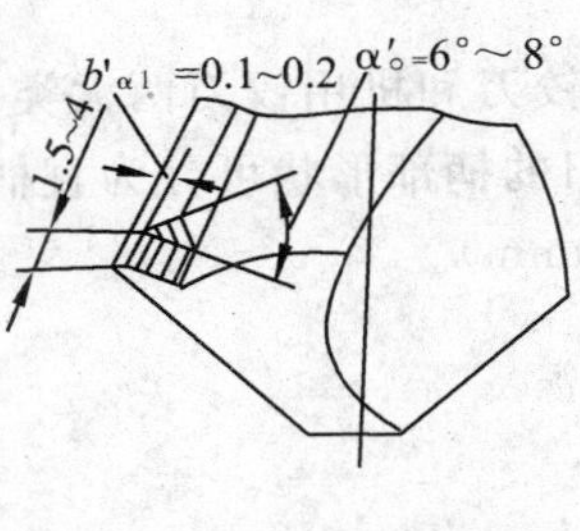

图 8-10　修磨刃带

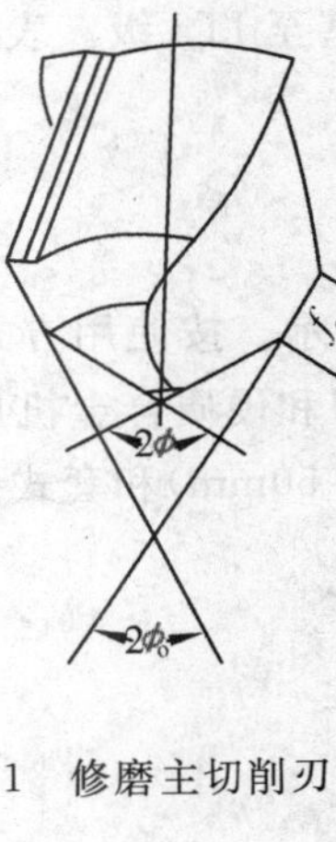

8-11　修磨主切削刃

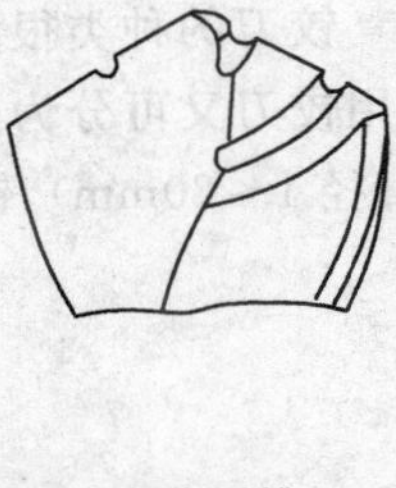

图 8-12　修磨分屑槽

3. 群　钻

群钻是针对标准麻花钻的缺点，经过合理修磨而成的新钻型，图 8-13 所示为标准型群钻切削部分的形状和几何参数。群钻的刃磨主要包括磨出月牙槽、修磨横刃和开分屑槽等。群钻共有七条主切削刃，外形上呈现三个尖。其主要特点是：三尖七刃锐当先，月牙弧槽分两边，一侧外刃开屑槽，横刃磨低、窄又尖。

群钻的优点是：

(1)群钻横刃长度只有普通钻头的 1/5，主切削刃上前角平均值增大，进给抗力下降 35%～50%，扭矩下降 10%～30%。进给量比普通钻头约提高 3 倍，钻孔效率可提高 3～5 倍。

(2)群钻的寿命可提高 2～3 倍。

(3)由于钻头的定心作用好，钻孔精度和质量也得到了提高。

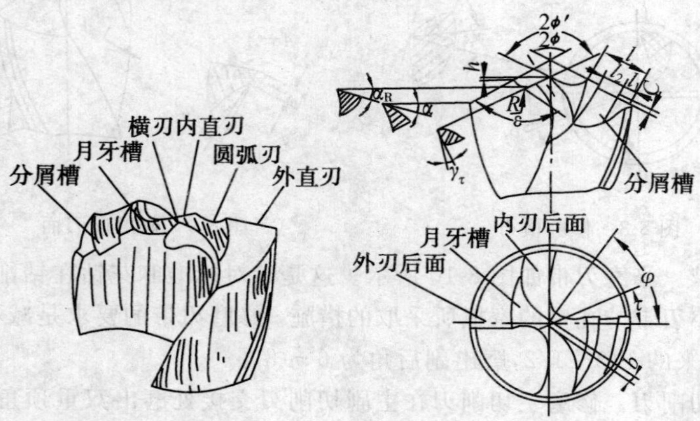

图 8-13　基本型群钻

§8-2　铰　刀

铰刀用于中小直径孔的精加工或半精加工。铰刀的齿数多，刚性和导向性好，铰孔后孔的加工精度可达 IT6～IT7 级，甚至 IT5 级。表面粗糙度 Ra 可达 1.6～0.4μm。所以，铰刀得到了广泛的应用。

一、铰刀的种类和结构

铰刀的种类很多，如图 8-14 所示。按使用方式可分为手用铰刀和机用铰刀两大类；机用铰刀又可分为高速钢机用铰刀和硬质合金机用铰刀；按铰刀的柄部形状可分为直柄(直径 1～20mm)、锥柄(直径 5.5～50mm)和套式(直径 25～100mm)。

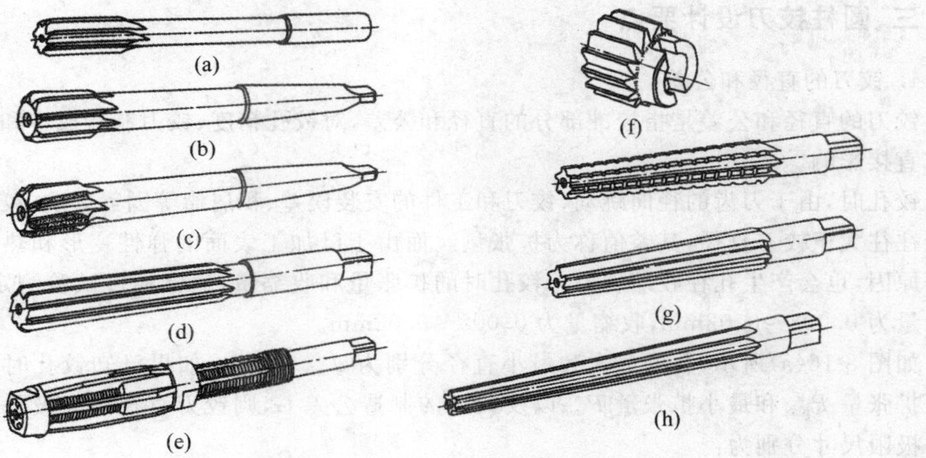

图 8-14　铰刀的种类

(a)直柄机用铰刀　(b)锥柄机用铰刀　(c)硬质合金机用铰刀　(d)手用铰刀
(e)可调节手用铰刀　(f)套式机用铰刀　(g)直柄莫氏圆锥铰刀　(h)手用 1∶50 锥销铰刀

铰刀由工作部分、颈部和柄部组成，如图 8-15 所示。工作部分有切削部分和校准部分组成，校准部分有圆柱部分和倒锥部分。

铰刀的主要结构参数有：直径 d，齿数 z，主偏角 κ_r、前角 γ_p、后角 α_p 和槽形角 θ 等。

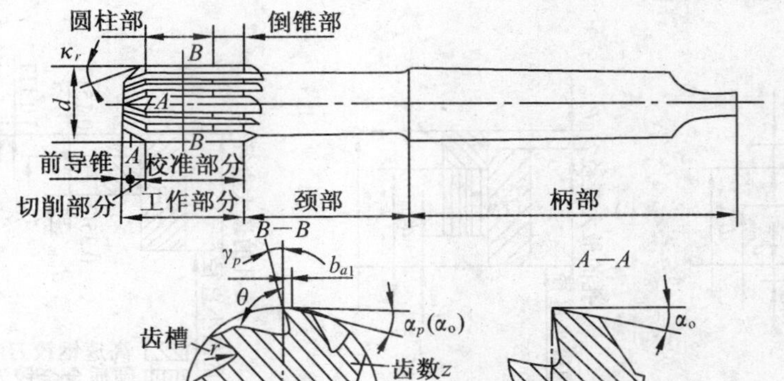

图 8-15　铰刀结构

二、铰削过程的特点

由于铰削余量较小，一般为 0.05～0.2mm，铰刀的主偏角 $\kappa_r<45°$，因此铰削时的切削厚度很薄。由于切削刃具有一定的刃口钝圆半径 r_n，在切削厚度小于刃口钝圆半径的情况下进行切削时，真正起切削作用的前角为负值，因而产生挤刮现象。经受挤刮作用的已加工表面产生弹性恢复时，又受到校准部分后角为零的刃带的挤压与摩擦，所以铰削过程是个非常复杂的切削、挤压与摩擦的过程。

三、圆柱铰刀设计要点

1. 铰刀的直径和公差

铰刀的直径和公差是指校准部分的直径和公差，对铰孔精度、铰刀制造成本和铰刀寿命有直接影响。

铰孔时，由于刀齿的径向跳动、铰刀和工件的安装误差、积屑瘤等因素影响，铰出孔的直径往往大于铰刀直径，其差值称为扩张量。而由于已加工表面的弹性变形和热变形恢复等原因，也会产生孔径收缩现象。铰孔时的扩张量和收缩量，通常通过试验测定，一般扩张量为 0.003～0.02mm，收缩量为 0.005～0.02mm。

如图 8-16(a)所示，孔的最大和最小直径分别为 d_{max} 和 d_{min}，如果已知铰孔时产生的最大扩张量 P_{max} 和最小扩张量 P_{min} 以及铰刀的制造公差 G，则铰刀直径最大极限尺寸和最小极限尺寸分别为：

$$
\begin{aligned}
d_{max} &= d_{wmax} - P_{max} \\
d_{min} &= d_{wmax} - P_{max} - G
\end{aligned}
\tag{8-3}
$$

对于铰后孔径收缩的孔，若最小收缩量为 P_{min}，则如图 8-16(b)所示，铰刀直径的最大和最小极限尺寸分别为：

$$
\begin{aligned}
d_{max} &= d_{wmax} + P_{min} \\
d_{min} &= d_{wmax} + P_{min} - G
\end{aligned}
\tag{8-4}
$$

标准铰刀的直径公差分配图如图 8-16(c)所示。

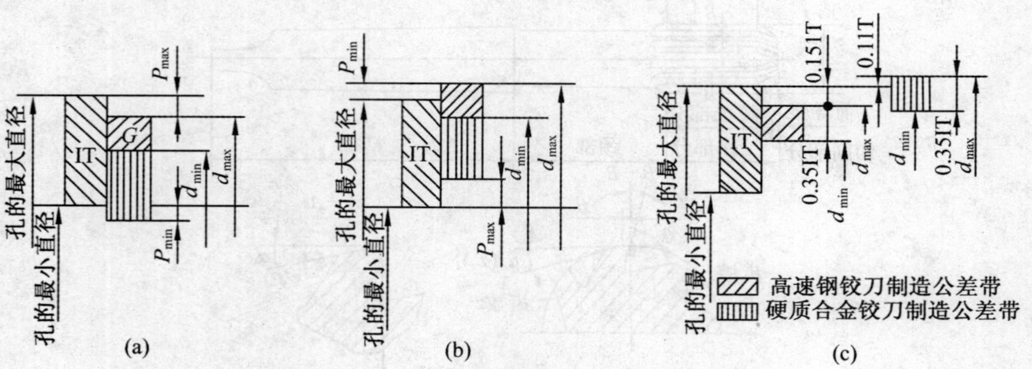

图 8-16　铰刀直径公差

(a)孔径扩张时　(b)孔径收缩时　(c)公差分配图

2. 齿　数

铰刀齿数多，工作平稳，导向性好，铰出的孔质量高。但齿数过多，会使刀齿强度下降，容屑空间减小。通常按直径确定齿数，见表 8-1。为便于测量铰刀直径，齿数一般应取偶数。

表 8-1　铰刀齿数

高速钢机用铰刀	直径 d(mm)	1～3.5	4～13	14～28	30～48	50～55
	齿数 z	4	6	8	10	12
硬质合金机用铰刀	直径 d(mm)	<6	6～18	19～34	35～40	>40
	齿数 z	3	4	6	8	10

铰刀刀齿在圆周上可采用等齿距和不等齿距分布，如图 8-17 所示。等齿距分布铰刀容易制造，得到广泛应用。但如果刀齿遇到材料中的硬质点时，铰刀可能会失去平衡而产生振动，在孔壁上压出凹痕，并逐渐加深，使孔壁表面粗糙，而采用不等齿距分布就可避免此现象。

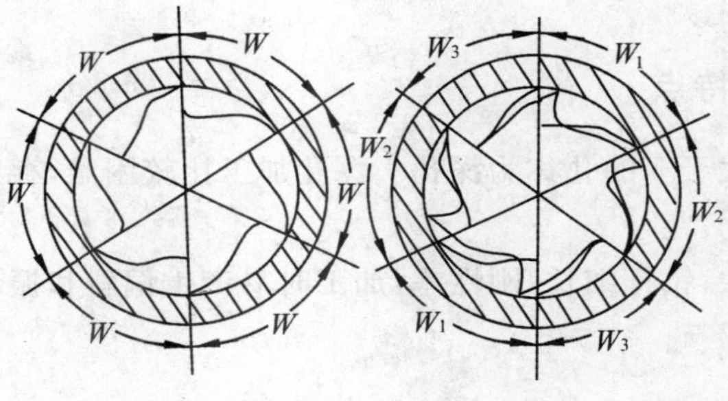

图 8-17　刀齿分布形式

(a)等齿距分布　(b)不等齿距分布

四、铰刀的几何参数

1. 主偏角 κ_r

手用铰刀一般取较小的主偏角 $\kappa_r=1°\sim1°30'$，以减轻劳动强度，减小进给力，并获得良好的导向性。对于机用铰刀，工作时的导向由机床保证，因此可选用大些的主偏角，一般加工钢料时 $\kappa_r=12°\sim15°$，加工铸铁时 $\kappa_r=3°\sim5°$。

2. 前角 γ_o 和后角 α_o

铰孔时的余量较小，切屑较薄，切屑与前刀面只在切削刃附近接触，前角的大小对切削变形的影响不显著，通常高速钢铰刀在精铰时取 $\gamma_o=0°$；加工韧性材料时，为减小变形，取 $\gamma_o=5°\sim10°$；硬质合金铰刀为防止崩刃，取 $\gamma_o=0°\sim5°$。

为防止重磨后刀面铰刀径向尺寸变化过大，后角不能取得太大，一般 $\alpha_o=6°\sim10°$。在铰刀校准部分磨出 0.05～0.3mm 的刃带，起挤压和导向作用，以提高工件已加工表面质量，同时也有利于制造和检验。而切削部分则应当磨的锋利，不留刃带。

3. 刃倾角 λ_s

一般铰刀没有刃倾角，如果在直槽铰刀的切削部分的切削刃上磨出与铰刀轴线成

+15°～+20°的轴向刃倾角(如图 8-18 所示),可使铰刀工作更平稳,还可使切屑排向工件的待加工表面,提高已加工表面质量。

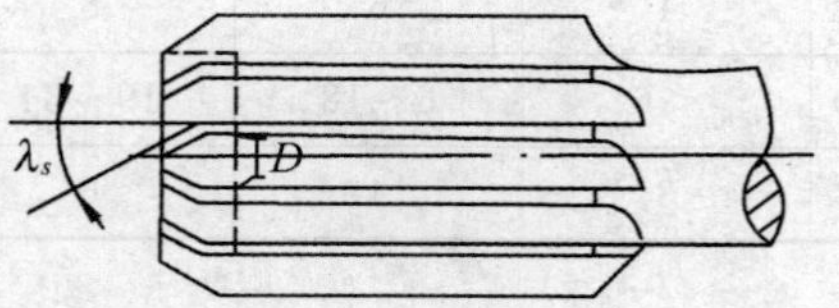

图 8-18　铰刀的刃倾角

§8-3　深孔加工

一、深孔加工的特点

孔深与孔径之比大于 5 的孔称为深孔。深孔加工比较困难,存在以下几个特殊问题:

1. 导向问题

由于孔的深度较大,钻杆细长,刚性差,加工时易产生偏斜和振动,因此孔的精度及表面粗糙度不易保证。

2. 冷却、排屑问题

深孔加工时由于切屑多而且排屑通道长,切屑易堵塞而导致钻头损坏。再者,钻头长时间被工件和切屑包围,热量不易传散,切削液不易进入到切削区域,所以钻头磨损严重。

二、外排屑深孔钻

单刃外排屑深孔钻最初用于枪管的加工,故称枪管。

枪钻由切削部分和钻杆两部分组成。切削部分用高速钢或硬质合金,工作部分用无缝钢管压制而成。

枪钻的工作原理如图 8-19 所示。工作时工件旋转,钻头进给,切削液以高压(3.4～9.8MPa)从钻杆尾端注入,冷却切削区后沿钻杆 V 形槽将切屑冲刷出来,向外排屑。

这种深孔钻结构简单,可加工直径为 2～20mm,长径比大于 100 的小直径深孔,孔的直线性较好。

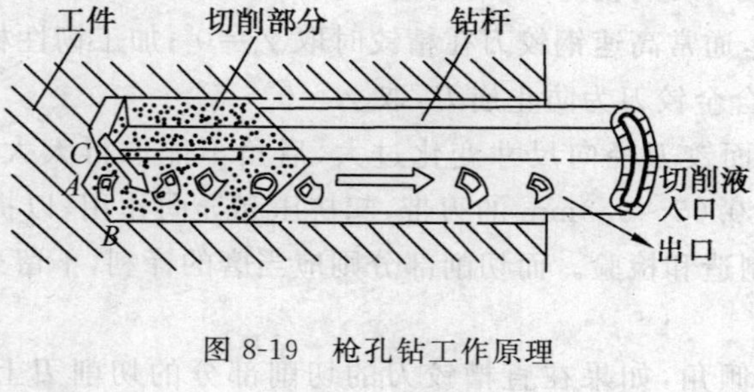

图 8-19　枪孔钻工作原理

三、喷吸钻

内排屑喷吸钻是 20 世纪 60 年代出现的一种新型深孔钻，适用于加工中等直径的深孔，加工效率较高，孔的质量也较好。

喷吸钻由钻头、内钻杆和外钻杆组成，钻头和外钻杆通过多头矩形螺纹连接成一体。切削部分由三块硬质合金刀片分段交错焊在钻头前端，形成两条切削刃，在钻削时可布满整个孔径，并起到分屑作用。

工作时，切削液从进液口流入连接套，其中 2/3 经内管与外管之间流入切削区，由于环状管道截面逐渐减小，使切削液流速加快，最后经钻头 10 上 6 个小孔喷人切削区，进行冷却；另外 1/3 的切削液从内管四周月牙形喷嘴喷入内管，由于月牙槽缝隙很窄，切削液喷出时产生的喷射效应使内管里形成负压区，将切削区的切削液和切屑一起吸入内钻管并迅速向后排出，如图 8-20 所示。

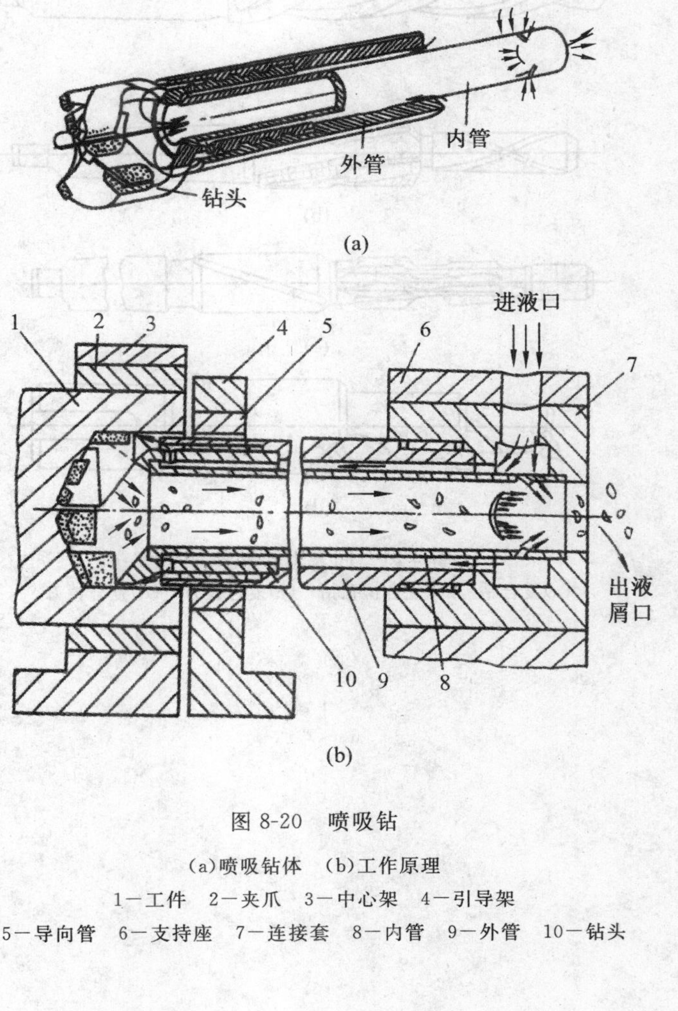

图 8-20　喷吸钻

(a)喷吸钻体　(b)工作原理

1—工件　2—夹爪　3—中心架　4—引导架

5—导向管　6—支持座　7—连接套　8—内管　9—外管　10—钻头

§8-4　孔加工复合刀具简介

孔加工复合刀具是由两把或两把以上单个孔加工刀具组合起来使用的刀具。

一、孔加工复合刀具的分类

1. 按零件工艺类型分类

(1)同类工艺复合刀具。如复合钻、复合扩孔钻、复合铰刀和复合镗刀等,如图 8-21 所示。

(2)不同类工艺复合刀具。如钻—扩复合刀具、扩—铰复合刀具、钻—铰复合刀具、钻—扩—铰复合刀具、钻—铰—铰复合刀具等,如图 8-22 所示。

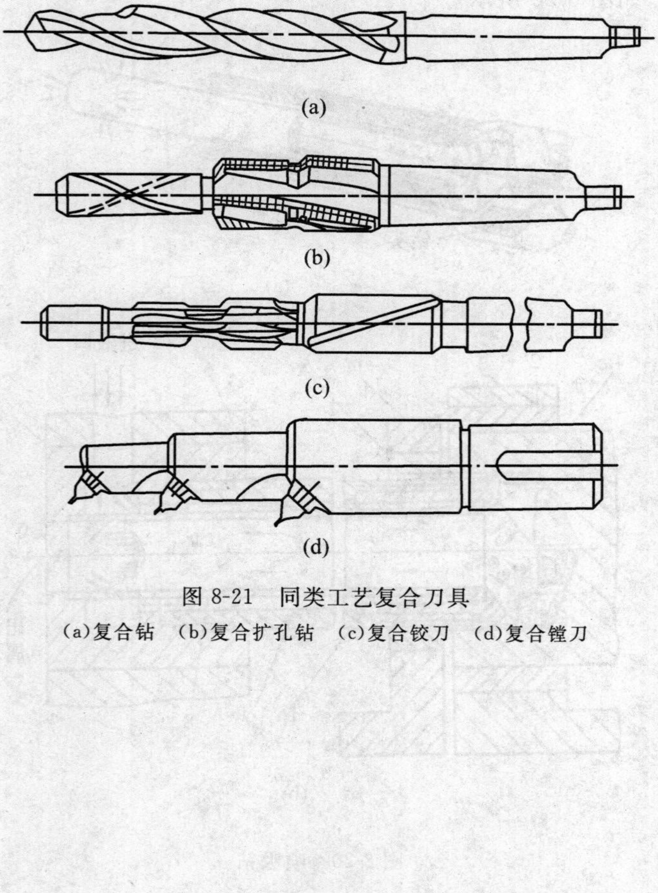

图 8-21　同类工艺复合刀具

(a)复合钻　(b)复合扩孔钻　(c)复合铰刀　(d)复合镗刀

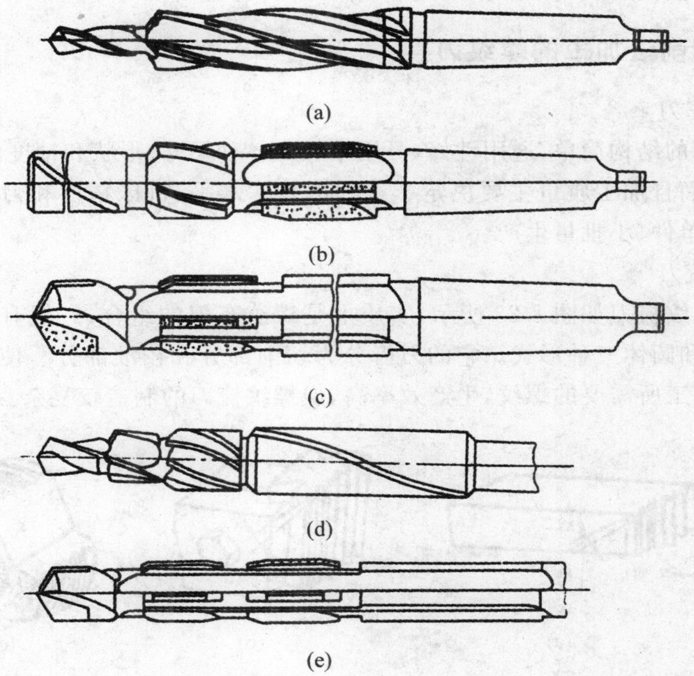

图 8-22　不同类工艺复合刀具

(a)钻—扩　(b)扩—铰　(c)钻—铰　(d)钻—扩—铰　(e)钻—铰—铰

2. 按复合刀具的结构分类

按结构可分为整体式、焊接式和装配式等。

二、孔加工复合刀具的特点

1. 生产率高

孔加工复合刀具可同时加工几个表面，使基本时间重合，还能减小更换刀具所花费的时间，大大提高了生产效率。

2. 加工精度高

用复合刀具加工时，可保证工件加工表面之间具有较高的位置精度，还能减小工件、刀具的安装及定位误差，有利于提高工件的加工精度和减小表面粗糙度。

3. 加工成本低

用复合刀具加工可使工序集中，减少机床或工位数量。

由于复合刀具是专用的，需专门设计制造，而且制造复杂，重磨和尺寸调整较困难，与其他单个刀具比较，价格较贵，因此只有在成批大量生产的情况下才经济合理。

§8-5　螺纹刀具

螺纹的种类很多，应用广泛，加工螺纹的方法和刀具也很多。按加工方法不同，螺纹刀具可分为切削法螺纹刀具和滚压法螺纹刀具两大类。

一、按切削法加工的螺纹刀具

1. 螺纹车刀

螺纹车刀的结构简单，通用性好，可用来加工各种尺寸、形状和精度的内、外螺纹。但生产率较低，而且加工质量主要决定于工人的技术水平、机床精度和刀具本身的制造精度，仅适用于单件、小批量生产。

2. 螺纹梳刀

典型的螺纹梳刀如图 8-23 所示，实质上是螺纹车刀的组合，一般有 6～8 个刀齿，它有平体、棱体和圆体三种形式。它的刀齿分为切削部分和校准部分。使用螺纹梳刀可在一次走刀中加工所需要的螺纹，生产效率高，但螺纹梳刀的制造较复杂。

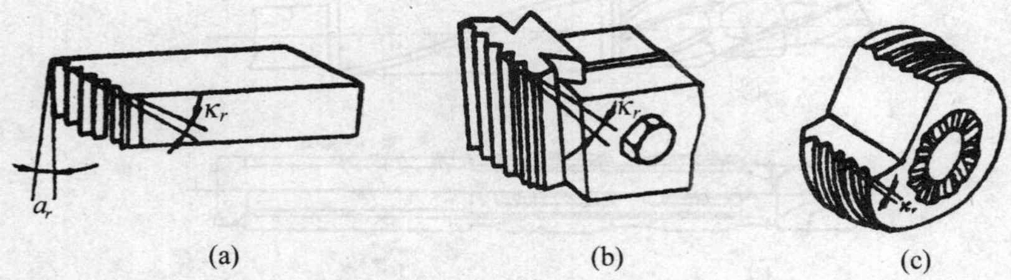

图 8-23　螺纹梳刀

(a)平体螺纹梳刀　(b)棱体螺纹梳刀　(c)圆体螺纹梳刀

3. 螺纹铣刀

螺纹铣刀有盘形和梳形两种，如图 8-24 所示。盘形螺纹铣刀用于加工大螺距的梯形或矩形传动螺纹；梳形螺纹铣刀用于加工普通螺纹。螺纹铣刀的生产效率较高，但加工质量较低，一般用于螺纹的粗加工。

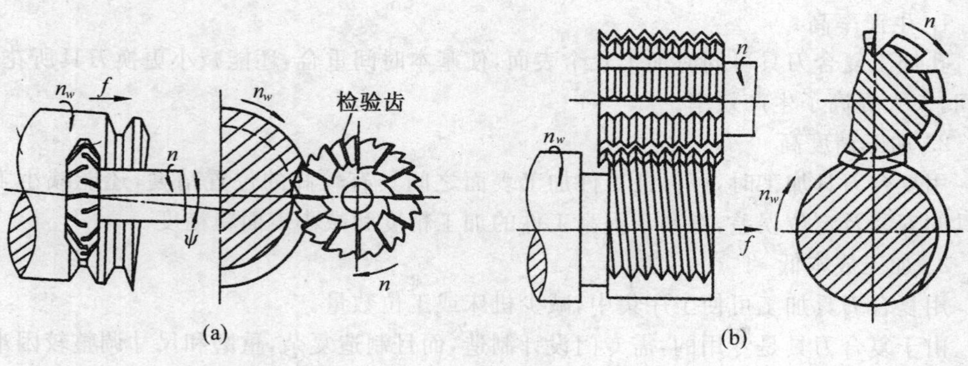

图 8-24　螺纹铣刀

(a)盘形　(b)梳形

4. 丝　锥

丝锥是加工内螺纹并能直接获得尺寸的标准螺纹刀具，应用极为广泛。它的外形很像螺栓，沿纵向开出沟槽形成切削刃和容屑槽，在端部磨出切削锥部，可使切削负荷分配在几个刀齿上，同时攻螺纹时丝锥容易切入，如图 8-25 所示。

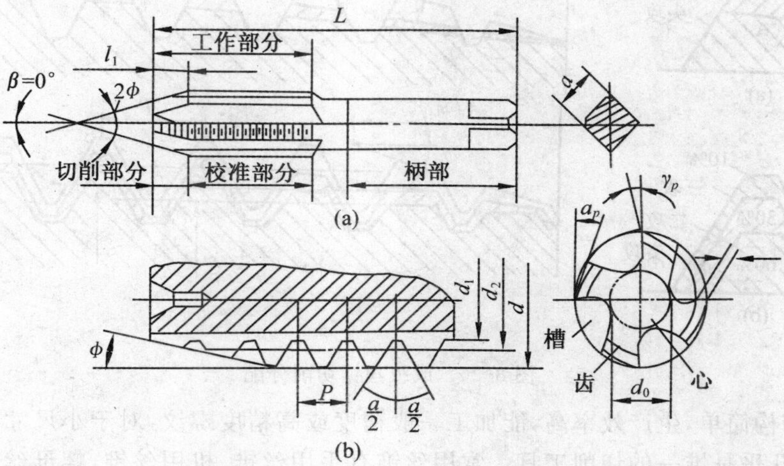

图 8-25　丝锥的结构

如图 8-26，攻螺纹时，为了减小切削力和延长丝锥寿命，一般将整个切削分配给几支丝锥来承担，成为成组丝锥。通常 M6～M24 丝锥每组两支；M6 以下及 M24 以上的丝锥每组三支；细牙螺纹丝锥为两支一组。成组丝锥切削用量的分配形式有两种。下面以三支丝锥为例：

1)锥形分配(等径丝锥)

头锥、二锥和精锥的大中小径相同，只是切削部分的切削锥角及长度不等，如下表。当攻制通孔螺纹时，头攻即可切削加工完毕。

	名称	切削锥角	长度
等径丝锥	头锥	4°30′	8 牙
	二锥	8°30′	4 牙
	精锥	17°	2 牙

一般 M12 以下丝锥采用锥形分配。

2)柱形分配(不等径丝锥)

头锥、二锥的大、中小径都比精锥小；头锥、二锥的中径一样，大径不同，头锥大径小，二锥大径大。一般 M12 以上丝锥多采用柱形分配。

丝锥每组三支切削用量分配 6∶3∶1，两支一组，切削用量分配 7.5∶2.5。

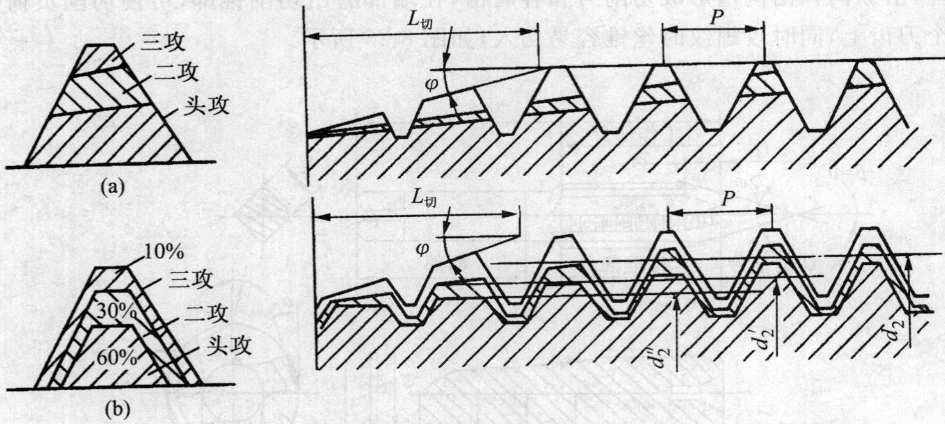

图 8-26　成组丝锯切削分配

丝锥结构简单,生产效率高,能加工一般精度或高精度螺纹,对于小尺寸的三角形内螺纹,丝锥几乎是惟一的切削工具。常用丝锥有手用丝锥、机用丝锥、螺母丝锥和拉削丝锥等。

5. 板　牙

板牙是加工与修正外螺纹的标准刀具。它的外形很像螺母,为了容纳切屑及形成刀刃,沿轴向钻有 3～8 个容屑孔,两端磨有切削锥,齿顶经铲磨形成后角,如图 8-27 所示。板牙的螺纹廓形为内螺纹表面,故较难磨削。校准部分的后角不但为零,而且无法消除热处理产生的变形等缺陷,因此,加工螺纹的质量较差。板牙的结构简单,制造使用方便,在单件小批量生产中得到广泛的应用。

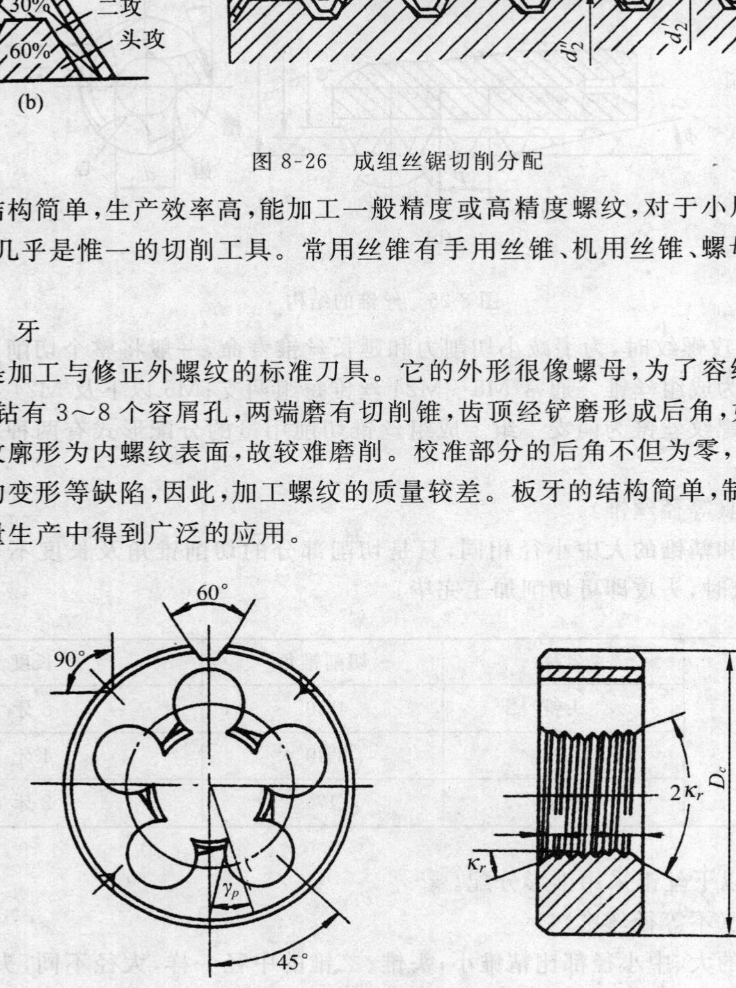

图 8-27　圆板牙结构

6. 螺纹切头

螺纹切头是一种高生产率的刀具。常用的有圆梳刀外螺纹切头和径向平梳刀内螺纹切头,如图 8-28 所示。使用时可以手动或自动使螺纹切头径向开合,可在高速切削螺纹时实现快速退刀,因此生产效率很高。梳刀可多次重磨,使用寿命长,一般用于大量生产的情况，但结构复杂，制造成本较高。

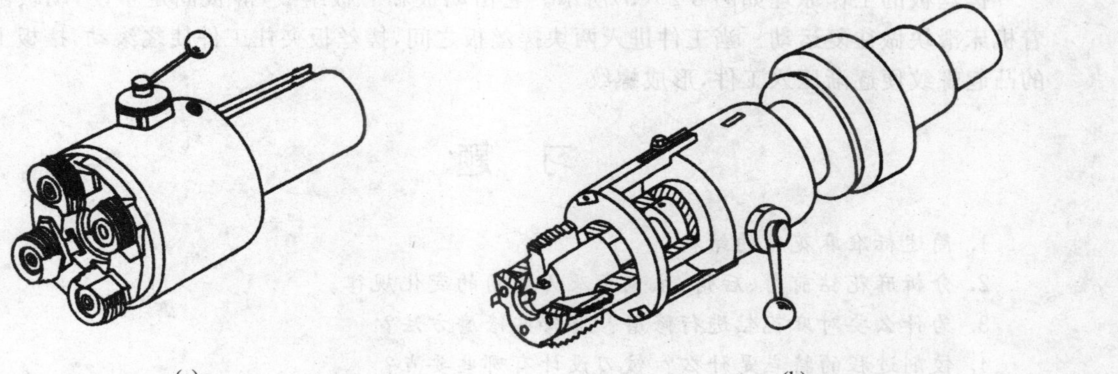

(a)　　(b)

图 8-28　螺纹切头

(a)圆梳刀外螺纹切头　(b)径向平梳刀内螺纹切头

二、按滚压法加工的螺纹刀具

滚压螺纹属于无屑加工，适合于滚压塑性材料。由于效率高、精度好，螺纹强度高，工具寿命长，因此这种工艺已广泛用于制造螺纹标准件。

常用的滚压工具是滚丝轮与搓丝板。

1. 滚丝轮

滚丝轮的工作原理如图 8-29(a)所示。两个滚丝轮组成一对，分别装在滚丝机的两根平行轴上，两轮同向等速旋转，滚丝时动轮逐渐向静轮靠拢，工件表面就被挤压形成螺纹。两轮中心距到达预定尺寸后，停止进给，继续滚转几圈以修正螺纹廓形，然后退出，取下工件。

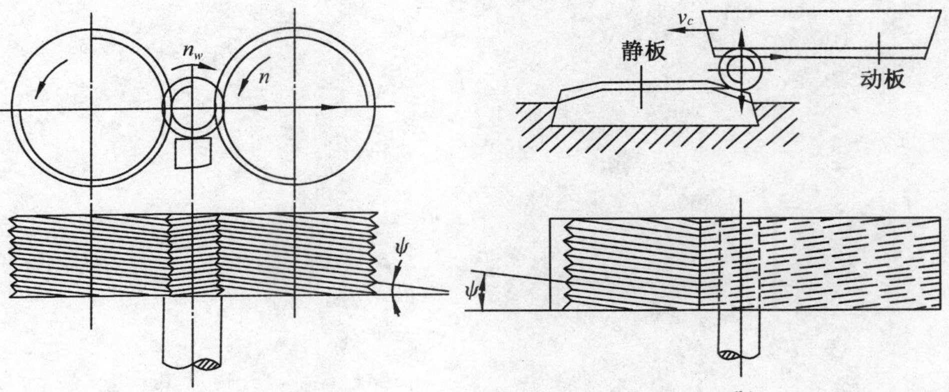

(a)　　(b)

图 8-29　滚压螺纹工具

(a)滚丝轮　(b)搓丝板

2. 搓丝板

搓丝板的工作原理如图 8-29(b)所示。它由动板和静板组成，静板固定不动，动板随着机床滑块做往复运动。当工件进入两块搓丝板之间，搓丝板夹住工件使之滚动，搓板上的凸起螺纹便逐渐压入工件，形成螺纹。

习　题

1. 简述标准麻花钻的结构。
2. 分析麻花钻前角、后角、主偏角及刃倾角的变化规律。
3. 为什么要对麻花钻进行修磨？有哪些修磨方法？
4. 铰削过程的特点是什么？铰刀设计有哪些要点？
5. 深孔钻有哪几种类型？叙述其工作原理。
6. 试述螺纹刀具的种类及其用途。

第九章　铣削与铣刀

知识点：1. 铣刀类型、结构和应用范围。

2. 铣削方式。

技能点：1. 常用铣刀的合理选用。

2. 铣削方式的选用。

铣削是一种应用广泛的切削加工方法，常用来加工平面、沟槽、台阶面、成形表面及切断等。铣刀是多齿刀具，结构较复杂；铣削是断续切削，切削层参数在铣削过程中不断变化，因此铣削具有特殊规律。

铣刀的种类很多，除成形铣刀外，大多数铣刀已经标准化。本章以圆柱形铣刀和面铣刀为例，介绍铣刀的几何参数和铣削过程的特点，以及铣刀的类型和结构特点。

§9-1　铣刀的类型

一、按用途和结构特点分类

1. 加工平面的铣刀

(1)圆柱形铣刀。圆柱形铣刀如图 9-1(a)所示，用于卧式铣床上加工平面。通常采用螺旋形刀齿，以提高切削平稳性，它仅在圆柱表面上有切削刃，两端面没有副切削刃。

(2)面铣刀。面铣刀如图 9-1(b)所示，用于立式铣床上加工平面。面铣刀的每个刀齿与车刀相似，刀齿采用硬质合金制成，生产效率较高。

2. 加工沟槽用的铣刀[见图 9-1(c)～(k)]

如槽铣刀、两面刃铣刀、三面刃铣刀、错齿三面刃铣刀、立铣刀、角度铣刀、T 形槽铣刀等。

3. 加工成形面铣刀[见图 9-1(l)]

成形铣刀用于加工成形表面，刀齿廓形要根据被加工零件表面廓形设计。

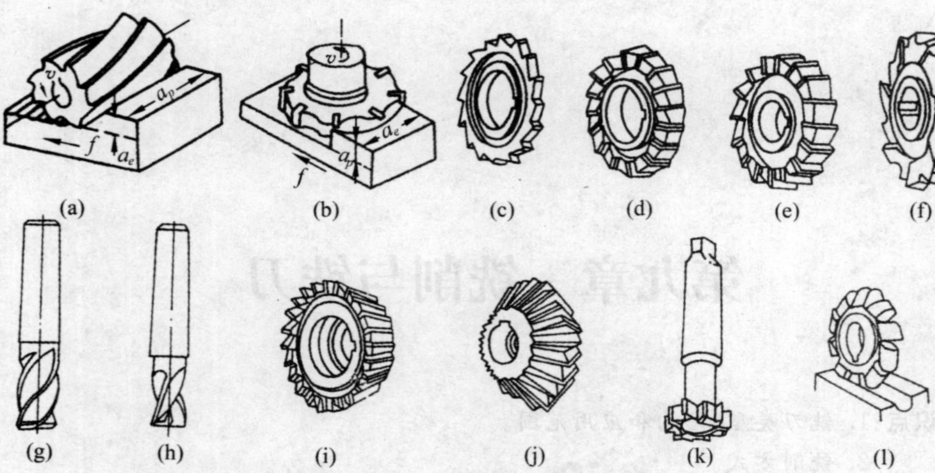

图 9-1　铣刀的类型

(a)圆柱铣刀　(b)面铣刀　(c)槽铣刀　(d)两面刃铣刀　(e)三面刃铣刀　(f)错齿三面刃铣刀　(g)立铣刀　(h)键槽铣刀　(i)单角度铣刀　(j)双角度铣刀　(k)T 形槽铣刀　(l)成形铣刀

二、按铣刀齿背形状分类

1. 尖齿铣刀

尖齿铣刀的齿背多为直线形，用角度铣刀铣削而成，图 9-1(a)～(k)所示均为尖齿铣刀。这种铣刀磨钝后沿后刀面重磨。此类铣刀制造、刃磨方便，刀刃较锋利。

2. 铲齿铣刀

铲齿铣刀的齿背是一条特殊曲线(一般为阿基米德螺线)，其齿背用铲齿方法加工，刀齿磨损后沿前刀面重磨，重磨后的铣刀刃形保持不变，多用于切削刃形状复杂的成形铣刀，如图 9-1(l)所示。

除此之外，铣刀还可以按刀齿数目分为粗齿铣刀和细齿铣刀。在直径相同的情况下，粗齿铣刀的刀齿数较少，刀齿的强度和容屑空间大，适用于粗加工；反之，细齿铣刀则适用于半精加工和精加工。

§9-2　铣刀的几何参数及铣削要素

一、铣刀的几何参数

铣刀的每一个刀齿相当一把普通车刀，所以车刀的几何角度定义也适用于铣刀。

1. 圆柱形铣刀的几何角度(见图 9-2)

(1)螺旋角 ω。螺旋角 ω 是螺旋形刀刃展开成直线后与铣刀轴线之间的夹角。螺旋角实质上就是圆柱形铣刀的刃倾角 λ_s。它能增加刀具的实际工作前角，使刀具变得锋利，切削轻快。同时刀齿逐渐切入和切离工件，提高了铣削的平稳性。一般细齿圆柱形铣刀

$\omega=30^\circ\sim35^\circ$，粗齿圆柱形铣刀 $\omega=40^\circ\sim45^\circ$。

(2)前角 γ_n。对于螺旋圆柱铣刀，为了便于制造和测量，规定法前角 γ_n 为其标注角度。γ_n 和 γ_o 的换算关系为：

$$\tan\gamma_n=\tan\gamma_0\cdot\cos\omega \tag{9-1}$$

铣刀前角 γ_n 可根据工件材料选择，铣削钢时，取 $\gamma_n=10^\circ\sim20^\circ$；铣削铸铁时，取 $\gamma_n=5^\circ\sim15^\circ$。

(3)后角 α_o。圆柱形铣刀的后角规定在 p_o 平面内度量。铣削时后刀面磨损较严重，为了减少刀具磨损，应选择较大的后角。通常取 $\alpha_o=12^\circ\sim16^\circ$，粗铣时取小值，精铣时取大值。

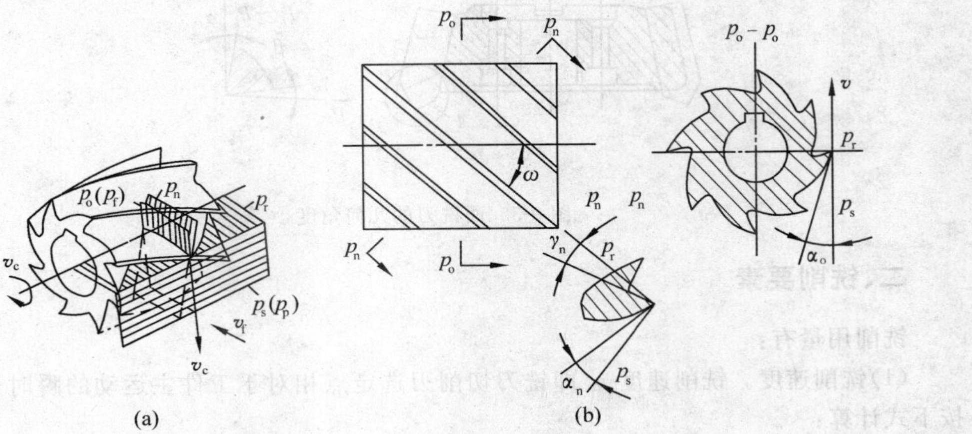

图 9-2 圆柱形铣刀的几何角度

(a)圆柱形铣刀静止参考系 (b)圆柱形铣刀几何角度

2. 面铣刀的几何角度(见图 9-3)

面铣刀的每一个刀齿相当于一把车刀，其几何角度规定在正交平面参考系内表示。刀具几何角度有 $\gamma_o,\alpha_o,\kappa_r,\lambda_s,\alpha'_o$。

用硬质合金面铣刀铣削时，由于铣削速度较高，而且刀齿经受的机械冲击力较大，在选择刀具几何角度时，应保证刀齿具有足够的强度。一般加工钢时，取 $\gamma_o=5^\circ\sim-10^\circ$，加工铸铁时，取 $\gamma_o=5^\circ\sim-5^\circ$；其他角度为：$\lambda_s=-15^\circ\sim-7^\circ$，$\kappa_r=45^\circ\sim75^\circ$，$\kappa'_r=5^\circ\sim15^\circ$，$\alpha_o=6^\circ\sim12^\circ$，$\alpha'_o=8^\circ\sim10^\circ$。

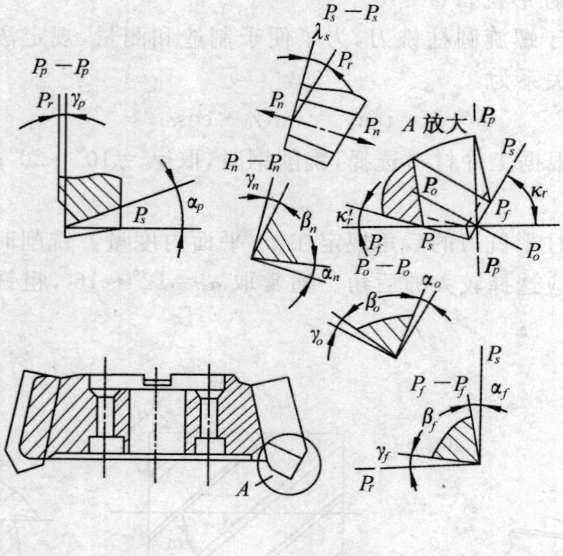

图 9-3　面铣刀的几何角度

二、铣削要素

铣削用量有：

(1)铣削速度。铣削速度 v_c 即铣刀切削刃选定点相对于工件主运动的瞬时速度，可按下式计算：

$$v_c = \pi dn/1000 \tag{9-2}$$

式中：v_c——瞬时速度，单位为 m/min 或 m/s；

d——铣刀直径，单位为 mm；

n——铣刀转速，单位为 r/min。

(2)进给运动参数。铣削时进给量有三种表示方法：

①每齿进给量 f_z 指铣刀每转过一个刀齿时，铣刀相对于工件在进给运动方向上的位移量，单位为 mm/z。

②进给量 f 指铣刀每转过一转时，铣刀相对于工件在进给运动方向上的位移量，单位为 mm/r。

③进给速度 v_f 指铣刀切削刃选定点相对工件的进给运动的瞬时速度，单位为 mm/min。

三者之间的关系为：

$$v_f = fn = f_z zn \tag{9-3}$$

(3)背吃刀量 a_p 如图 9-4(a)，(b)所示，指平行于铣刀轴线的切削层尺寸。

(4)侧吃刀量 a_e 如图 9-4(a)，(b)所示，指垂直于铣刀轴线的切削层尺寸。

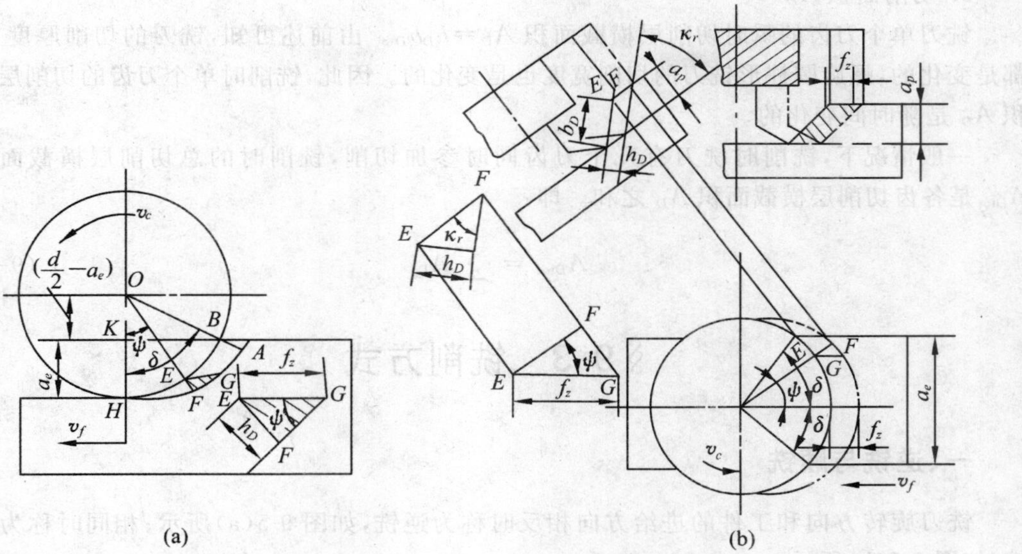

图 9-4 铣刀切削层参数

(a)圆柱形铣刀 (b)面铣刀

三、切削层参数

铣削时的切削层为铣刀相邻两个刀齿在工件上形成的过渡表面之间的金属层。

1. 切削厚度 h_D

指相邻两个刀齿所形成的过渡表面间的垂直距离。图 9-4(a)所示为圆柱形铣刀的切削厚度。当切削刃转到 F 点时,其切削厚度为:

$$h_D = f_z \sin\psi \tag{9-4}$$

式中:ψ——瞬时接触角,它是刀齿所在位置与起始切入位置的夹角。

由式(9-4)可知,切削厚度随刀齿所在位置不同而变化。刀齿在起始位置 H 点时,$\psi=0$,因此 $h_D=0$。刀齿转到即将离开工件的 A 点时,$\psi=\delta$,切削厚度 $h_D = f_z \sin\delta$ 为最大。

图 9-4(b)所示为面铣时的切削厚度 h_D,刀齿在 F 点时的切削厚度为:

$$h_D = \overline{EF}\sin\kappa_r = f_z\cos\psi\sin\kappa_r \tag{9-5}$$

面铣时,设刀齿由中心位置开始绕铣刀轴线逆时针方向铣削,瞬时接触角 ψ 由 0 增加到 δ,由公式(9-5)可知,当 $\psi=0$ 时,切削厚度最大;当 $\psi=\delta$ 时,切削厚度最小。

2. 切削宽度 b_D

指切削刃参加工作长度。

(1)圆柱形铣刀。直齿圆柱形铣刀 $b_D=a_p$;螺旋圆柱形铣刀的 b_D 随刀齿工作位置的不同而变化,切削厚度由小逐渐增大,然后又逐渐减小,因此铣削过程比较平稳。

(2)面铣刀。如图 9-4(b)所示,面铣时每个刀齿的切削宽度保持不变,其值为:

$$b_D = a_p/\sin\kappa_r \tag{9-6}$$

3. 切削面积 A_D

铣刀单个刀齿的瞬时切削层横截面积 $A_D=h_Db_D$。由前述可知，铣刀的切削厚度 h_D 都是变化的，螺旋圆柱形铣刀的切削宽度也是变化的。因此，铣削时单个刀齿的切削层面积 A_D 是随时间变化的。

一般情况下，铣削时铣刀有几个刀齿同时参加切削，铣削时的总切削层横截面积 A_{Dtot} 是各齿切削层横截面积 A_D 之和。即：

$$A_{Dtot}=\sum_{i=1}^{z_e}A_{Di} \tag{9-7}$$

§9-3　铣削方式

一、逆铣与顺铣

铣刀旋转方向和工件的进给方向相反时称为逆铣，如图 9-5(a)所示；相同时称为顺铣，如图 9-5(b)所示。

逆铣时，切削厚度由零逐渐增大，由于刃口钝圆半径的影响，开始切削时前角为负值，刀齿在工件表面上挤压、滑行，造成工件表面加工硬化严重，并加剧了刀齿的磨损。而顺铣时，切削厚度由最大开始，刀具磨损小，刀具寿命长。

顺铣时，铣削力在进给方向的分力 F_f 与工件的进给方向相同，如图 9-5(b)所示。由于工作台丝杠螺母存在间隙，当进给力 F_f 逐渐增大时，铣削力会拉动工作台而产生窜动，造成进给不均匀，严重时会使铣刀崩刃。逆铣时，由于进给力 F_f 作用，使丝杠与螺母传动面始终贴紧，故铣削过程较平稳。

逆铣时，垂直切削力 F_{fn} 向上，与工件的夹紧力和工件重力相反，有把工件从工作台上抬起的趋势，加剧了振动，影响工件的夹紧和表面粗糙度。

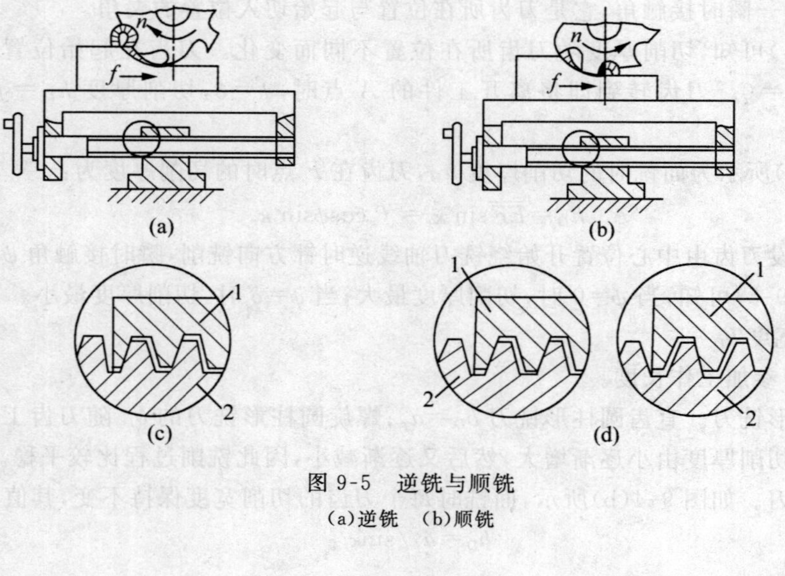

图 9-5　逆铣与顺铣

(a)逆铣　(b)顺铣

二、对称铣削与非对称铣削

1. 对称铣削

如图 9-6(a)所示，铣削时的铣刀轴线处于加工表面中间，这种铣削方式称为对称铣削。对称铣削时平均切削厚度较大，一般用于工件加工面较宽和淬硬钢。

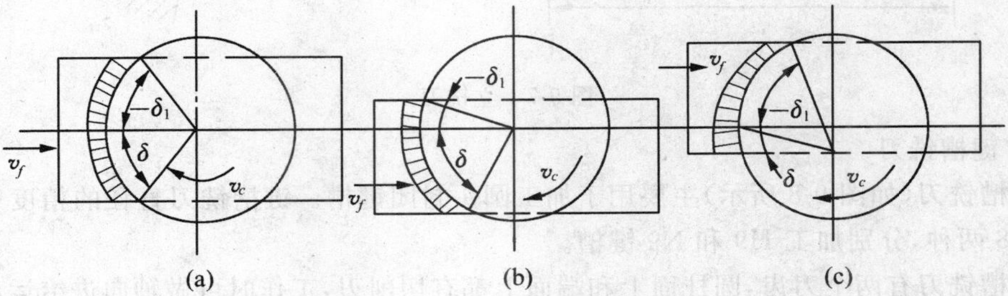

图 9-6 对称铣削和非对称铣削

(a)对称铣削 (b)非对称逆铣 (c)非对称顺铣

2. 非对称铣削

铣削时铣刀轴线偏在加工表面一边的铣削方式称为非对称铣削。根据铣刀轴线偏的位置不同，又可分为非对称逆铣[如图 9-6(b)所示]和非对称顺铣[如图 9-6(c)所示]。

§9-4 铣刀的结构

一、尖齿铣刀的结构特点与应用

1. 圆柱铣刀

圆柱铣刀用于加工平面，可分为粗齿和细齿两种。粗齿圆柱铣刀齿数少、刀齿强度高、容屑空间大，适用于粗加工。细齿圆柱铣刀齿数较多、工作平稳，适用于精加工。

标准圆柱铣刀的直径有 50，63，80，100mm 四种规格，几何角度为 $\gamma_n=15°$，$\alpha_o=12°$，$\omega=30°\sim45°$。

2. 立铣刀

立铣刀(如图 9-7 所示)主要用于加工凹槽、台阶面以及利用靠模加工成形表面等。标准立铣刀按柄部结构有直柄、莫氏锥柄、7：24 锥柄等类型。

立铣刀圆柱面上的切削刃是主切削刃，端面上的切削刃是副切削刃。铣削加工时不宜做轴向进给运动。

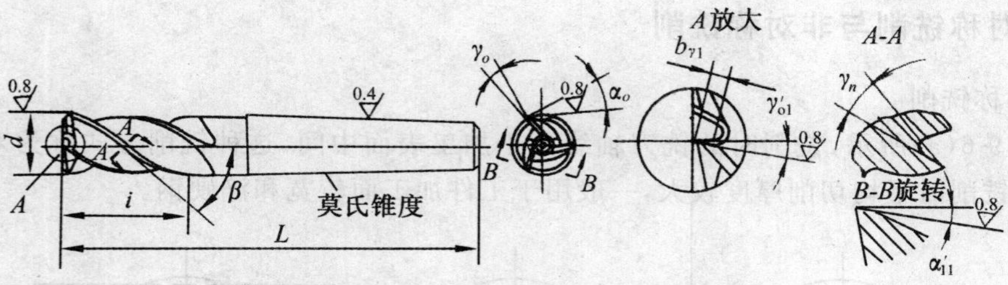

图 9-7　立铣刀

3. 键槽铣刀

键槽铣刀(如图 9-8 所示)主要用于加工圆头封闭键槽。键槽铣刀直径的精度等级有 e8 和 d8 两种,分别加工 H9 和 N9 键槽。

键槽铣刀有两个刀齿,圆柱面上和端面上都有切削刃,工作时可做轴向进给运动。铣削时,圆周切削刃仅在靠近端面的一小段长度内发生磨损,重磨时只需刃磨端面切削刃,保证重磨后铣刀直径不变。

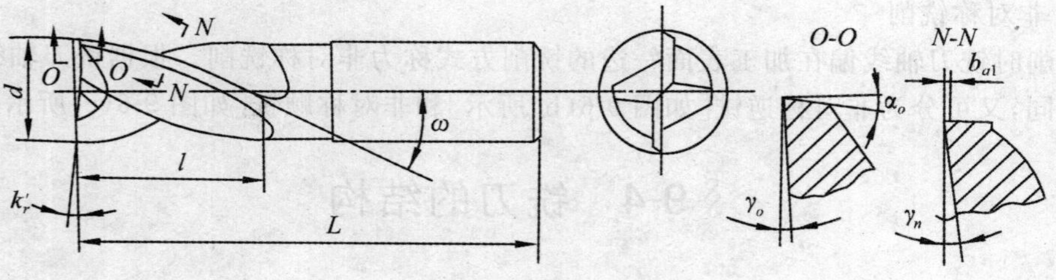

图 9-8　键槽铣刀

4. 三面刃铣刀

三面刃铣刀可用于加工凹槽和阶台面。三面刃铣刀除圆周有主切削刃外,两侧面也有副切削刃,从而改善了切削条件,提高了切削效率,减小了表面粗糙度。

三面刃铣刀可分为直齿三面刃铣刀(如图 9-9 所示)、错齿三面刃铣刀(如图 9-10 所示)和镶齿三面刃铣刀(如图 9-11 所示)。

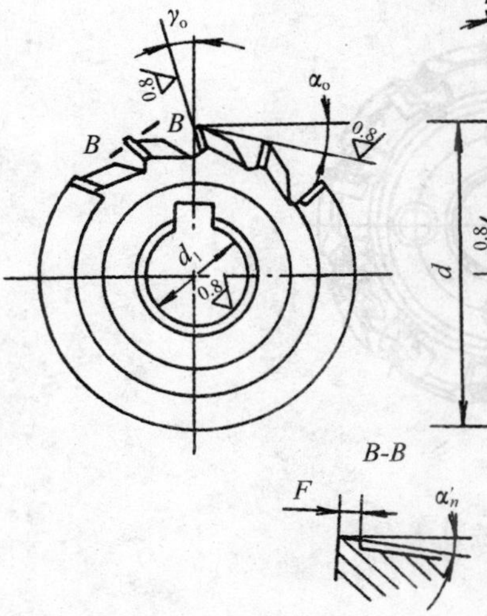

图 9-9　直齿三面刃铣刀

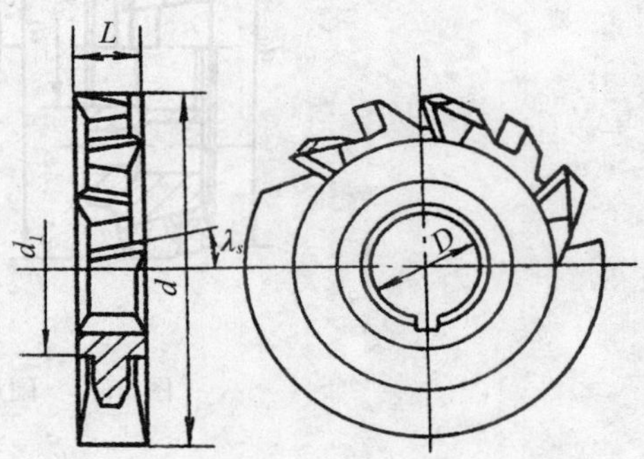

图 9-10　错齿三面刃铣刀

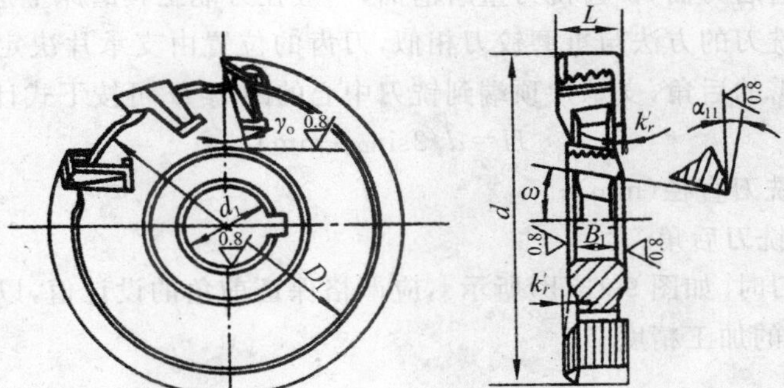

图 9-11　镶齿三面刃铣刀

二、硬质合金面铣刀

硬质合金面铣刀适用于高速铣削平面，由于它的刚性好、效率高、加工质量好，得到广泛应用。硬质合金面铣刀可分为整体焊接式、机夹—焊接式和可转位式。其中，目前广泛使用的是硬质合金可转位面铣刀（如图 9-12 所示）。

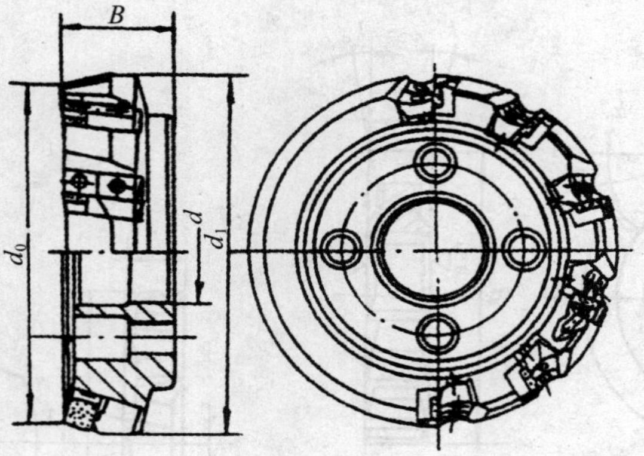

图 9-12　硬质合金可转位面铣刀

§9-5　铣刀的重磨

尖齿铣刀重磨后刀面，铲齿铣刀重磨前面，一般在万能工具磨床上进行。

重磨圆柱形铣刀的方法与重磨铰刀相似，刀齿的位置由支承片决定，如图 9-13(a)所示。为了获得所需的后角，支承片顶端到铣刀中心的距离 H 可按下式计算：

$$H = d/2\sin\alpha_o\ (\text{mm}) \tag{9-8}$$

式中：d——铣刀直径(mm)；

α_o——铣刀后角。

重磨铲齿铣刀时[如图 9-13(b)所示]，应严格保证前角的设计值，以防铲齿铣刀刃形的畸变，影响工件的加工精度。

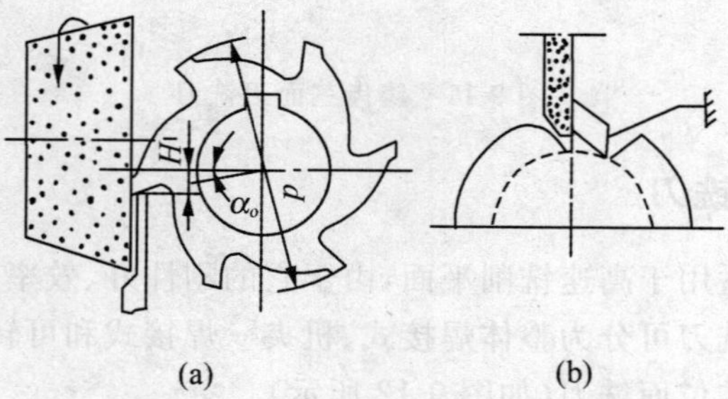

图 9-13　铣刀的重磨

习　题

1. 按铣刀用途及结构特点叙述铣刀的类型及其适用范围。
2. 尖齿铣刀和铲齿铣刀有何不同？

3. 用图表示圆柱形铣刀和面铣刀的几何角度。

4. 试述铣削过程特点。

5. 试分析圆柱铣削时逆铣和顺铣的特点。

第十章　拉　　刀

知识点：1. 拉刀类型、结构和应用范围。
　　　　　2. 拉削方式。

技能点：1. 拉刀的合理使用。
　　　　　2. 拉削方式的选用。

拉刀是一种多齿高生产率的精加工刀具。拉削时，利用拉刀上相邻刀齿尺寸的变化来切除加工余量，如图 10-1 所示。拉削时，一般拉刀做直线运动，有些拉刀做旋转运动。

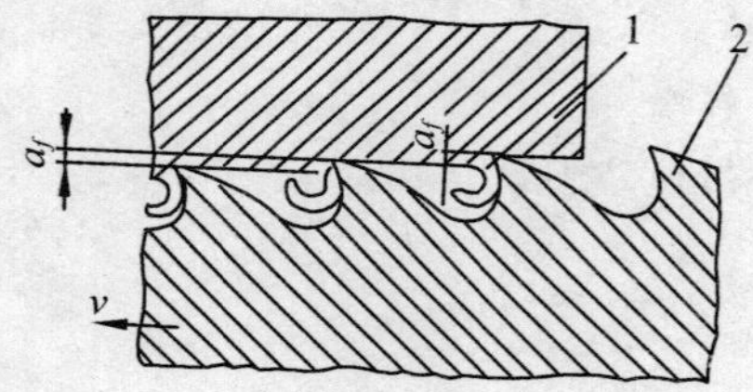

图 10-1　拉削过程

§10-1　拉削特点和拉刀种类及用途

一、拉削加工的特点

（1）生产率高。拉刀是多齿刀具，同时参与工作的刀齿多（图 10-1 所示为三个），切削刃总长度大，一次行程能够完成粗—半精—精加工，因此生产率很高。尤其是加工形状特殊的内、外表面工件时，效果尤为显著。

（2）加工精度高，表面粗糙度小。由于拉削速度较低，拉削平稳，且切削厚度很薄（一般精切齿的切削厚度为 0.005～0.015mm），因此可加工出精度为 IT7，表面粗糙度 Ra 不大于 0.8 的工件，若拉刀尾部装有浮动挤压环，则可达 Ra0.4～0.2。

（3）刀具寿命长。由于拉削速度低。切削温度不高，且每个刀齿在一个工作行程中只切削一次，拉刀磨损小，寿命较高。

(4)拉削加工范围广。拉刀可以加工出各种形状的通孔及没有障碍的外表面,如图10-2 所示。有些其他切削加工方法难于完成的加工表面,可以采用拉削加工完成。

(5)拉床结构简单。拉削加工一般只有主运动,进给运动是靠刀齿齿升量实现的。因此,拉床结构简单,操作也方便。

(6)切削条件差。拉削属于封闭式切削,排屑困难。因此,容屑、冷却和润滑都受到很大限制。

由于拉刀的结构比一般刀具复杂,制造成本高,因此一般多用于大量或成批生产,在现代化的机械加工自动线上,拉削工艺也得到了应用。但对于某些精度要求较高且形状特殊的内、外成形表面,用其他方法加工较困难时,虽是单件、小批生产,也有采用拉刀加工的。

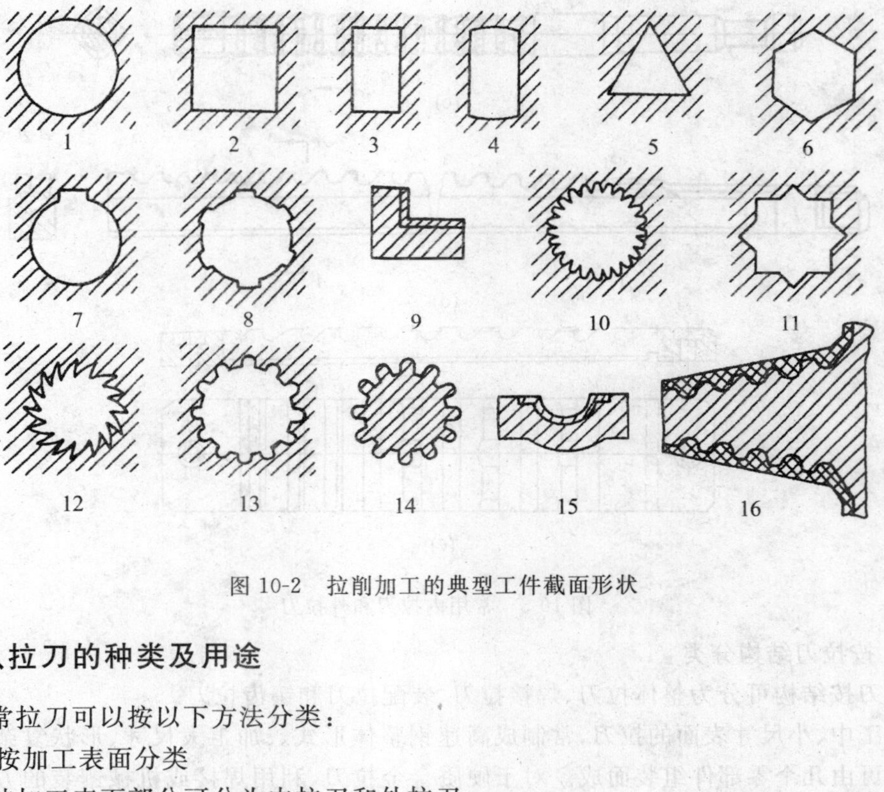

图 10-2 拉削加工的典型工件截面形状

二、拉刀的种类及用途

通常拉刀可以按以下方法分类:

1. 按加工表面分类

按被加工表面部分可分为内拉刀和外拉刀。

图 10-3 所示为常用拉刀,其中有圆拉刀、花键拉刀、四方拉刀、键槽拉刀和平面拉刀等。

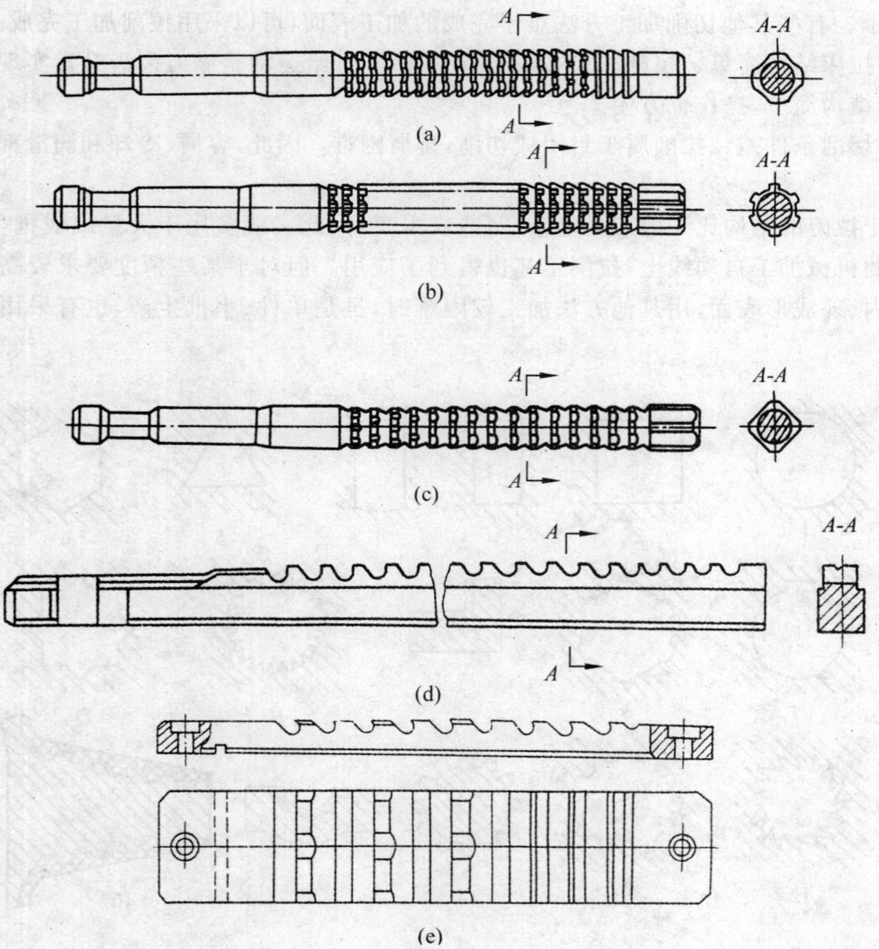

图 10-3　常用内拉刀和外拉刀

2. 按拉刀结构分类

拉刀按结构可分为整体拉刀、焊接拉刀、装配拉刀和镶齿拉刀。

加工中、小尺寸表面的拉刀，常制成高速钢整体形式。加工大尺寸、形状复杂表面的拉刀则可由几个零部件组装而成。对于硬质合金拉刀，利用焊接或机械镶装的方法将刀齿固定在结构钢刀体上。

图 10-4 列举了组合直角平面拉刀、装配式内齿轮拉刀和拉削汽缸体平面的镶齿硬质合金拉刀。

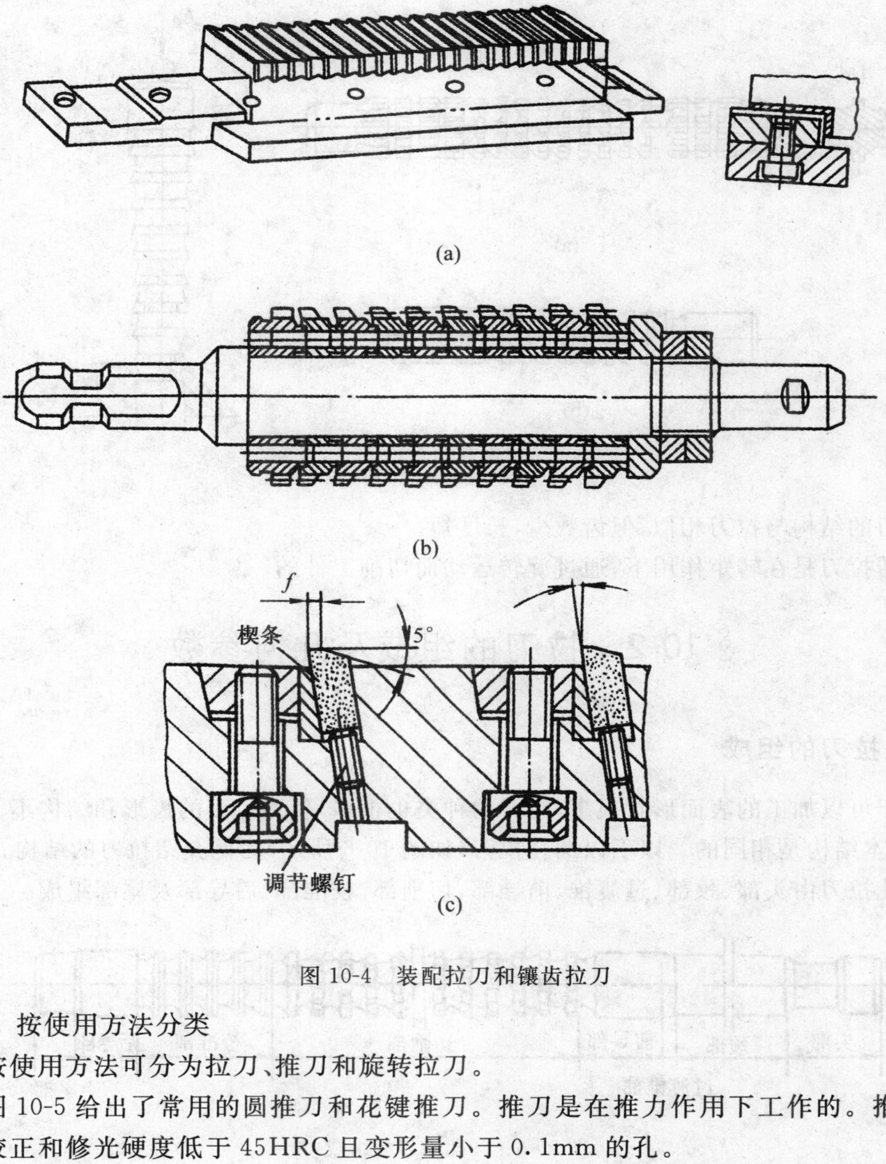

图 10-4 装配拉刀和镶齿拉刀

3. 按使用方法分类

按使用方法可分为拉刀、推刀和旋转拉刀。

图 10-5 给出了常用的圆推刀和花键推刀。推刀是在推力作用下工作的。推刀主要用于校正和修光硬度低于 45HRC 且变形量小于 0.1mm 的孔。

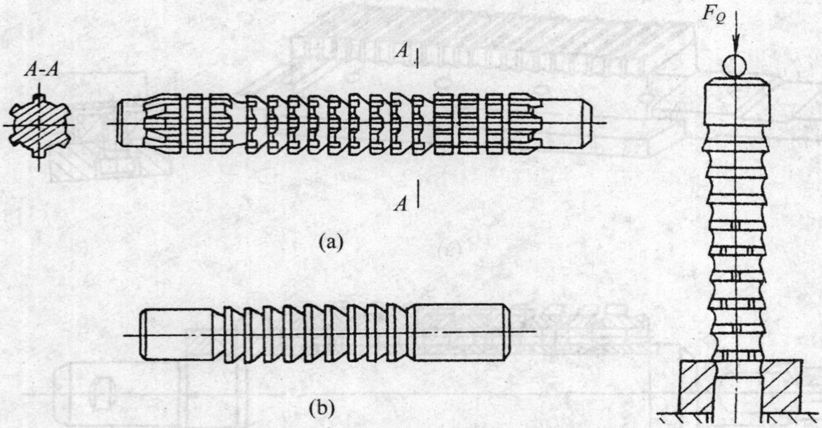

图 10-5 推 刀

推刀的结构与拉刀相似，但齿数少，长度短。

旋转拉刀是在转矩作用下，通过旋转运动而切削工件的。

§10-2 拉刀的组成及几何参数

一、拉刀的组成

由于可以加工的表面形状很多，拉刀的种类也很多，各种拉刀的齿形和结构不完全相同，但基本结构是相同的。以下以圆孔拉刀（如图 10-6 所示）为例介绍拉刀的结构。

圆孔拉刀由头部、颈部、过渡锥、前导部、切削部、校准部、后导部及尾部组成。

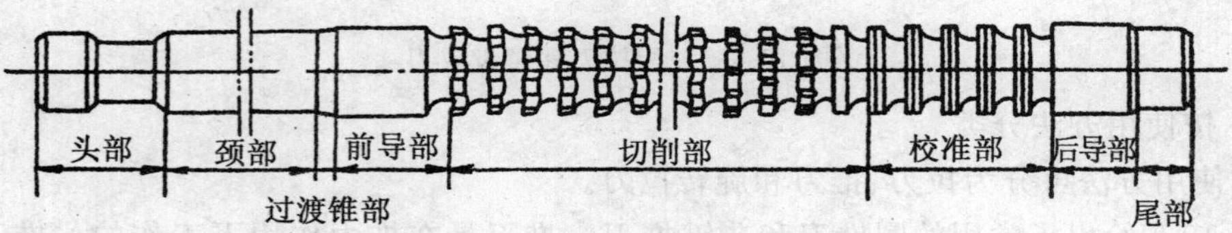

图 10-6 圆孔拉刀的组成

(1)头部。拉刀的夹持部分，用于传递拉力。

(2)颈部。连接头部与过渡锥的部分，并便于头部穿过拉床挡壁，也是打印标记的地方。

(3)过渡锥。使拉刀前导部易于进入工件孔中，起对准中心的作用。

(4)前导部。引导拉刀切削齿正确进入工件待加工表面的部分，并可检查工件预加工孔的孔径是否过小，以免拉刀第一个刀齿因负荷太大而损坏。

(5)切削部。负担全部切削工作，切除工件上全部加工余量，由粗切齿、过渡齿和精切齿组成。

(6)校准部。几个尺寸、形状相同,起校准和储备作用的刀齿。

(7)后导部。保证拉刀最后一个刀齿正确切离工件的导向部分,可防止拉刀因工件下垂而损坏已加工表面或刀齿。

(8)尾部。当拉刀又长又重时使用,用于支撑拉刀,防止下垂。

二、拉刀的几何参数

拉刀切削部分的主要几何参数如图 10-7 所示。

(1)齿升量 a_f。齿升量即切削部前、后刀齿(或组)高度之差。

(2)齿距 p。齿距即两相邻刀齿的轴向距离。

(3)刃带 b_{a1}。刃带用于在制造拉刀时控制刀齿直径,增加拉刀校准齿前刀面的可重磨次数,提高使用寿命。有了刃带,还可提高拉削过程的平稳性。

(4)拉刀前角 γ_o。

(5)拉刀后角 α_o。

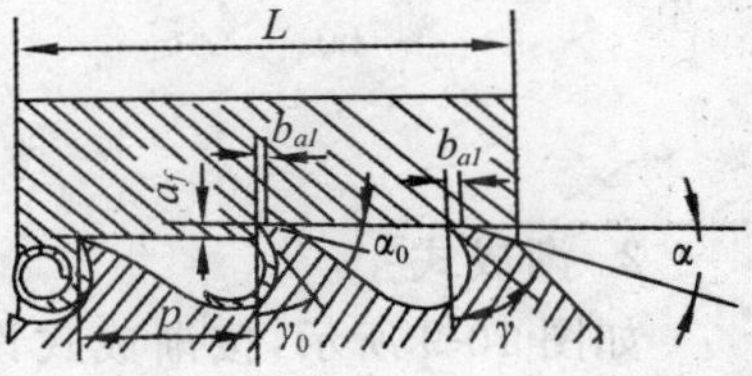

图 10-7 拉刀切削部分几何参数

拉刀工作部分的参数还有容屑槽、齿数 z,刀齿直径和分屑槽等,在此不再一一介绍。

§10-3 拉削方式

拉削方式是拉刀切除余量的顺序和方式。它影响刀齿负荷的分配,从而影响拉削力、拉刀寿命、拉刀的结构、拉削的生产率及拉削表面质量。通常可用图形表示每个刀齿切下的切削层截面形状,称为“拉削图形”。

一、分层式拉削

分层式拉削是指将加工余量一层层切除。根据已加工表面的形成过程,分层式拉削还可分为同廓式和渐成式。

1. 同廓式

如图 10-8(a)所示,按同廓式设计的拉刀采用与被加工表面最终廓形相似的刀齿,一层层切除所有余量,最终廓形是经过最后一个切削齿切削后形成,并由校准齿修光达到预定的工件尺寸精度及表面粗糙度。

同廓式拉削时,每个刀齿参加工作的刀刃长,切削厚度小,所需刀齿数多,切削层单位拉削力大,致使总拉削力较大。为使切屑易于卷曲和减小拉削力,在拉刀切削齿上开有前后交错的分屑槽[如图 10-8(b)所示],以减小切屑宽度,但开槽后使切屑上多了一条加强筋[如图 10-8(c)所示],使切屑卷曲直径加大,这就需要加大齿距以确保足够的容屑空间。

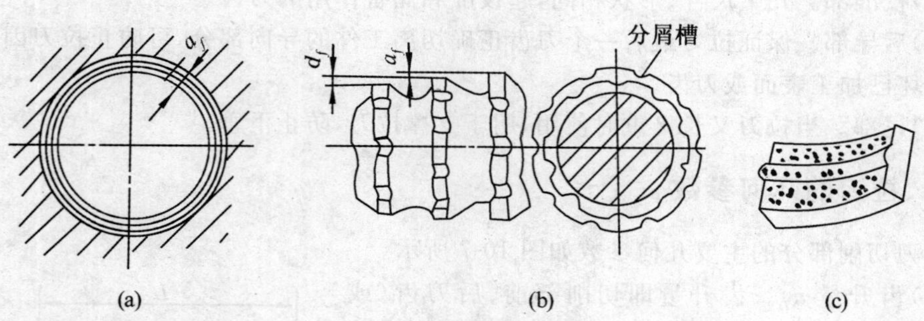

图 10-8　成形式拉削图形

2. 渐成式

如图 10-9 所示，按渐成式设计的拉刀，刀齿的形状与被加工工件最终表面形状不同，而是制成简单的直线形或弧形，所需的形状由各刀齿的副切削刃逐渐切成。这种拉刀制造简单，适于复杂成形表面的加工，但加工表面粗糙度较大。

键槽、花键槽及多边孔常用渐成式拉削方式。

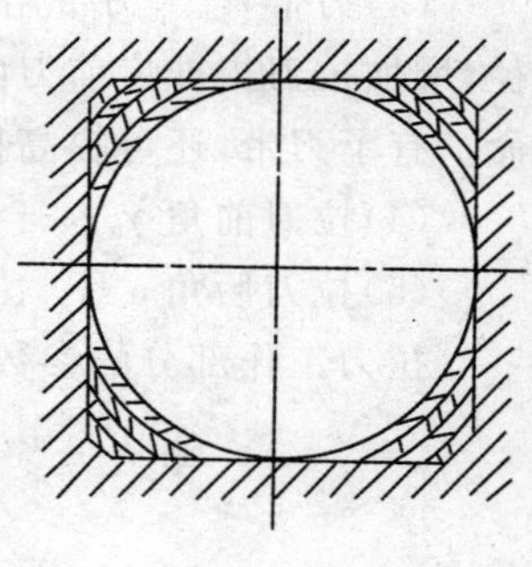

图 10-9　渐成式拉削图形

二、轮切（分块）拉削

轮切拉削是指将每层加工余量各用一组刀齿分块切除的拉削方式。

按这种方式设计的拉刀上有若干组刀齿，每组 2～3 个刀齿，同一组刀齿的直径相同或基本相同，它们共同切除加工余量中的一层金属，而每个刀齿的切削位置是相互错开的，各切除同一层金属的一部分，几组刀齿依次切除全部加工余量，拉刀的齿升量按组递增。图 10-10 给出了轮切式拉刀的截形及拉削图形。

图中刀齿 1 和刀齿 2 截形相同，其上圆弧形凹槽相互错开，各切除同一层中的几段金属，余下未切的部分，由不作圆弧形凹槽的刀齿 3 切除。为避免切削刃与前两个刀齿切成的工件表面摩擦及切下整圈金属，其直径比同组的刀齿 1，2 直径小 0.02～0.05mm。

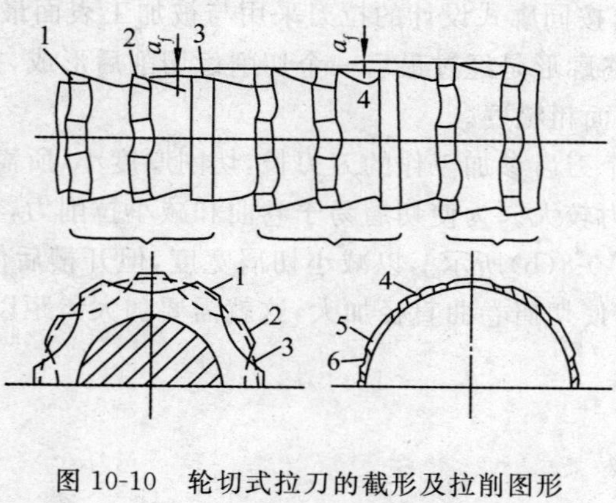

图 10-10　轮切式拉刀的截形及拉削图形

与分层式拉削比较，轮切式拉削有如下优点：

(1)每个刀齿切削厚度大，所以在加工余量相同的情况下，所需总的刀齿数可以减少很多，拉刀长度大大缩短，不仅可以节省刀具材料，还可使生产率大为提高。

(2)采用了宽弧形分屑槽，能磨出比较大的槽底后角和侧后角，可减少刀具磨损，提高刀具寿命。

但这种拉刀的不足之处是结构复杂，制造困难，拉削后工件表面粗糙度较大。

三、综合拉削

同一把拉刀采用两种或两种以上的拉削方式称为综合拉削。它集中了分层式拉刀和轮切式拉刀的优点，即粗切齿制成轮切式，精切齿采用分层式。这样，既缩短了拉刀长度，保持较高生产率，又能获得较好的工件表面质量。图 10-11 所示为综合式拉刀结构及其拉削图形，粗切齿采用不分组的轮切式拉刀结构，即第一个刀齿切去一层金属的一半左右，第二个刀齿比第一个刀齿高出一个齿升量，除了切去第二层金属的一半左右外，还切去第一个刀齿留下的第一层金属的一半左右，后面的刀齿都以同样顺序交错切削，直到把粗切余量切完为止。精切齿则采取分层式结构。

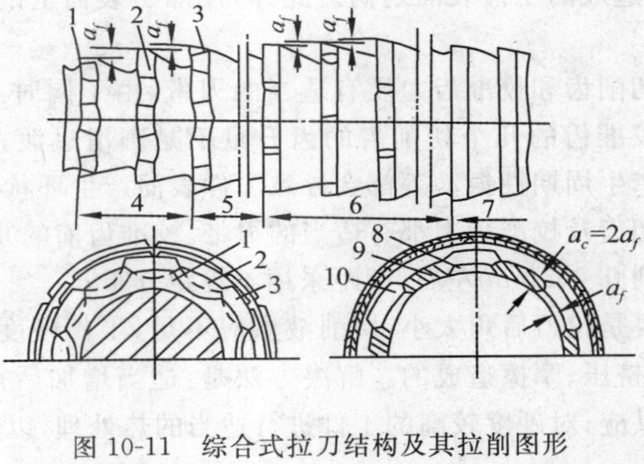

图 10-11　综合式拉刀结构及其拉削图形

§10-4　拉刀的合理使用

在生产中，常由于拉刀结构和使用方面存在问题，而达不到拉削精度和表面粗糙度要求，并影响拉刀寿命及拉削效率，严重的造成拉刀断裂。现将常出现的弊病及解决的途径简述如下。

一、防止拉刀断裂及刀齿损坏

拉削时由于刀齿上受力过大、拉刀强度不够，是损坏拉刀和刀齿的主要原因。影响刀齿受力过大的因素很多，例如：拉刀齿升量过大、刀齿径向圆跳动大、拉刀弯曲、预制孔太粗糙、工件夹持偏斜、切削刃各点拉削余量不均、工件强度过高、材料内部有硬质点、严重黏屑和容屑槽挤塞等。

为使拉削顺利，可采取以下措施：

(1)要求预制孔精度 IT10～IT8、表面粗糙度 $Ra \leqslant 5\mu m$，预制孔与定位端面垂直度偏差不超过 0.005mm。

(2)严格检查拉刀的制造精度。对于外购拉刀可进行齿升量、容屑空间和拉刀强度检验。

(3)对难加工材料采取适当热处理，改善材料的加工性。

(4)保管、运输拉刀时，防止拉刀弯曲变形和碰坏刀齿。

二、消除拉削表面缺陷

拉削表面常见表面缺陷有环状波纹、局部划伤、鳞刺、断屑沟痕及挤出亮点等。下面简要分析产生原因及解决方法：

(1)鳞刺。拉削时如果刀齿前角过小、刃口钝化、工件材料硬度低及拉削速度过高，容易产生鱼鳞状缺陷。解决方法是：合理选择拉刀前角，对工件进行适当热处理，以改善加工性能。采用润滑性能好的切削液及降低拉削速度等，可有效抑制鳞刺的产生。

(2)划伤。主要是刀齿产生缺口，刀齿(尤其是精切齿)上附着未被清除的切屑或容屑槽的容屑条件不良等造成的工件表面划伤。此外，预加工表面上的氧化皮也可能碰伤刀齿而造成局部划伤。

(3)环状波纹。切削齿和校准齿上没有适当的刃带，由于同时工作齿数的变化，使拉削过程不平稳；接近校准齿的几个切削齿的齿升量不是圆滑过渡；拉刀的齿距是等距分布，造成拉削过程中产生周期性振动等都会导致工件表面产生环状波纹。解决方法是：保证拉刀的过渡齿、精切齿及校准齿上都有适当的刃带，校准齿前的几个精切齿的齿升量应圆滑过渡，最后递减到 0.005mm 左右，齿距采用不等距分布。

(4)挤亮点。主要是拉刀后角太小，切削液供应不足，工件硬度过高使刀齿后刀面与已加工表面产生剧烈挤压、摩擦造成的。解决方法是：适当增加后角，采用润滑性能好的切削液，并保证充分供应；对硬度较高的工件进行适当的热处理，以降低工件的硬度。

三、控制工件孔径尺寸与形状

拉削后工件孔径尺寸与形状常见的问题及解决方法如下：

(1)拉削后孔径扩大。产生的主要原因是：采用新拉刀时，外径是上限尺寸；工件拉削长度很短或孔壁很薄；由于拉削速度过高或冷却不当，使拉削温度过高，产生积屑瘤等。因此，应采用合适的拉削速度和切削液，对新拉刀进行外径尺寸检查，如发现过大，可用铸铁套研磨到适当的尺寸等防止工件孔径扩大。

(2)拉削后孔径缩小。产生原因有：拉刀校准齿处的外径尺寸减小而接近报废；拉削长度为 60 以上的薄壁工件时，拉削后由于弹性恢复，使孔径缩小；拉刀用钝后仍继续使用，摩擦热增大使温度上升，工件冷却后孔径也会缩小。因此，拉削时应采用油类切削液，以改善孔径缩小现象。当拉刀校准齿的直径接近或达到报废尺寸时，可在车床上用硬质合金车刀挤压拉刀的前刀面以增大拉刀外径。

(3)工件孔径两端尺寸大小不等(腰鼓或喇叭形)。工件孔壁不均匀时，拉削后孔径产生局部变形。当工件两端孔壁过薄，拉刀经过薄壁处时，由于工件材料弹性变形，拉削后孔径呈“腰鼓形”；若工件中间过薄时，拉削后孔径便呈“喇叭形”。因此，对于薄壁孔工件尤其是壁厚相差悬殊的工件，不宜采用拉削。

四、提高拉刀重磨质量

在拉削时，若产生达不到加工质量要求、拉刀后刀面磨损量 $VB \geqslant 0.3$mm 和切削刃局部崩刃 $\Delta l \geqslant 0.1$mm 等情况，均应对拉刀进行重磨。

如图 10-12 所示，拉刀重磨在拉刀磨床上沿拉刀前刀面进行。通常采用圆周磨法。砂轮与拉刀绕各自轴线转动，利用砂轮周边与槽底圆弧接点 m 进行磨削。砂轮、拉刀间的轴线成 35°～55°，砂轮锥面与前刀面夹角成 5°～15°，且要求砂轮和拉刀的轴线保持在同一垂直平面内。

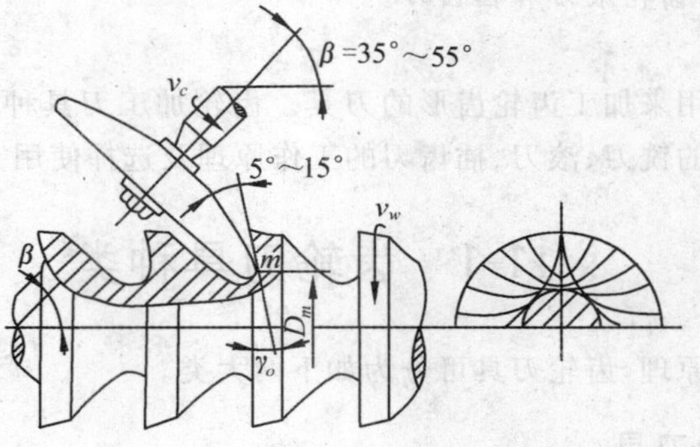

图 10-12 拉刀的圆周磨法

选用碟形砂轮，磨料为白刚玉或铬刚玉，砂轮直径不宜太大，以防对槽底产生过切现象，直径通常经计算求得。磨削时选用每次切深量 0.005～0.008mm，并进行 3～4 次清磨，每磨一齿，需修正砂轮一次。

通常可通过观察拉刀前刀面上磨削轨迹的对称性来识别和控制重磨质量。

目前，生产中选用的 CBN 砂轮和镨钕刚玉砂轮能明显提高重磨质量和磨削效率。

习 题

1. 简述拉削加工的特点与应用。
2. 简述拉刀的种类及其用途。
3. 叙述圆孔拉刀的组成和各部分作用。
4. 试比较分析分层拉削与轮切拉削的特点及应用。
5. 轮切拉削方式的刀齿有何特点？
6. 拉削后孔径扩张或收缩是由哪些原因造成的？如何解决？

第十一章　齿轮加工刀具

知识点： 齿轮刀具种类、几何参数及工作原理。

技能点： 正确使用齿轮滚刀和插齿刀。

齿轮加工刀具是用来加工齿轮齿形的刀具。齿轮加工刀具种类繁多，本章主要介绍加工渐开线圆柱齿轮的铣刀、滚刀、插齿刀的工作原理及选择使用方法。

§11-1　齿轮刀具种类

按照齿形的形成原理，齿轮刀具可分为如下两大类。

一、成形法齿轮刀具

这类刀具切削刃的廓形与被切齿轮槽形状相同或近似相同。较典型的刀具有如下两类。

1. 盘形齿轮铣刀

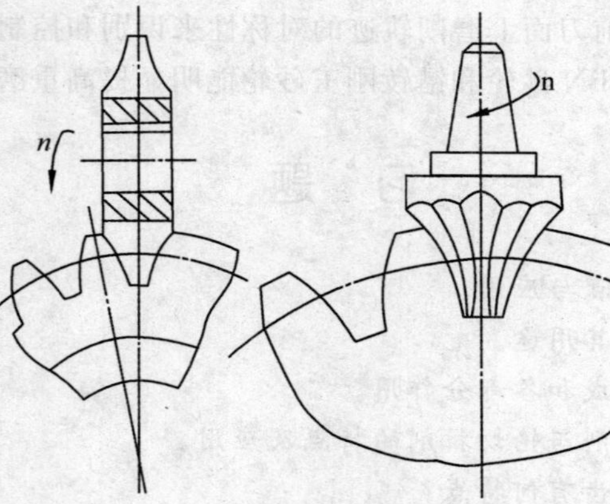

图 11-1　成形法齿轮刀具

(a)盘形齿轮铣刀　(b)指形齿轮铣刀

图 11-1(a)所示是一种经过铲齿的成形铣刀,可加工直齿或斜齿轮。工作时铣刀旋转并沿齿槽方向进给,铣完一个齿后进行分度,再铣第二个齿。盘形齿轮铣刀加工精度不高效率也较低,适合单件小批生产或修配工作。

2. 指形齿轮铣刀

图 11-1(b)所示是一把成形的铣刀。工作时铣刀旋转并进给,工件分度。这种铣刀适合于加工大模数的直齿、斜齿轮,并能加工人字齿轮。

二、展成法齿轮刀具

这类刀具切削刃的廓形不同于被切齿轮任何剖面的槽形。切齿时除主运动外,还需有刀具与齿坯的相对啮合运动,称展成运动。工件齿形是由刀具齿形在展成运动中若干位置包络切削形成的。

展成切齿法的特点是一把刀具可加工同一模数的任意齿数的齿轮,通过机床传动链的配置实现连续分度,因此刀具通用性较广,加工精度与生产率较高。在成批加工齿轮时被广泛使用。较典型的展成切齿刀具如图 11-2 所示。

图 11-2(a)所示是齿轮滚刀的工作情况。滚刀相当于一个有容屑槽、有切削刃的蜗杆状的螺旋齿轮。滚刀与齿坯啮合传动比由滚刀的头数与齿坯的齿数决定,在展成滚切过程中切出齿轮齿形。滚齿可对直齿或斜齿轮进行粗加工或半精加工。

图 11-2(b)所示是插齿刀的工作情况。插齿刀相当于一个有前后角的齿轮。插齿刀与齿坯啮合传动比由插齿刀的齿数与齿坯的齿数决定,在展成滚切过程中切出齿轮齿形。插齿刀常用于加工带台阶的齿轮,如双联齿轮、三联齿轮等。特别能加工内齿轮及无空刀槽的人字齿轮,故在齿轮加工中应用很广。

图 11-2(c)所示是剃齿刀的工作情况。剃齿刀相当于齿侧面开有容屑槽形成切削刃的螺旋齿轮。剃齿时剃齿刀带动齿坯滚转,相当于一对螺旋齿轮的啮合运动。在一定啮合压力下剃齿刀与齿坯沿齿面的滑动将切除齿侧的余量,完成剃齿工作。剃齿刀一般用于齿轮的精加工。

图 11-2(d)所示是弧齿锥齿轮铣刀盘的工作情况。这种铣刀盘是专用于铣切螺旋锥齿轮的刀具。例如加工汽车后桥传动齿轮就必须使用这类刀具。铣刀盘高速旋转是主运动。刀盘上刀齿回转的轨迹相当于假想平顶齿轮的一个刀齿,这个平顶齿轮由机床摇台带动与齿坯做展成啮合运动,切出被切齿坯的一个齿槽,然后齿坯退回分齿,摇台反向旋转复位,再展成切削第二个齿槽,依次完成弧齿锥齿轮的铣切工作。

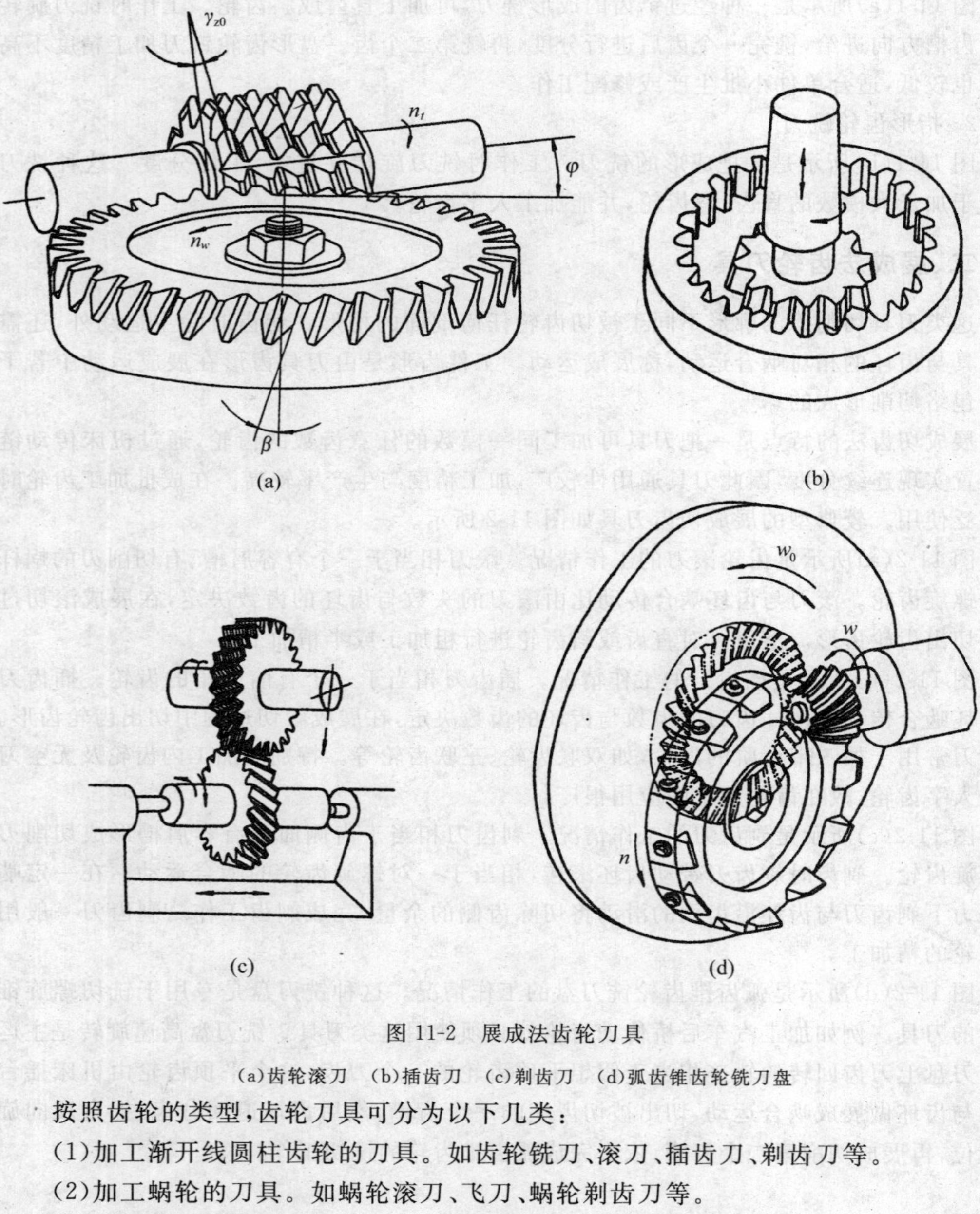

图 11-2 展成法齿轮刀具

(a)齿轮滚刀 (b)插齿刀 (c)剃齿刀 (d)弧齿锥齿轮铣刀盘

按照齿轮的类型,齿轮刀具可分为以下几类:

(1)加工渐开线圆柱齿轮的刀具。如齿轮铣刀、滚刀、插齿刀、剃齿刀等。

(2)加工蜗轮的刀具。如蜗轮滚刀、飞刀、蜗轮剃齿刀等。

(3)加工锥齿轮的刀具。如成对锥齿轮刨刀、弧齿锥齿轮铣刀盘等。

(4)加工非渐开线齿形工件的刀具。如摆线齿轮刀具、花键滚刀、链轮滚刀等。这类刀虽然不具有切削齿轮,但其齿形的形成原理也属于展成法,所以也归属于齿轮刀具类。

§11-2 齿轮滚刀

一、齿轮滚刀的工作原理

齿轮滚刀的加工原理如同一对交错轴斜齿轮副的啮合过程，如图 11-3(a)所示。齿轮滚刀本身相当于其中一个小斜齿圆柱齿轮，它与被切齿轮作无侧隙啮合。滚齿时为保持滚刀与工件齿向一致，应调整滚刀轴线与工件端面的夹角 φ；为保持被切齿轮齿数，应调整好展成运动的传动比。

由于滚刀轴向开槽，齿背铲磨形成切削刃，故滚刀在与齿坯展成啮合过程中将切出齿轮廓形。被切齿轮齿数 z 由滚刀头数 z_o 与啮合传动比 i 决定，齿轮法向模数 m_n 和分度圆压力角 α 与滚刀法向模数、法向齿形角相同。滚刀端面齿形具有渐开线，则滚切出的齿轮端面也具有渐开线齿形。

滚齿时主运动是滚刀的旋转运动，它决定了切削速度；进给运动包括齿坯的转动及滚刀沿工件轴线的移动。滚斜齿轮时，工件做附加转动，它与滚刀进给运动配合，可在工件圆柱面上切出螺旋齿槽。为了控制切齿深度，滚刀与工件的径向距离可以调节。

滚齿时滚刀安装角如图 11-3(b)所示，当滚刀与齿轮螺旋角旋向一致时，φ 角等于工件分度圆螺旋角 β 与滚刀分度圆螺旋升角 λ_o 之差；反之，φ 角为 β 与 λ_o 两角之和，滚削直齿轮时，$\beta=0°$，$\varphi=\lambda_o$。

由于滚刀相当于只有一个或几个齿的斜齿轮，因此其螺旋角 β_o 很大，螺旋升角 λ_o 很小，使滚刀外形不像齿轮，而呈蜗杆状，滚刀的齿数相当于蜗杆的头数。

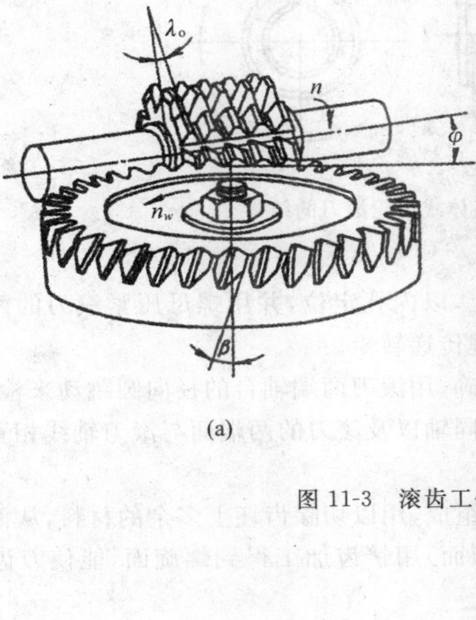

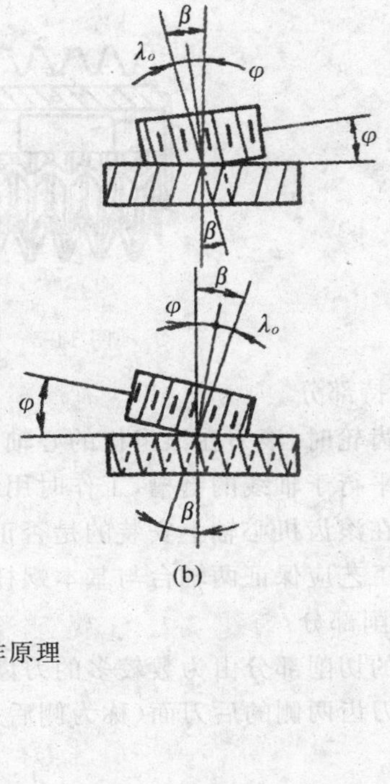

图 11-3 滚齿工作原理

二、齿轮滚刀的基本蜗杆

齿轮滚刀的切削刃组成的蜗杆称为滚刀的基本蜗杆，从滚刀的工件原理可知，齿轮滚刀的基本蜗杆是由螺旋齿轮演变而成的，螺旋齿轮的端面齿形是渐开线。所以，基本蜗杆的端截面齿形也应是渐开线。理论上讲，只有这种渐开线蜗杆作为齿轮滚刀基本蜗杆并通过啮合运动，才能切出渐开线齿形。但因这种渐开线蜗杆制造困难，故很少采用。现在广泛采用的是阿基米德蜗杆和法向直廓蜗杆，阿基米德蜗杆的轴向截面内的齿形是直线形，法向直廓蜗杆的法向截面内的齿形是直线形，两者均易于制造。

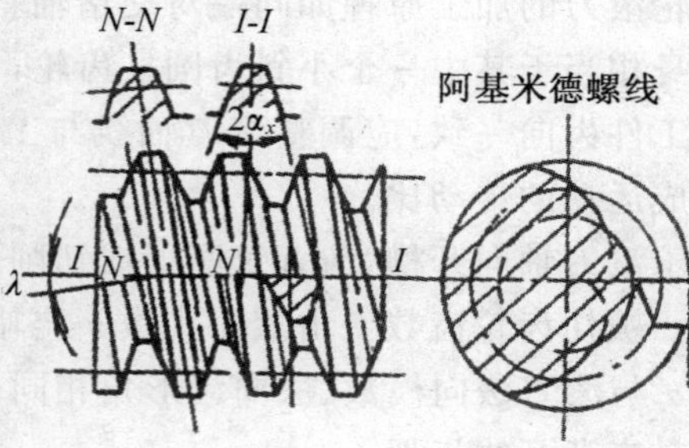

图 11-4　阿基米德蜗杆齿面的形成

图 11-4 所示是阿基米德蜗杆，它是将直线切削刃的车刀安置在蜗杆的轴向平面内车制而成的。车刀两侧刃的夹角等于两倍的轴向齿形角 α_x，可见，阿基米德蜗杆表面是由一条与轴线成一角度的直素线（刀刃）做螺旋运动而形成的。这种以阿基米德蜗杆代替渐开线蜗杆作为滚刀基本蜗杆，而形成的渐开线齿轮滚刀称为阿基米德滚刀。显然，这是一种“近似造型法”滚刀，其理论造型误差不应太大。

三、齿轮滚刀的结构及主要参数

图 11-5 所示为精加工整体式齿轮滚刀的结构。齿轮滚刀的结构主要分为夹持部分和切削部分。

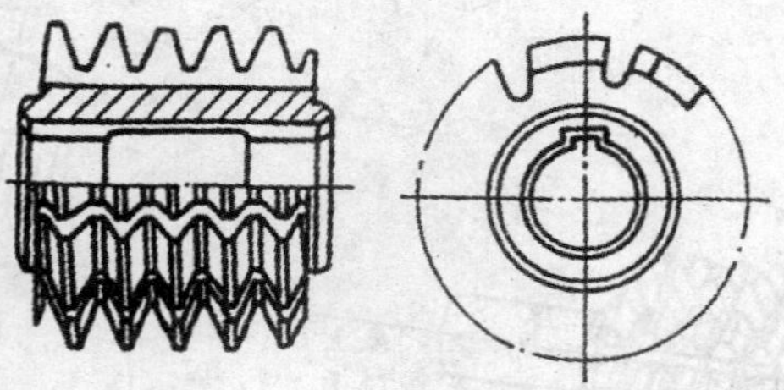
图 11-5　整体式齿轮滚刀的结构

1. 夹持部分

切削齿轮时，滚刀在滚齿机的心轴上，以内孔定位，并用螺母压紧滚刀的两端面。滚刀孔壁有平行于轴线的键槽，工作时用键传递转矩。

滚刀在滚齿机心轴上安装的是否正确，用滚刀两端轴台的径向圆跳动来检验，所以滚刀的制造工艺应保证两轴台与基本蜗杆同轴以及滚刀的两端面与滚刀轴线相垂直。

2. 切削部分

滚刀的切削部分由为数较多的刀齿组成，用以切除齿坯上多余的材料，从而得到要求的齿形。刀齿两侧的后刀面（称为侧后刀面）用铲齿加工得到螺旋面，能使刀齿获得必需的侧刃后角。同样,滚刀刀齿的顶后刀面也经过铲齿加工,以得到顶刃后角。一般齿轮滚刀在热处理后,都要铲磨顶刃及两侧刃的后刀面,以提高刃形精度及寿命。

滚刀的容屑槽可以是直槽,也可以是螺旋槽,如图 11-6 所示。当为螺旋槽时,它是由一条与基本蜗杆端面夹角为零度的直素线做螺旋运动而成的阿基米德螺旋面。若素线通过基本蜗杆轴线,则刀齿顶刃前角 $\gamma_p=0°$;若素线不通过基本蜗杆轴线,而与刀齿顶点半径成一角度 γ_p,则刀齿顶刃前角就是为 γ_p。为了使刀齿不产生负前角,通常令容屑槽在分圆柱上的螺旋角 β 等于齿轮滚刀基本蜗杆在分圆柱上的螺旋升角 λ_0,而旋向相反。直槽滚刀的前刀面是平行于滚刀轴线的平面。当此平面通过滚刀轴线时,刀齿顶刃前角 $\gamma_p=0°$,否则 $\gamma_p>0°$。当滚刀的基本蜗杆分圆柱螺旋升角 $\lambda_d\leqslant 5°$时,可将容屑槽做成直槽,以便于制造和刃磨。对于螺旋升角较大的齿轮滚刀,应采用螺旋槽,以使滚刀左、右两侧刃切削条件相同。

四、齿轮滚刀的使用

1. 齿轮滚刀的选择与安装

齿轮滚刀标准中规定了 AA 级、A 级、B 级和 C 级四种精度等级,分别用于加工 6～7 级、7～8 级、8～9 级和 9～10 级精度的齿轮。滚刀的精度等级标注在滚刀端面上。一般工具厂制造的标准齿轮滚刀均为阿基米德滚刀。

选择标准齿轮滚刀时,滚刀的模数和齿形角应和被加工齿轮的法向模数和法向齿形角相同。同时,滚刀的精度等级的选择也要和被加工齿轮所要求的精度等级相适应。

滚刀装夹到机床上以后,要用千分表检查两端轴台的径向圆跳动,如图 11-7 所示。其值不能超过允许值(一般加工外径 200mm 以下 8 级精度齿轮时应不大于 0.03mm),而且两轴台的跳动方向和数值应尽可能一致,以免滚刀轴线在安装中产生偏斜。此外,工件的安装也十分重要,一般都需严格校正外径与端面的圆跳动量。

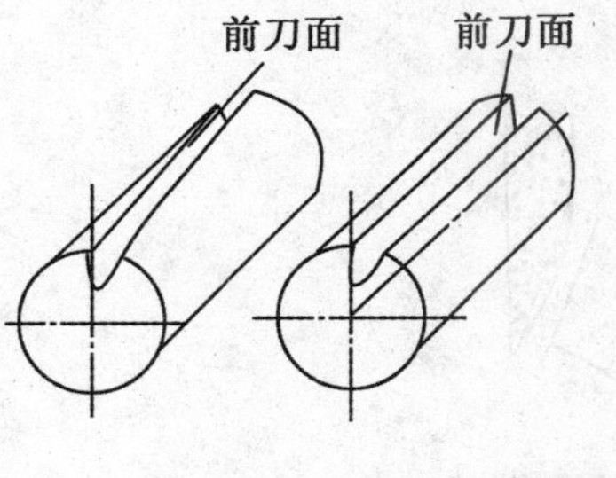

图 11-6　滚刀的容屑槽

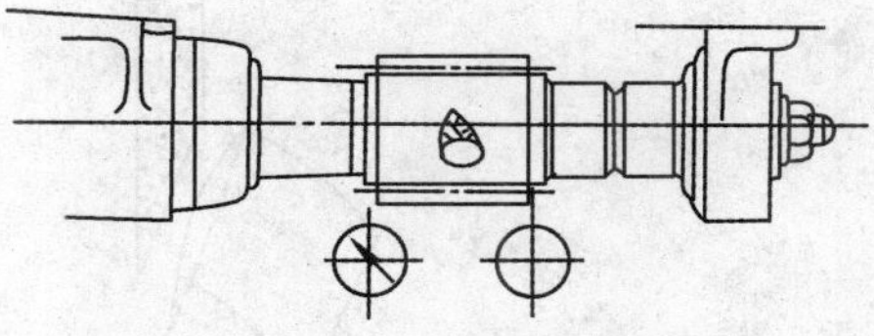

图 11-7　滚刀径向跳动检查

2. 滚刀的重磨与精度检验

齿轮滚刀的磨损限度以顶刃后面的磨损长度来计量。粗切齿轮时,磨损限度为 0.8～1.0mm;精切齿轮时,磨损限度为 0.2～0.5mm。达到磨损限度,应停止使用,进行重磨。

滚刀的重磨应在专用的滚刀磨床上进行。它具有精密的分度机构、正弦尺螺旋运动机构及砂轮修正机构等,刃磨质量和刃磨效率都较高。若没有滚刀磨床,可在万能工具磨床上利用靠模分度来重磨滚刀,如图 11-8 所示。在装滚刀的心轴上再装一个导程、槽数都与滚刀相等的靠模，滚刀分齿、导程误差均由靠模精度控制。靠模槽中嵌有齿托片，齿托架固定在磨头架上，靠模和滚刀同时由工作台带动作往复直线运动和转动，磨完一齿，把齿托片移至相邻的齿槽中继续磨另一齿。

砂轮和滚刀的相对位置应保证磨出需要的滚刀前角。图 11-9 所示为重磨零前角滚刀时砂轮的位置。重磨时需要利用刀样板，使砂轮锥面的素线通过滚刀的轴线。重磨直槽滚刀时，砂轮工作面(锥面)的素线应是直线，才能磨出平直的前刀面。但重磨螺旋槽滚刀时，直素线的锥面砂轮会磨出中凸状的前刀面，如图 11-10(a)所示。

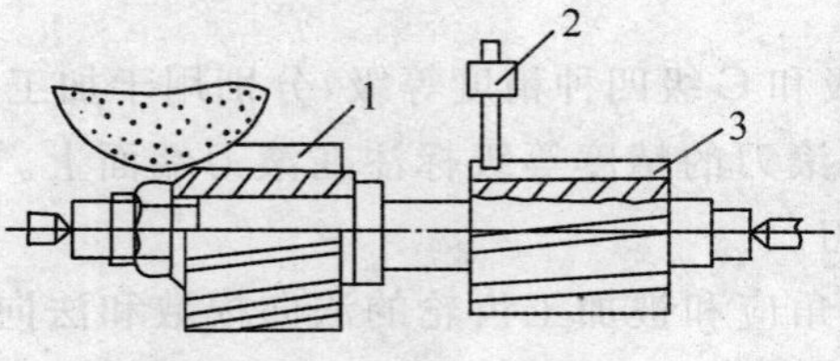

图 11-8　用靠模分度刃磨螺旋槽滚刀

1—滚刀　2—齿托　3—靠模

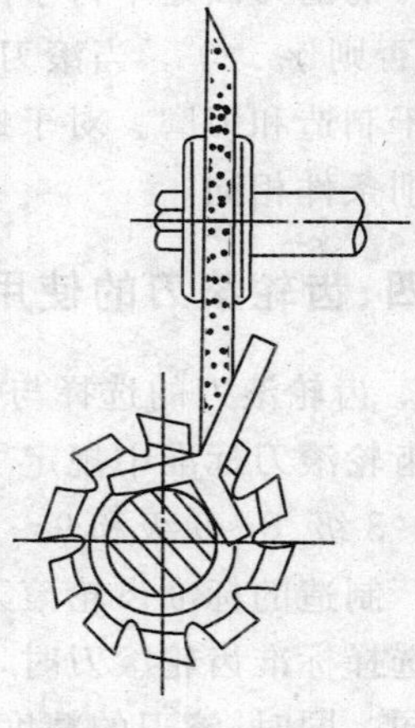

图 11-9　滚刀重磨时对刀样板的位置

前刀面的中凸程度随容屑槽螺旋角 β 增大而加剧，因此当 $\beta > 8^\circ \sim 9^\circ$ 时，必须按某种曲线修整砂轮，以磨出直线性好的前刀面，如图 11-10(b)所示。砂轮的截形曲线可用计算方法求得。

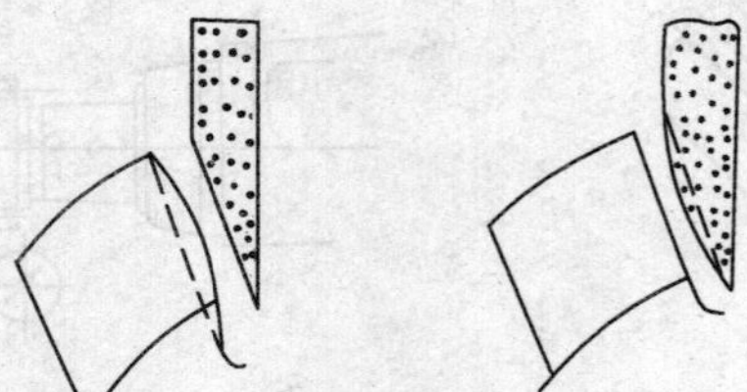

(a)　(b)

图 11-10　滚刀刃磨后的前刀面截形

重磨后的滚刀要进行严格的精度检验，检验的主要项目是：

(1)前刀面的径向误差。通常滚刀重磨后只允许零前角或有微小的正前角，测量时先调整心轴，千分表测头调至水平位置[如图 11-11(c)所示]，使千分表读数对零，然后测量出滚刀刀齿上 b 点到 a 点的差值，即为径向性误差[如图 11-11(b)所示]。通常只允许 b

点低于 a 点，其值不大于 30～50μm。

(2)容屑槽圆周齿距误差。该项误差通常以圆周齿距的最大积累误差表示，测量和计算与齿轮的积累误差相同。如图 11-11(b)所示，用固定量爪和带有杠杆的千分表侧出相对齿距误差，用齿轮周节积累误差相同的计算方法，算得最大积累误差值。

上述方法也可以用平测头的千分表 A 测量刀齿的径向圆跳动来代替。因为圆周齿距误差会反映到刀齿的径向位置的变化，图 11-11(b)中 3 号齿超前，顶刃半径就大一个 e 值。

(3)螺旋槽滚刀的导程误差。简单的测量方法如图 11-11(a)所示。用千分表测量两端刀齿 a_1 和 b_1 两点的差值，因为滚刀有齿顶后角，容屑槽导程的误差，必然反映出齿顶高度的不同或两端外径的变化。

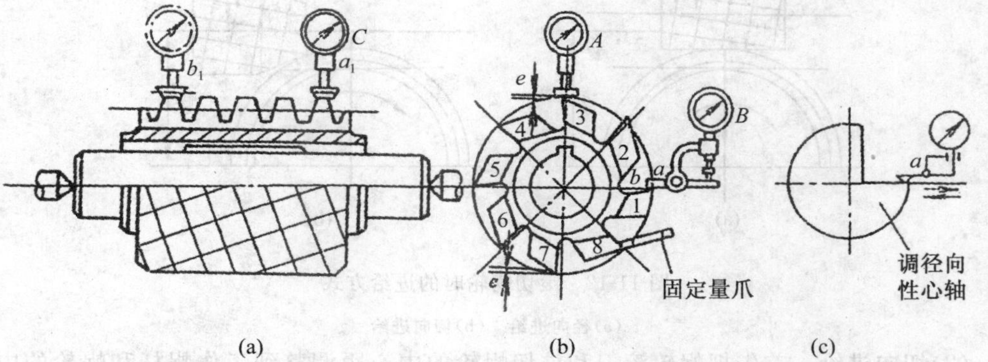

图 11-11 滚刀重磨后的检验

上述各项误差允许值均可在齿轮滚刀标准中查出。

§11-3 蜗轮滚刀

一、蜗轮滚刀的工作原理与进给方式

1. 蜗轮滚刀的工作原理

蜗轮滚刀是利用蜗杆与蜗轮的啮合原理工作的，蜗轮滚刀相当于与被切蜗轮相啮合的工作蜗杆，在它上面开出切削刃，则为蜗轮滚刀。蜗轮滚刀的基本蜗杆就是那个工作蜗杆，与它们的类型基本相同，如工作蜗杆是阿基米德蜗杆，滚刀的基本蜗杆也应是阿基米德蜗杆。若工作蜗杆是渐开线蜗杆，滚刀的基本蜗杆也是渐开线蜗杆。这一点和齿轮滚刀不同，不能任意选择。蜗轮滚刀的基本参数，如模数、齿形角、螺旋升角、螺旋方向、螺旋头数、齿距、分圆柱直径，都应与工作螺杆相同。加工蜗轮时，螺旋滚刀和被切蜗轮的安装中心距和轴交角(一般为 90°)及传动比也应与工作蜗杆、蜗轮的中心距和轴交角及传动比相同。因此，蜗轮滚刀是专用刀具，只能由用户特殊订货并单独进行设计，但其他如刀具结构、设计和制造过程等皆与齿轮滚刀类似。

2. 蜗轮滚刀的进给方式

用蜗轮滚刀加工蜗轮时进给方式有径向进给和切向进给两种。

(1)径向进给。蜗轮滚刀转一转,被切蜗轮转过的齿数相当于滚刀的螺纹头数,形成啮合展成运动,如图 11-12(a)所示。在转动的同时,滚刀沿被切蜗轮的半径方向进给,达到规定的中心距后,停止进给,展成运动继续,直到包络完整的蜗轮齿形,加工结束。

径向进给方式的优点是:切削时间短,生产效率高,刀架无切向进给机构,展成运动链数较短,加工后蜗轮齿距精度较高,蜗杆副可以径向装配。径向进给方式的缺点是:当蜗轮模数较大,齿数较少而蜗轮滚刀直径小、头数多及蜗轮数与滚刀齿数有公因数时,包络齿形的切削刃很少,齿面波纹大,齿形精度和表面质量较低。

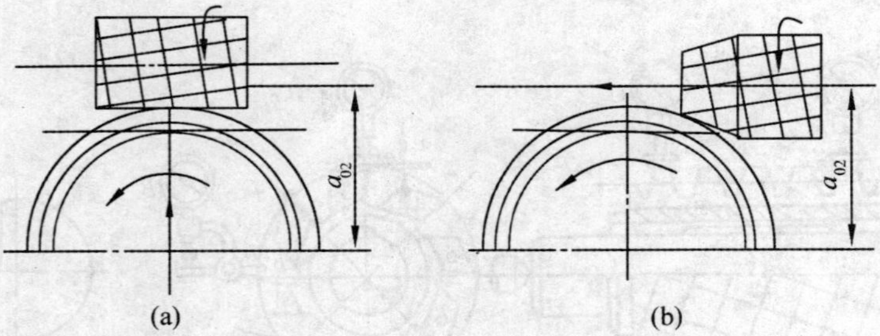

图 11-12　滚切蜗轮时的进给方式

(a)径向进给　(b)切向进给

(2)切向进给。首先把蜗轮滚刀和被切蜗轮的中心距调整到工作蜗杆和蜗轮的中心距,如图 11-12(b)所示。展成运动和径向进给方式相同,不同的是,展成运动的同时,滚刀沿自身的轴线方向进给,逐渐切入蜗轮。需要特别指出的是:被切蜗轮除展成运动所需转动外,因滚刀切向进给,还应有一个附加转动,即当蜗轮滚刀切向进给,蜗轮的附加转角 $\Delta\theta=\pm\Delta l/r_z$(式中 r_z 是被切蜗轮的分度圆半径)。因为切向进给时,滚刀最前面的刀齿负荷较大,所以采用这种进给方式的蜗轮滚刀,在前端必须制出切削锥,以改善各刀齿负荷的分配。

切向进给方式的优点是:可以得到较好的齿形精度和表面质量,刀的寿命较长,蜗杆副的中心距易于准确控制。切向进给方式的缺点是:滚齿机必须备有切向进给机构,展成运动转动链较长,影响转动精度,对于齿距精度要求高的蜗轮,不如径向进给方式好,蜗杆副有可能不能径向装配。

径向进给和切向进给这两种进给方式各有特点,要根据被切蜗杆副的具体要求选用。

二、蜗轮滚刀的结构

蜗轮滚刀的结构如图 11-13 所示。

1. 蜗轮滚刀的外径

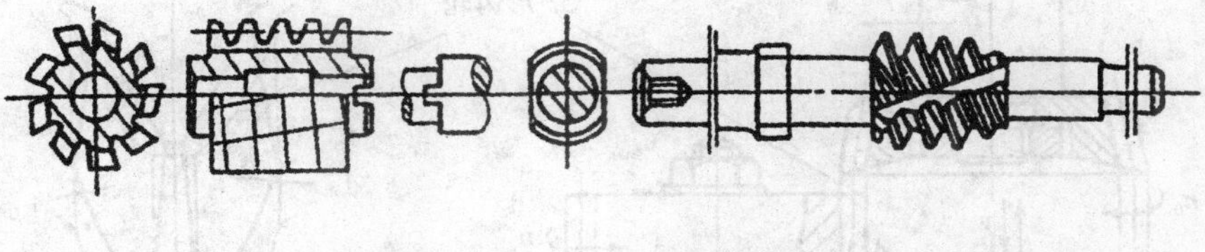

图 11-13 蜗轮滚刀的结构

为使切制的蜗杆副在啮合时保证有足够的径向间隙和使滚刀有较多的重磨次数，蜗轮滚刀的外径应比工作蜗杆外径稍大一些。加工蜗轮时，蜗轮滚刀和被切蜗轮的中心距，不论是新刀还是重磨多次的旧刀，均不允许变化，而必须等于被切蜗轮与工作蜗杆啮合的中心距。

蜗轮滚刀重磨后直径变小，使切出的蜗轮根圆直径加大、齿厚加大，径向和侧面间隙减小。为使间隙减小后仍在规定的范围内，且增加滚刀的重磨次数，可预先增大新滚刀的齿高。一般齿高增大 $0.1m$（m 为模数）。

2. 后　角

蜗轮滚刀的顶刃后角应在螺旋线方向测量。当基本螺杆的螺旋升角 λ_0 较小时（$\lambda_0 < 15°$），螺纹与端面夹角较小，螺旋方向和端面方向的后角差别不大，为方便起见，可在端面中测量。由于蜗轮滚刀基本蜗杆的螺旋升角不能任意选择，当 $\lambda_0 \geq 15°$ 时，滚刀顶刃螺旋方向与端面方向夹角较大，两个方向的后角相差也较大，这种情况下，滚刀的顶刃后角应在螺旋方向测量。螺旋方向的顶刃后角通常为 10°～12°。

3. 切削部分的长度

径向进给蜗轮滚刀的切削部分长度 L_1 应比工作蜗杆长度 b_1 大一个轴向齿距，即 $L_1 = b_1 + \pi m$；切向进给蜗轮滚刀的切削部分长度由圆锥部分和圆柱部分组成。圆锥部分取 $2.5 \sim 3\pi m$，锥角取 10°～12°；圆柱部分取 $2 \sim 2.5\pi m$，总长度 $L_1 = 4.5 \sim 5.5\pi m$。

§11-4 插齿刀

一、插齿刀的工作原理与用途

插齿刀很像一个圆柱齿轮，为了形成切削刃，齿顶和齿侧制出后角，端面作出前角，如图 11-14 所示。

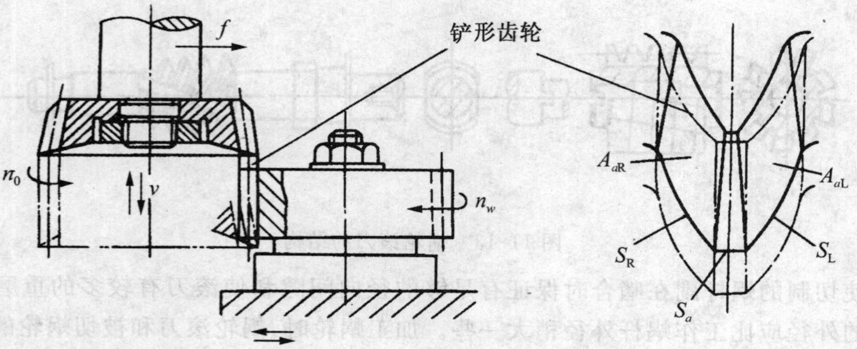

图 11-14　插齿刀的工作原理

插齿刀的切削刃随插齿机床的往复运动在空间形成一个渐开线齿轮，称为铲形齿轮。插齿时插齿刀的上下往复运动是主运动，插齿刀与齿坯的相对滚动形成圆周进给运动，它相当于铲形齿轮与被切齿轮之间作无间隙啮合运动。所以，插齿刀切出齿轮的模数、齿形角与铲形齿轮模数、齿形角相同，齿数由插齿刀与齿坯啮合运动的传动比决定。插齿刀开始切齿时有进给运动，切到全齿深时停止进给，工件继续与插齿刀啮合滚转一周，齿轮即加工完毕。为减少插齿刀与齿面磨擦，插齿刀在返回行程中，齿坯应有让刀运动。这些运动都靠插齿机上的凸轮等机构实现。

加工斜齿轮时，插齿刀的铲形齿轮是与被切齿轮螺旋角大小相等、旋向相反的斜齿轮。插齿时在插齿刀上下往复运动的同时，由机床的螺旋导轨使插齿刀形成附加的螺旋运动，如图 11-15 所示。

在生产中，插齿刀是仅次于滚刀的常用齿轮刀具，它可以用来加工相同模数和齿形角的任意齿数的齿轮。由于插齿时的空刀距离小，因此，无法采用滚齿加工的带有凸肩的齿轮及空刀槽很窄的阶梯齿轮，尤其适宜采用插齿加工。扇形齿轮、人字齿轮及齿条用插齿加工也十分有利，此外，插齿机也是加工内齿轮的最常用的方法。

插齿刀制成 AA 级、A 级和 B 级三个精度等级，可分别用来加工 6 级、7 级、8 级精度的齿轮。插齿刀一般用高速钢制造，现在中、小模数的插齿刀也有用硬质合金制造的。

二、插齿刀的几何参数

1. 插齿刀的前角

(1)顶刃前角。如果用端平面为插齿刀前刀面，虽可以切削，但切削条件很差。所以，要把插齿刀的前刀面磨成内凹圆锥面，以形成顶刃前角 γ_{pa}（如图 11-16 所示），顶刃前角 γ_{pa} 在顶刃任一选定点的正交平面内测量，顶刃前角 γ_{pa} 是设计插齿刀时应给定的参数，也是刃磨插齿刀时应保证的参数。标准插齿刀顶刃前角规定为 $\gamma_{pa}=5°$。增大插齿刀前角，可以改善加工表面的质量和提高刀具的寿命。但是，增大前角会使插齿刀的齿形误差增加。因此，只有在加工精度要求不高的齿轮时，才增大插齿刀的前角。

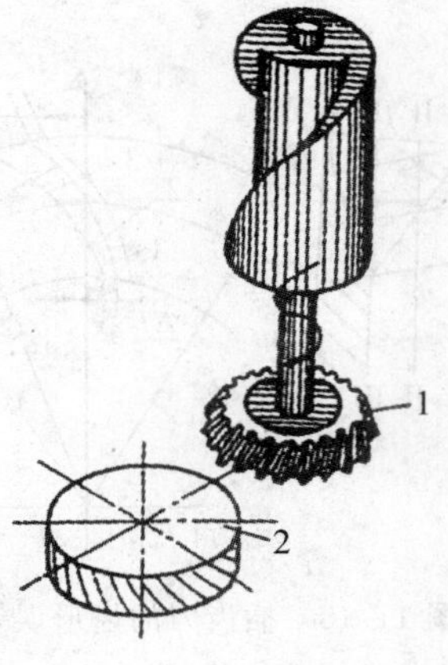

图 11-15　斜齿插齿刀的工作原理

1—插齿刀　2—被切齿轮

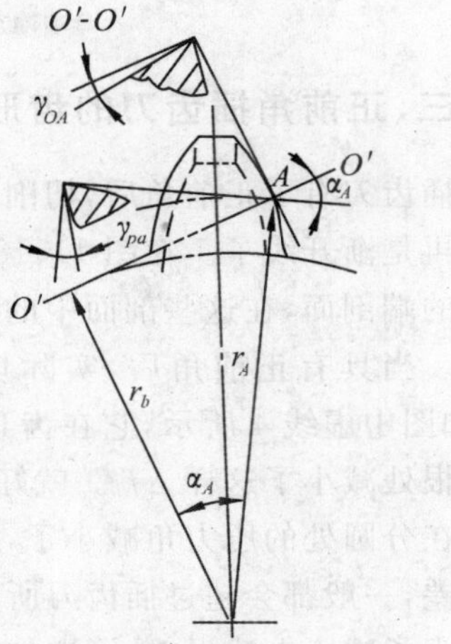

图 11-16　插齿刀顶刃前角和侧刃前角

(2)侧刃前角。由于插齿刀的前面是圆锥面,所以它的侧刃为正前角。插齿刀的侧前角在正交平面中测量,即在和插齿刀基圆相切的平面内测量。侧刃上任一选定点 A 的前角 γ_{OA} 可用下式计算:

$$\tan\gamma_{OA}=\tan\gamma_{pa}\cdot\sin\alpha_A$$

式中:α_A——选定点渐开线的齿形角(°)

$$\cos\alpha_A=r_b/r_A$$

式中:r_b——插齿刀基圆半径(mm);

r_A——插齿刀侧刃选定点的半径(mm)。

由上式可看出,侧刃各点的前角 γ_{OA} 是变化的,接近顶圆处侧刃前角较大,接近根圆处的侧刃前角较小。

2. 插齿刀的后角

(1)顶刃后角。顶刃后角在正交平面中测量,如图 11-17 所示。顶刃选定点的正交平面就是插齿刀的轴剖面。齿顶后角的大小直接影响沿插齿刀厚度方向基准齿条变位量的大小,并且决定侧后刃角的大小,齿顶后角是设计插齿刀时应给定的参数。标准插齿刀的齿顶后角 $\alpha_{pa}=6°$。

(2)侧刃后角。侧刃后角 α_{OA} 在侧刃任一选点的正交平面中测量,这个平面与插齿刀基圆相切,由于插齿刀的齿侧面是渐开线螺旋面,故任选一定点的侧刃后角都等于插齿刀基圆螺旋角 β_b,在已知插齿

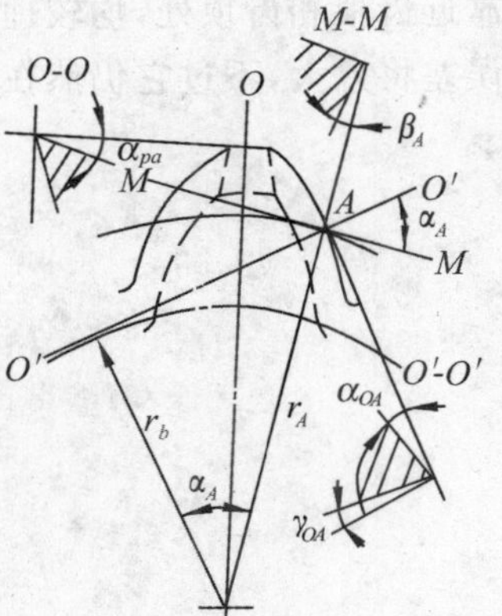

图 11-17　插齿刀顶刃后角和侧刃后角

刀分度圆齿形角 α 时，侧后角 α_{OA} 可按下式求得：

$$\tan\alpha_{OA}=\tan\beta_b\approx\sin\alpha\cdot\tan\alpha_{pa}$$

三、正前角插齿刀的齿形误差及修正方法

插齿刀有了正前角后，切削刃在端面上的投影已不再是渐开线了。在图 11-18 中，Ⅰ，Ⅱ，Ⅲ是插齿刀的端剖面，在这些剖面中的截形 1,2,3 均为渐开线。当具有正前角后，实际切削刃在端面的投影，如图中虚线 4 所示，它在齿顶处 2 增厚了 Δf_e，在齿根处减小了这样 Δf_i。就好比正前角插齿刀的侧刃在分圆处的压力角减小了，由此引起较大的齿形误差，一般都会超过插齿刀所允许的齿形误差。

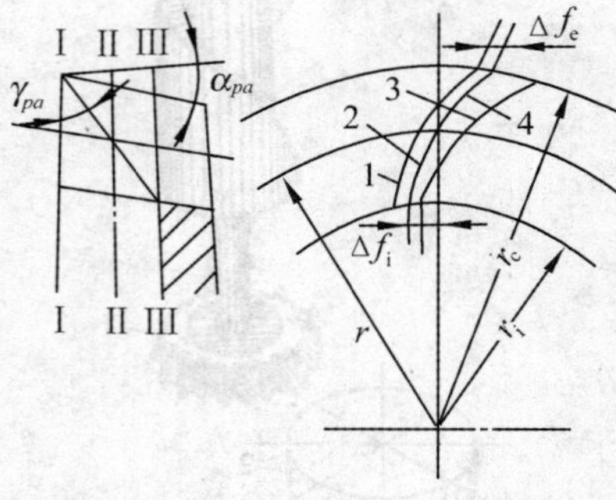

图 11-18　插齿刀的齿形误差

为了减小上述误差，可增加插齿刀本身在分度圆处的齿形角，使刀齿侧刃在端面的投影接近于所要求的正确渐开线齿形。插齿刀齿形角的修正，可利用简单的投影几何关系计算。当插齿刀的齿数 $z\to\infty$，即为齿条时(如图 11-19 所示)，刀具本身的齿形角为 α，有了前、后角以后，应使侧刃在端面中的投影有正好等于齿轮分度圆齿形角。这时，插齿刀的齿形角应为：

$$\tan\alpha=1/h=1/(h'-h'\tan\alpha_{pa}\tan\gamma_{pa})$$

或 $$\tan\alpha=\tan\alpha_1/(1-\tan\alpha_{pa}\tan\gamma_{pa})$$

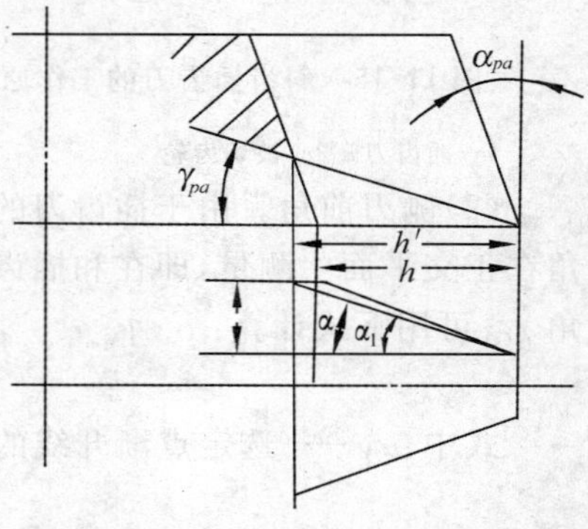

图 11-19　插齿刀齿形角的修正计算

用上述方法修正插齿刀的齿形角后，在齿顶和齿根附近，仍有一些误差。由图 11-20 可以看出，修正后的插齿刀侧刃在端剖面中的投影，在靠近齿根和齿顶处，均较理论渐开线Ⅰ稍有凸出，插齿刀的模数愈大，或齿数愈小时，这种误差将愈大，不过它仍然在插齿刀允许的范围内。

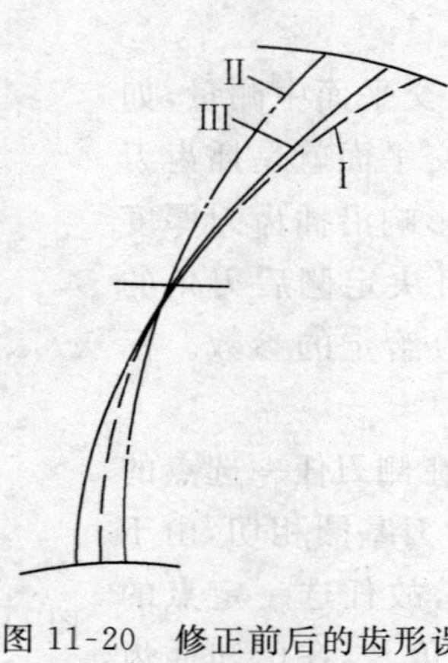

图 11-20　修正前后的齿形误差

四、插齿刀的使用

1. 插齿刀的类型

插齿刀有盘形直齿插齿刀[如图 11-21(a)所示]、碗形直齿插齿刀[如图 11-21(b)所示]和锥柄直齿插齿刀[如图 11-21(c)所示]三种类型。盘形直齿插齿刀适合加工普通直径外齿轮和大直齿内齿轮,碗形直齿插齿刀适合加工塔形和双联齿轮,锥柄直齿插齿刀适合加工直齿内齿轮。

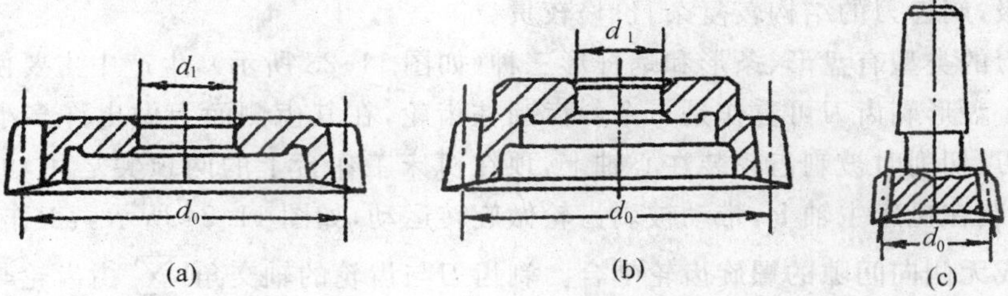

图 11-21 插齿刀的类型

2. 插齿刀的安装

插齿刀与工件的安装精度直接影响齿轮加工精度。刀具安装的要求是:装夹可靠,垫板尽可能具有最大直径与厚度,两端面平行与插齿刀接触良好。安装时要校正前面与外径的跳动,一般不大于 0.02mm。

3. 插齿刀的重磨

插齿刀磨损后应重磨其前刀面,可在平面磨床或工具磨床上装置专用夹具进行,如图 11-22 所示。重磨时,用圆柱砂轮,砂轮轴线与插齿刀轴线夹角为 $90°-\gamma_d$。插齿刀和砂轮各绕本身轴线方向往复运动,以提高重磨质量。砂轮半径 r_s 应小于插齿刀在 A-A 剖面中的曲率半径 ρ,否则将产生干涉,破坏插齿刀的齿形精度。

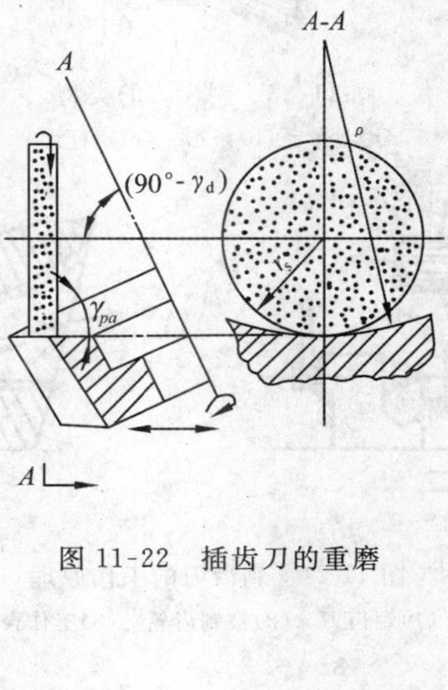

图 11-22 插齿刀的重磨

§11-5　其他齿轮刀具

一、剃齿刀的类型及工作原理

剃齿是微量精加工未淬硬(硬度小于 35HRC)圆柱齿轮及蜗轮齿形的主要方法之一。用剃齿刀加工过的齿轮,精度可达 6～8 级,剃齿加工的生产率和刀具寿命都很高;剃齿所用的机床简单且调整方便,但剃齿精度受剃前齿轮加工精度的影响,剃齿加工后其精度只能提高一级,剃齿刀的结构较复杂,价格较贵。

剃齿刀的类型有盘形、条形和蜗杆形三种(如图 11-23 所示),生产中主要使用的是盘形剃齿刀。盘形剃齿刀可看作是一个斜齿圆柱齿轮,在其齿侧面上做出许多小容屑槽以形成切削刃,切削时被剃齿轮装在心轴上,顶在机床工作台上的两顶尖之间,可以自由转动,剃齿刀装在机床主轴上,带动被剃齿轮做旋转运动,如图 11-24 所示。工作时,剃齿刀和工件形成无侧向间隙的螺旋齿轮啮合。剃齿刀与齿轮的轴交角 $\sum$ 由齿轮与剃齿刀分度圆螺旋角决定:

$$\sum = \beta_1 \pm \beta_0$$

剃齿刀与齿轮螺旋角方向相同时取"+"号,相反时取"－"号。

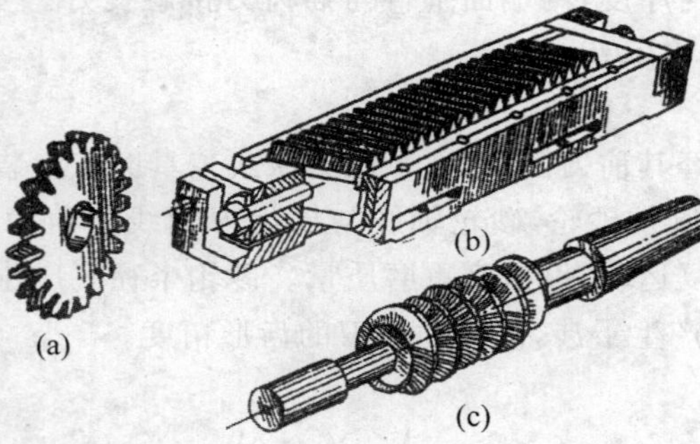

图 11-23　剃齿刀的类型
(a)盘形　(b)条形　(c)蜗杆形

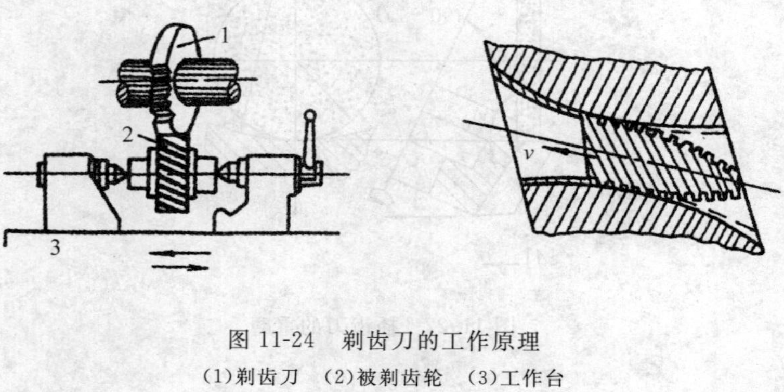

图 11-24　剃齿刀的工作原理
(1)剃齿刀　(2)被剃齿轮　(3)工作台

螺旋齿轮啮合时，两齿轮在接触点的速度方向不一致，使齿轮的齿侧面沿剃齿刀的齿侧面滑移，这个相对滑移速度就是切削速度。当剃齿刀和工件齿侧面以相对速度 v_p 滑移时，剃齿刀齿面上的切削刃在进刀压力的作用下，从工作齿面上切下极薄的一层切屑(一般为 0.005～0.01mm)。剃齿时的切削速度 v_p 一般为 32～45m/min，轴向进给量为 0.1～0.3mm/r，齿轮往复一次的径向进给量为 0.02～0.04mm 双行程。一般工作台往复行程 4～6 次，径向停止进给后，再进行 2～4 次光整行程。

高精度蜗轮在滚刀加工后，尚需用蜗轮剃齿刀加工，蜗轮剃齿刀的主要尺寸应和所剃蜗轮相啮合的蜗杆的主要尺寸相等，但外径应增大 0.2m(m 为蜗杆模数)，以保证蜗轮的全部有效齿形都得到加工。蜗轮剃齿刀在螺纹表面上制成小槽，以形成切削刃。在剃齿刀的一端，有一段螺纹表面没有小槽，但和有槽的部分一起磨成，此段螺纹表面是用来检验剃齿刀的。

二、直齿、锥齿软刨刀的工作原理和结构

成对展成刨刀是目前生产中加工模数 0.3～20mm 的直齿圆锥齿轮的主要刀具。成对展成刨刀的加工原理如图 11-25 所示，设想与被切齿轮啮合的铲形轮固定的机床摇台上，装在摇台上的刨刀做往复运动，切削刃运动所形成的表面的一部分，即为铲形轮牙齿表面。刨刀的斜直线形工作侧刃，其刀尖沿铲形轮顶平面中的半径方向所形成的平面，亦为铲形轮的牙齿表面。铲形轮的牙齿表面与节锥的交线就是铲形轮节锥齿线，这样，机床摇台就成为铲形轮的一部分。把被切齿轮的锥顶装得与铲形轮的中心重合，并使两者节锥相切，按一定的传动比绕各自轴线做强制运动，这时两齿轮的节锥得到纯滚动(展成运动)，所以装在摇台上并随之一起运动的刀具，就在齿坯上切出齿形。在加工完一个齿槽后，坯件退离刀具，进行分度后，再切下一个齿槽。

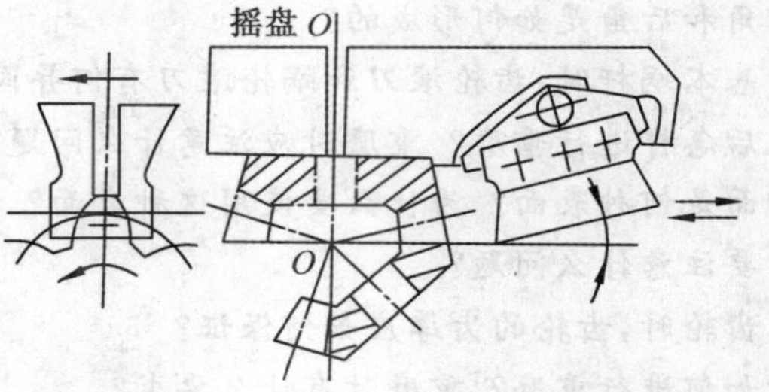

图 11-25　成对刨刀工作原理简图

图 11-26 所示为直齿锥齿轮刨刀结构，刨刀的切削部分用高速钢制成，硬度为 62～65HRC。夹持部分按刨刀尺寸大小，做有 2～5 个紧固螺钉孔，与机床刀座配合处做成 73°的楔角，切削部分的高度 h 应保证加工齿轮的全齿高，其值约为所切齿轮模数范围中最大模数的 2.5 倍。齿顶宽 S_d 应小于所切齿轮小端槽底宽，又应大于大端槽底宽的一半，这样既保证不致切坏小端的齿形，又不会在大端槽底中间留下没切去的材料。

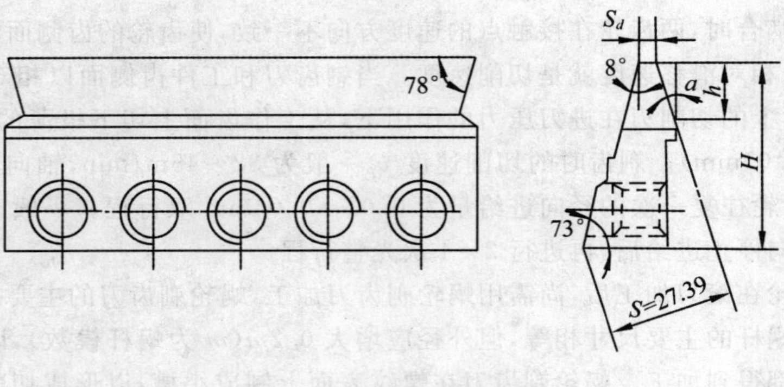

图 11-26　直齿锥齿轮刨刀

习　题

1. 在什么情况下选用成形齿轮刀具？它有何优缺点？
2. 齿轮铣刀为什么要分号制造？各号铣刀加工齿数范围按什么原则划分？
3. 用盘形齿轮铣刀加工直斜齿轮时，应如何选择刀号？
4. 为什么说齿轮滚刀是一种标准刀具，而蜗轮滚刀是一种非标准刀具？
5. 滚刀的前、后角是如何形成的？
6. 齿轮滚刀有哪些主要结构参数？如何选择？
7. 使用滚刀时如何正确安装、调试与重磨？
8. 试比较加工蜗轮时，采用切向进给与径向进给的优缺点。
9. 为什么说用蜗轮滚刀加工蜗轮时，滚刀相当于蜗杆？理由是什么？
10. 加工零件时，为什么蜗轮滚刀可以切向进给，而齿轮滚刀不能切向进给？
11. 蜗轮滚刀的前角和后角是如何形成的？
12. 在选择滚刀的基本蜗杆时，齿轮滚刀和蜗轮滚刀有何异同？
13. 蜗轮滚刀用钝后怎样进行重磨？重磨时应注意什么问题？
14. 插齿刀的齿侧面是何种表面？为什么要使用这种表面？
15. 选用插齿刀时要注意什么问题？
16. 用插齿刀加工齿轮时，齿轮的齿厚应如何保证？
17. 插齿刀用钝后如何进行重磨？重磨时有什么要求？
18. 加工硬齿面插齿刀有哪些要求？
19. 剃齿刀加工齿轮时，切削速度是怎样产生的？
20. 为什么说剃齿刀本质上是一个变位斜齿轮？
21. 对剃前齿轮有哪些要求？如何达到这些要求？

第十二章　自动化生产用刀具

知识点:1. 自动化刀具和数控刀具特点和选用。

2. 自动化刀具和数控刀具的快换、机外预调和在线检测。

技能点:合理使用自动化刀具和数控刀具。

机械加工自动化生产可分为以自动化生产线为代表的刚性专门化自动化生产和以数控机床,加工中心为主体的柔性通用化自动化生产。就刀具而言,在刚性专门化自动化生产中,是以提高刀具专用化程度来获得最佳总体效益的。在柔性自动化生产中,则是尽可能提高刀具通用化程度来取得最佳总体效益,其中就包含标准化。

本章简要地介绍自动化生产用刀具的结构和使用特点。

§12-1　自动线刀具与数控机床刀具的特点和选用

一、对数控机床刀具与自动线刀具的要求

数控机床与自动线刀具除具备普通机床用刀具应有的性能外,还应满足自动化加工所必需的下列要求:

1. 刀具应有高的可靠性和寿命

刀具的可靠性是指刀具在规定的切削条件和时间内,完成额定工作的能力。由于刀具材料和工件材料性能的分散性,刀具制造工艺和工件条件控制不严,有相当一部分刀具的性能远低于平均性能,使刀具可靠性差,因而不能适应自动化生产的要求。为了提高刀具可靠性,必须严格控制刀具材料的质量,严格贯彻刀具制造工艺,特别是热处理和刃磨工序,严格检查刀具质量。

自动化生产用刀具寿命是指保持加工尺寸精度条件下,一次调刀后使用的基本时间。该寿命亦称尺寸寿命。实践表明,刀具尺寸寿命与刀具磨损量、工艺系统的变形和刀具调整误差等因素有关。为了保证刀具寿命,又要在规定时间内完成切削工作,应采用切削性能好、耐磨性高的刀具材料或者选用较大的 a_p,f 和较低的 v_c

2. 保证可靠地断屑、卷屑和排屑

通常可采取下列措施:

(1)合理地选用可转位刀片的断屑槽槽形；

(2)磨制断屑槽和分屑槽；

(3)使复合刀具的各切削刃都有自己独立的排屑槽；

(4)在刀体中设置内切削液通道，将切削液直接输送至切削区，有助于清除切屑；

(5)采用振动切削和间断切削；

(6)利用高压切削液强迫断屑；

3. 能快速地换刀或自动换刀

4. 能迅速、精确地调整刀具尺寸

5. 刀具应有很高的切削效率

6. 应具有可靠的刀具工作状态监控系统

切削加工过程中，刀具的磨损和破损是引起停机的重要因素。因此，对切削过程中刀具状态的实时监控与控制，已成为机械加工自动化生产系统中必不可少的措施。

二、数控机床刀具与自动线刀具的类型与选用原则

目前，国内镗铣类数控机床的刀具系统，有成都工具研究所制定的 TSG 工具系统(整体式)和 TMG 工具系统(模块式)两种。对于 TSG 工具系统，其刀柄可分为：

A 类：钻孔加工用刀具，用于安装钻夹头、锥柄夹头、铰刀等。

B 类：铣刀刀柄，用于安装套式面铣刀、端铣刀、立铣刀及三面铣刀等。

C 类：镗刀刀柄，用于安装粗镗刀、微调精镗刀及平面镗刀等。

D 类：弹簧夹头刀柄。

E 类：特殊刀柄，用于安装攻丝夹头及接长杆刀柄等。

F 类：模块式刀柄，头部形式与以上几类相同，每个组装刀柄分为柄部、接杆、头部几个部分，按使用要求进行拼装。

G 类：高效复合刀柄，按使用要求，用模块化设计复合多刀、多刃加工刀柄。

H 类：接触式测头刀柄。

数控切削加工应适应小批量多品种加工，并按预先编好的程序指令自动地进行加工。对数控加工用刀具还有下列要求：

(1)必须从数控加工的特点出发制定数控刀具的标准化、系列化和通用化结构体系。数控刀具系统应是一种模块式、层次化可分级更换、组合的体系。

(2)对于刀具及其工具系统的信息，应建立完整的数据库及其管理系统。

(3)应有完美的刀具组装、预调、编码标识与识别系统。

(4)应建立切削数据库，以便合理地利用机床与刀具。

§12-2　刀具的快换、机外预调和在线检测

一、刀具的快换和机外预调

1. 刀具的快换

(1)刀片转位或更换刀片

采用机夹式可转位刀具时，刀具磨损后只需将刀片转位或更换新刀片可继续切削。它的换刀精度决定于刀片精度和定位精度，目前中等精度刀片适用于粗加工，精密级刀片适用于半精加工。在精加工时仍需尺寸调整。

(2)更换刀头模块

生产中应用较广的是模块式车削工具系统。图 12-1 是该系统更换刀头模块的示例。它是有能完成车、镗、切断、攻螺纹和检测等功能的刀头模块。刀头模块通过中心拉杆来实现快速夹紧或松开。在拉紧时，能使拉紧孔产生微小弹性变形而获得很高的精度和刚度，其径向精度为 $\pm 2\mu m$，而轴向精度为 $\pm 5\mu m$，自动换刀时间仅为 2s。

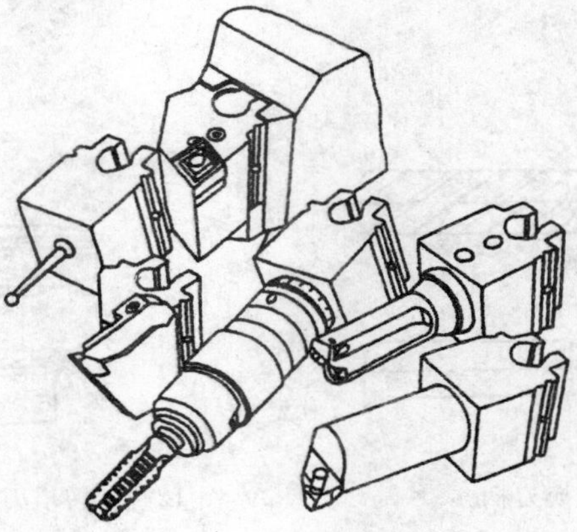

图 12-1　更换刀头模块

(3)更换刀夹

如图 12-2 所示，刀具与刀夹一起从机床上取下，刀片转位或更换后，在调刀仪上进行调刀。它的特点是可使用较低精度的刀片和刀杆，但刀夹精度要求较高。

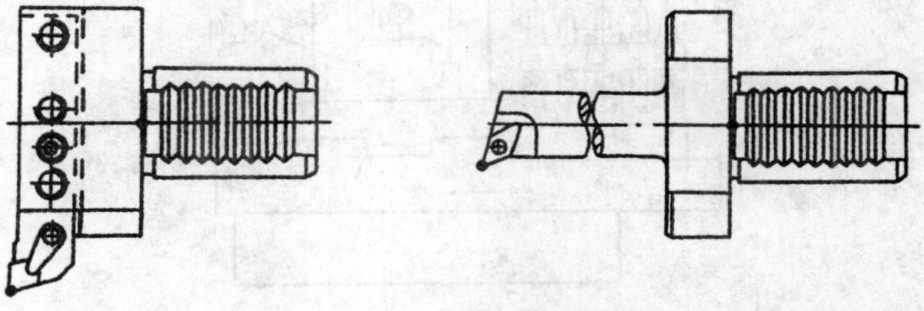

图 12-2　更换刀夹

(4)更换刀柄

加工中心和自动线上的镗刀、铣刀、丝锥、钻头和铰刀等刀具通常采用如图 12-3 所示的换刀方式。这种换刀方式便于采用标准刀具和实现刀柄的系列化和标准化，能使调刀时的安装基准与刀具在机床上的安装基准一致，减少了安装误差。刀柄是通过中间接杆与标准刀具相连接的。为了确保刀具尺寸精度，刀柄、中间接杆的制造精度要求较高，制造相对困难。

(5)自动换刀

图 12-4 为带转塔刀架数控机床示意图。转塔刀架上配置了加工零件所需的刀具。加工时,按指令转塔刀架转过一个或几个位置来进行自动换刀。如图 12-5 所示,在加工中心的刀库中存储着加工所需的刀具,按指令,可使机床和刀库运动来实现自动换刀。也可通过刀库和机械手实现自动换刀,其过程如图 12-6 所示。在生产批量很大的柔性制造系统(FMS)中,为了提高生产率,还可采用更换机床主轴箱来自动换刀。

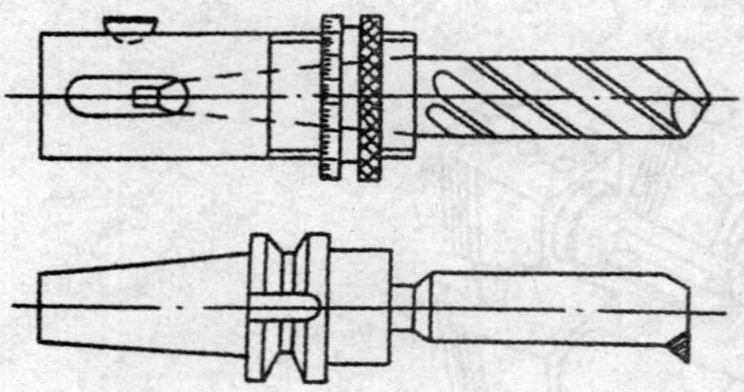

图 12-3　更换刀柄

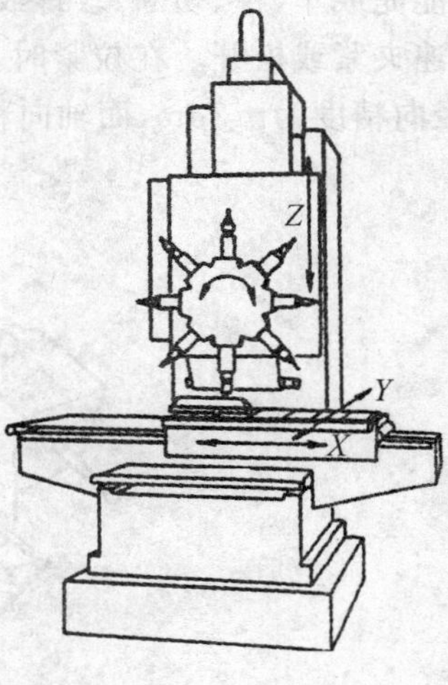

图 12-4　转塔刀架自动换刀

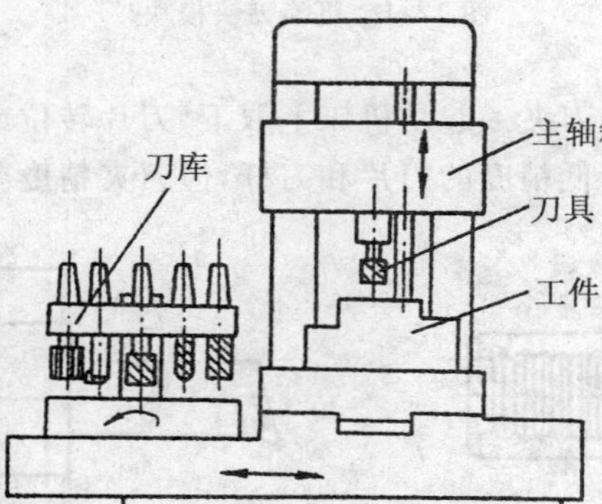

图 12-5　利用刀库和机床运动来实现自动换刀

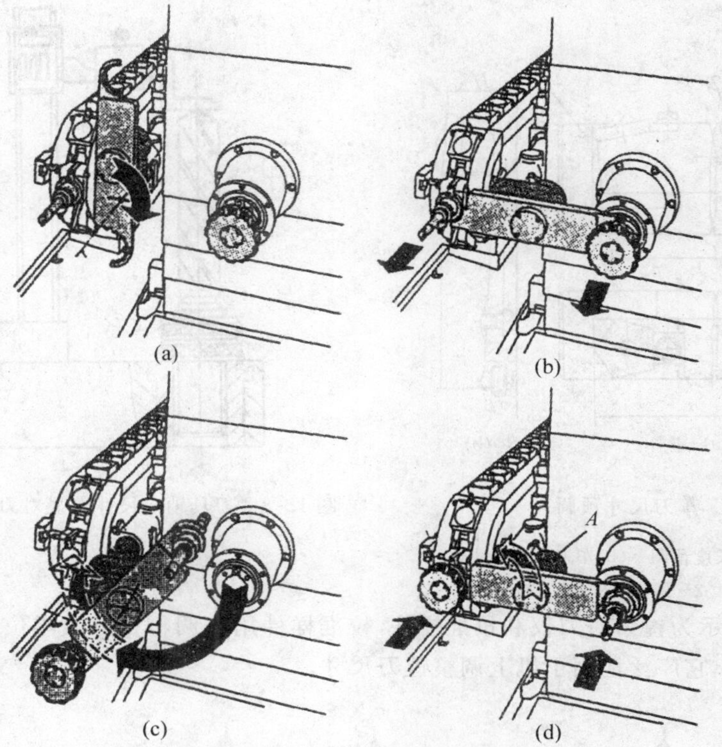

图 12-6 利用刀库和机械手自动换刀过程

2. 机外预调

为了实现刀具快换，并确保更换后不经试切，就可获得合格的工件尺寸，除少数自动线工具(例如大尺寸镗刀、不带接杆钻头、丝锥等)在机上调刀外，数控刀具或大多数自动线刀具都在机外预先调整到预定的尺寸。

图 12-7(a)所示为预调车刀用的对刀夹具，夹具上对刀板 1,5 间距离预调尺寸 l。调节刀夹中定长杆 4 至刀尖间距离亦即为刀具的预调尺寸 l。图 12-7(b)所示为车刀高度尺寸预调装置，它是利用螺钉 2 调节车刀底面斜楔来达到刀尖高度 H 值。

图 12-8 所示为刀具轴向尺寸数显对刀装置，例如麻花钻、扩孔钻和复合孔加工刀具等轴向尺寸。一般通过接杆上的螺母来调节，并由数显控制。

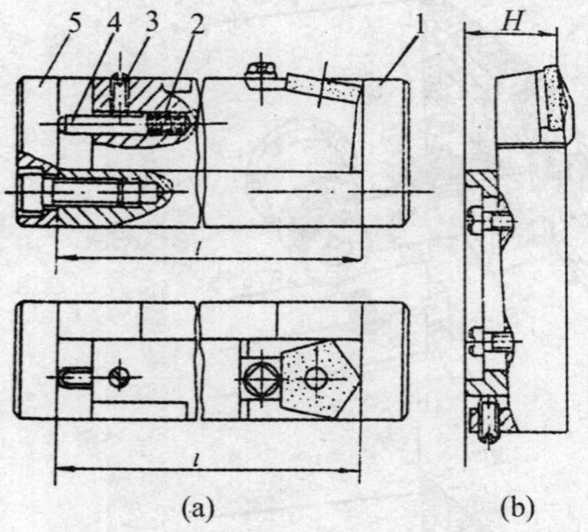

图 12-7　车刀尺寸预调

(a)车刀伸出长度预调　(b)车刀高度尺寸预调

1,5—对刀板　2—螺钉　3—销　4—定长杆

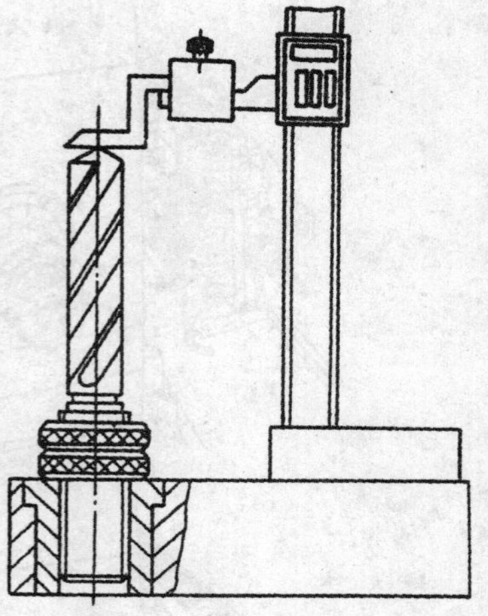

图 12-8　刀具轴向尺寸数显对刀装置

图 12-9 所示为镗刀对刀仪和校准样件，校准样件用来调整百分表零位，然后按相对测量法来调刀。它广泛地用于机上调整镗刀尺寸。

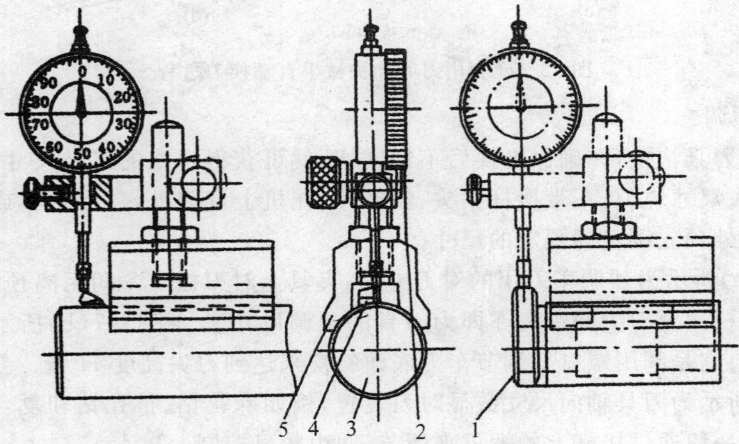

图 12-9　镗刀对刀仪和校准样件

1—校准样件　2—百分表　3—镗杆　4—镗刀　5—对刀仪

对于精度要求较高的数控刀具，要采用示值精度较高的光学测量式预调仪进行预调。图 12-10 所示为单工位立式刀具预调仪，它的分率为 0.5μm，重复精度为±2μm。

二、刀具的在线检测与破损报警

刀具的破损检测是保证机械加工自动化生产正常进行的重要措施，在自动化生产中，若未能及时发现刀具的破损，会导致工件报废，甚至损坏机床。刀具破损的检测方法可分为直接法和间接法两类。直接法以直接测量刀具破损状态作为判断依据，而间接法以测量与刀具破损状态密切相关的信号作为依据，如切削功率、扭矩、振动、噪声等作为判断依据。例如，图 12-11 所示为自动线上广泛使用的光电式破损报警装置，当钻头退回时压下行程开关 S，接通光源 H，由于钻头将遮光板 A 上的小孔遮住，光线不能到光电管 V 上，继电器 K 的电路不通。若钻头折断，光线经小孔到光电管 V 上，继电器 K 的电路接通，从而切断机床电路而报警。

声发射是在金属分子晶格发生位错，裂纹及塑性变形时释放出的超高频应力脉冲信号，其频谱范围在 100kHz 以上，因此可利用这些信号来监测刀具的磨损与破损。目前已应用于加工中心。

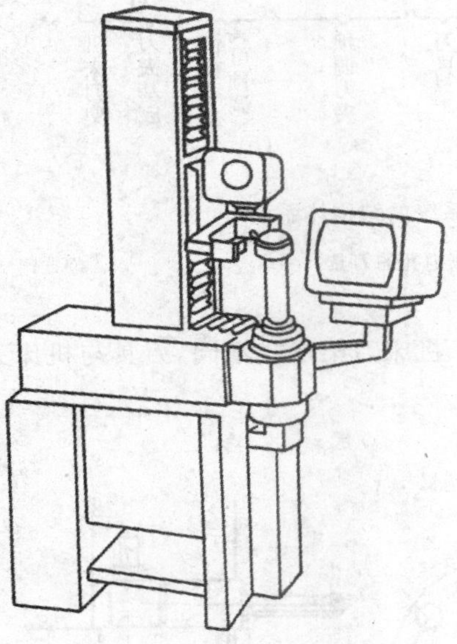

图 12-10 单工位立式刀具预调仪

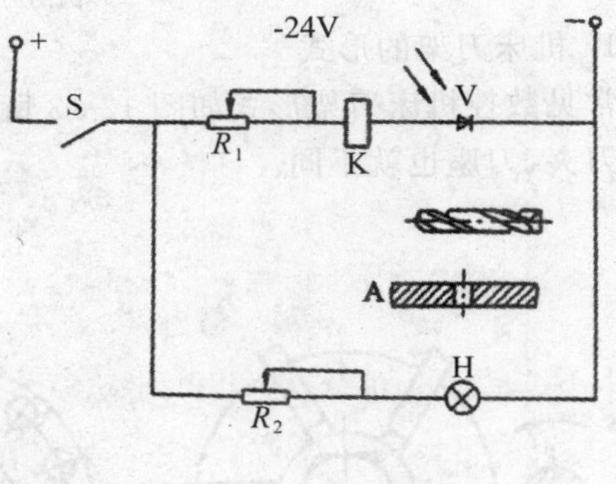

图 12-11 光电式破损报警装置

§12-3 数控机床工具系统

数控刀具的工具系统是指用来连接机床主轴与刀具之间的辅助系统，它除了刀具本身之外，还包括实现刀具快换所必须的定位、夹紧、动力传递及刀具保护等机构。按所使用的数控机床不同，可分为数控车床和数控镗铣机床的工具系统。

一、数控车床工具系统

数控车床工具系统的结构体系如图 12-12 所示。其构成与结构一般与下列因素有关：

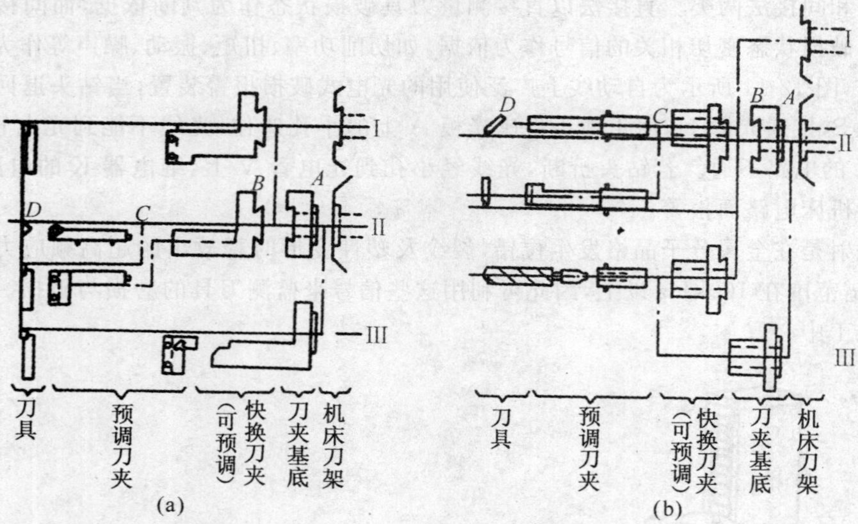

图 12-12　数控车床工具系统的结构体系

(a)车外圆的刀具　(b)车内孔的刀具

1. 机床刀架的形式

常见数控机床刀架形式如图 12-13 所示，由于机床刀架形式不同，刀具与机床刀架之间的刀夹、刀座也就不同。

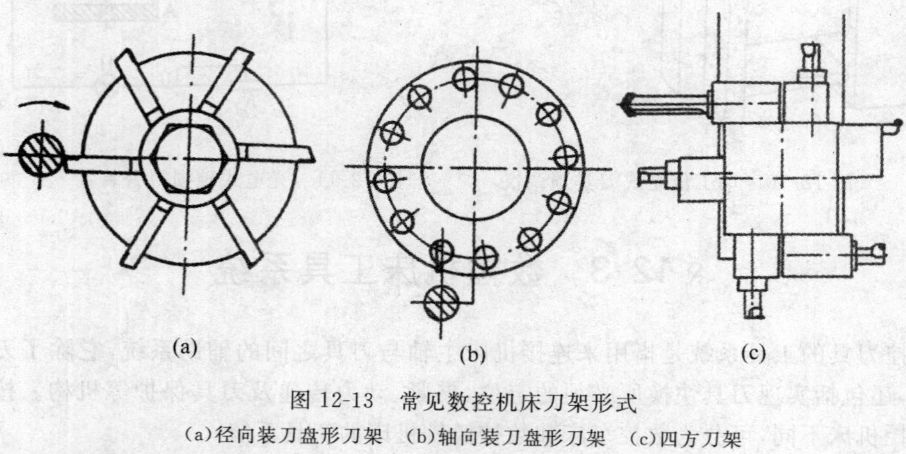

图 12-13　常见数控机床刀架形式

(a)径向装刀盘形刀架　(b)轴向装刀盘形刀架　(c)四方刀架

2. 刀具类型

刀具类型不同，所需的刀夹就不同。例如，定尺寸刀具的钻头与铰刀和非定尺寸刀具的车刀、镗刀等的刀夹就不一样。

3. 刀具系统中动力驱动

有动力驱动刀夹与无动力驱动刀夹的结构显然不同。例如，图 12-14 所示为动力驱动的钻夹头。

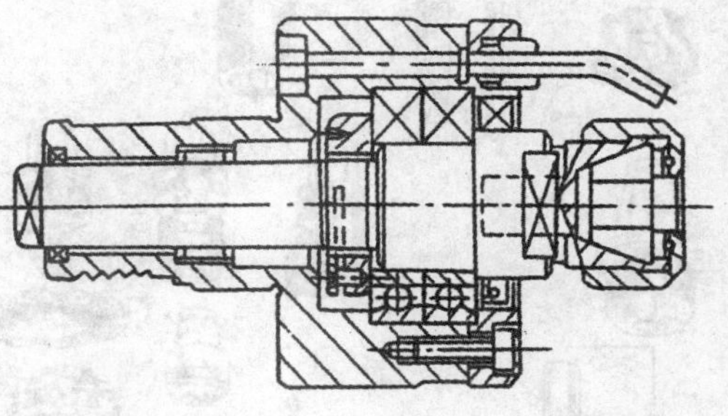

图 12-14　动力驱动的钻夹头

目前，许多国家开发使用了只更换头部模块的模块式车削系统。图 12-15 所示为模块式车削工具系统结构。这种系统换刀迅速，能获得很高的定位精度和连接刚性。

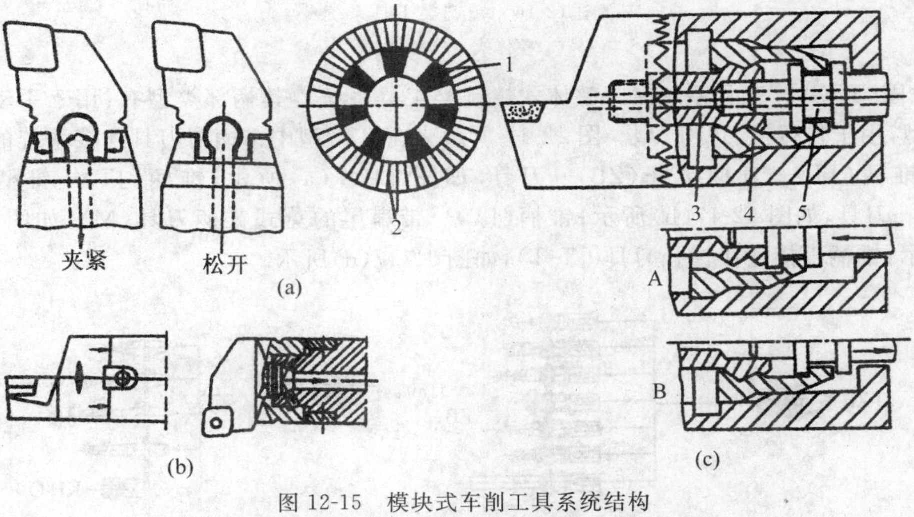

图 12-15　模块式车削工具系统结构

(a)SNDVIK 结构　(b)KRUPP 结构　(c)FTS 结构

1—橡胶条　2—端齿定位　3—拉钉　4—夹头　5—拉杆

A—松开状态　B—拉紧状态

二、镗铣类数控机床工具系统

镗铣类工具系统采用 7∶24 锥柄与机床连接。它具有不自锁、换刀方便、定心精度高等优点。镗铣类数控机床工具系统可分为整体式和模块式两大类，如图 12-16 所示。

1. 整体式镗铣类工具系统

这类工具系统的柄部与夹持刀具的工作部分连成一体，不同品种和规格的工作部分都必须带有与机床主轴连接的柄部。

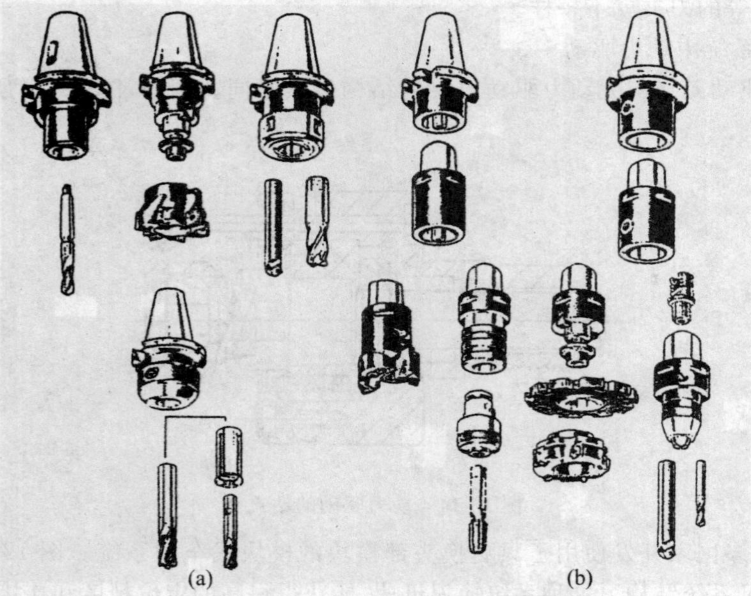

图 12-16　镗铣类工具系统

(a)整体式　(b)模块式

我国"TSG82"工具系统属于整体式镗铣类工具系统。其柄部类型有：用于手动换刀"ST"型，用于自行换刀"JT"型。图 12-17 所示为在"JT"型中锥柄与刀具连接系统的几种形式：锥柄(JT)—直柄接杆(ZB)—刀具，如图 12-17(a)所示；锥柄(JT)—锥柄接杆(KH)—刀具，如图 12-17(b)所示；锥柄(JT)—带扁尾的莫式锥柄刀具(M)，如图 12-17(c)所示；锥柄直接连接镗孔刀具(JT-T)，如图 12-17(d)所示。

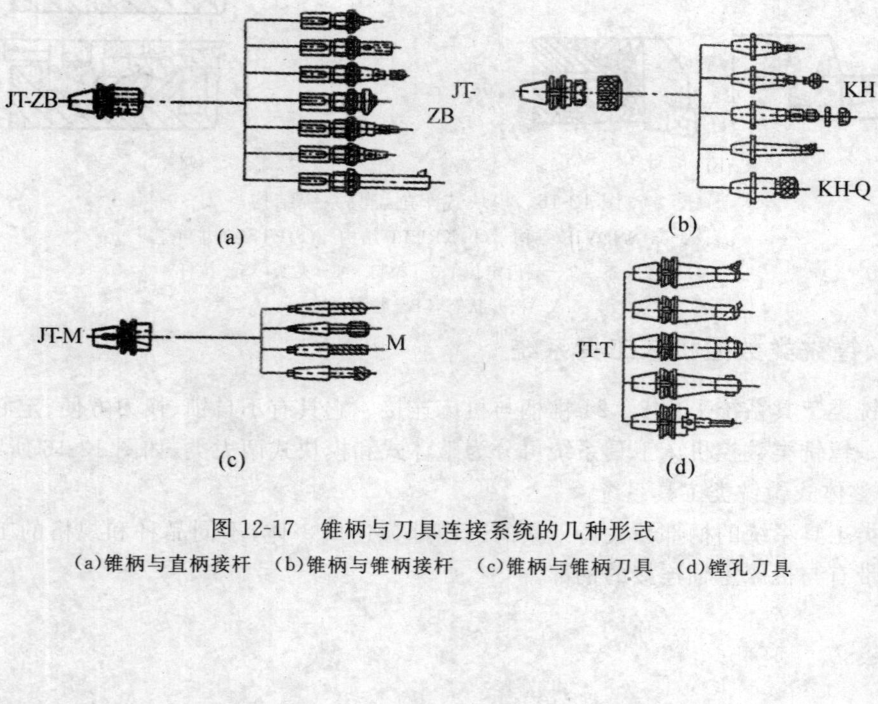

图 12-17　锥柄与刀具连接系统的几种形式

(a)锥柄与直柄接杆　(b)锥柄与锥柄接杆　(c)锥柄与锥柄刀具　(d)镗孔刀具

2. 模块式镗铣类工具系统

为了克服整体式工具系统规格品种繁多，给生产、使用和管理带来许多不便的缺点，20 世纪 80 年代以来相继开发了模块式铣镗类工具系统，如图 12-17(b)所示。它把工具的柄部和工作部分分开，制成各种系列化的模块，然后用不同规格的中间模块组装成不同用途、不同规格的模块式工具储备。目前各种模块式工具系统的主要区别在定心方式和锁紧方式。我国目前生产的“TMG21”,“TMG53”模块式工具系统连接结构如图 12-18 所示。

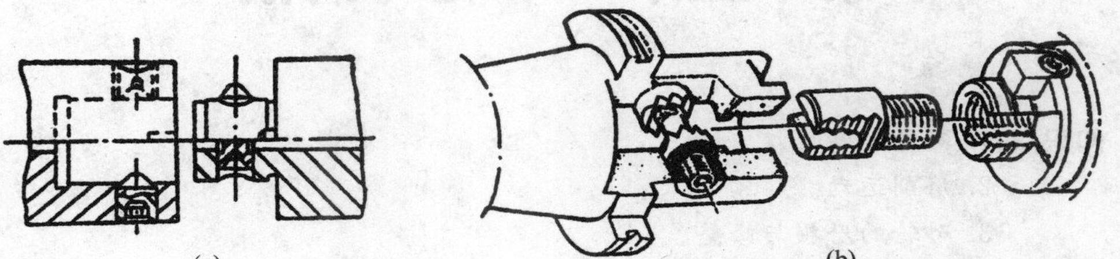

(a)　(b)

图 12-18　模块式工具系统连接结构

(a)TMG21 工具系统　(b)TMG53 工具系统

生产实践和研究表明，对于用于高精度加工以及对自动换刀的要求来说，7∶24 工具圆锥存在许多缺点，如轴向定位精度低，刚度不能满足要求，高速旋转时会导致机床主轴孔产生扩张量，尺寸大，质量大，换刀时间长等。因此，近年来提出了两种空心柄结构方案(如图 12-19 所示)，即 1∶10 锥度空心柄和双圆柱空心柄。

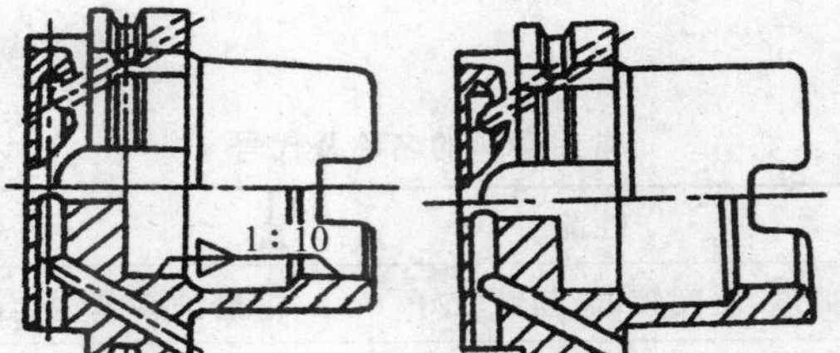

(a)　(b)

图 12-19　空心柄结构

(a)1∶10 锥度空心柄　(b)双圆柱空心柄

习　题

1. 对自动化生产用刀具有哪些特殊要求？
2. 何谓刀具可靠性？造成刀具切削性能可靠性差的原因有哪些？
3. 简述自动化生产中常用的刀具快换和自动换刀方法以及刀具尺寸预调方法。
4. 试举例说明刀具尺寸补偿工作原理。
5. 何谓数控工具系统？试述模块式工具系统的特点。
6. 试分析镗铣类数控机床工具系统 7∶24 工具柄部的优缺点。

第十三章　砂轮与磨削

知识点：1. 砂轮的特性。

2. 磨削运动。

3. 砂轮的磨损与修整。

技能点：合理选择砂轮。

一、砂轮的特性

砂轮是由磨料加结合剂用制造陶瓷的方法制成的，其特性主要由五个因素来决定：磨料、粒度、结合剂、硬度和组织。

(1)磨料

常用的磨料有氧化物系、碳化物系、高硬磨料系三类。各种磨料性能及适用范围如表13-1所示。

表 13-1　　**常用磨料的名称及代号**

系别	名称	代号	性能	使用范围
氧化物系	棕刚玉	A	棕褐色，硬度较低，韧性较好	磨削碳素钢、合金钢、可锻铸铁与青铜
	白刚玉	WA	白色，较棕刚玉硬度高，磨粒锋利，韧性差	磨削淬硬的高碳钢、合金钢、高速钢，磨削薄壁零件、成形零件
	铬刚玉	PA	红色，韧性比白刚玉好	磨削高速钢、不锈钢，成形磨削，刀具刃磨，高表面质量磨削
碳化物系	黑碳化硅	C	黑色带光泽，比刚玉类硬度高，导热性好，韧性较差	磨削铸铁、黄铜、耐火材料及其他非金属材料
	绿碳化硅	GC	绿色带光泽，较黑碳化硅硬度高，导热性好，韧性较差	磨削硬质合金、光学玻璃
高硬磨料	立方氮化硼	CBN	棕黑色，硬度仅次于人造金刚石，韧性较人造金刚石好。	磨削高性能高速钢、不锈钢、耐热钢等难加工材料
	人造金刚石	MBD	白色、黑色，硬度最高，耐热性较差	磨削硬质合金、光学玻璃、陶瓷等高硬度材料

(2)粒度

粒度表示磨粒的大小程度，以磨粒刚能通过的那一号筛网号来表示磨粒的粒度，如表 13-2 为常用磨粒粒度及适用范围。例如 36 号粒度是指磨粒刚好通过每英寸 36 格的筛网。粒度号愈大，磨粒的实际尺寸愈小。

表 13-2　　常用磨粒粒度及适用范围

类别	粒度号	适用范围
磨粒	8# 10# 12# 14# 16#	粗磨、荒磨、打磨毛刺
	20# 22# 24# 30# 36#	磨钢锭，打磨铸件毛刺、磨耐火材料等
	40# 46# 54# 60#	内圆磨、外圆磨、平面磨、工具磨等
	70# 80#	内圆、外圆、平面、工具磨等半精磨或精磨
	90# 100# 120# 150# 180# 220# 240#	半精磨、精磨、珩磨、成形磨等
微粉	W60 W50 W40 W28	精磨、超精磨、珩磨等
	W20 W14 W10	精磨、精细磨、超精磨
	W7 W5 W3.5 W2.5 W1.5 W1.0 W0.5	研磨、超精加工、镜面磨削

(3)结合剂

结合剂作用是将磨粒粘结在一起，使砂轮具有一定的形状和强度。

陶瓷结合剂(V)主要成分是滑石、硅石等陶瓷材料。特点是化学性质稳定、耐热、耐油、耐酸碱的腐蚀、强度高但较脆。除薄片砂轮外能制成各种砂轮。

树脂结合剂(B)主要成分为酚醛树脂。特点是强度高、弹性好、但耐热性差、不耐酸碱，多用于高速磨削、切断、开槽砂轮。

橡胶结合剂(R)多数采用人造橡胶，特点是强度高，弹性更好，抛光作用好，耐热性差，不耐酸、碱，多用于无心磨床的导轮，切断、开槽及抛光砂轮。

(4)硬度

硬度是指磨粒在砂轮表面上脱离的难易程度。砂轮硬，磨粒不易脱落，砂轮软，磨粒容易脱落。选用砂轮时应应硬度适当。若砂轮太硬，磨钝了的磨粒不能及时脱离，会产生大量的磨削热，造成工件的烧伤；若太软，会使磨粒很快脱落，不能充分发挥其切削作用。砂轮硬度等级参看表 13-3。

表 13-3　　砂轮硬度等级及其选用

等级	超软	软	中软	中	中硬	硬	超硬
代号	D、E、F	G、H、J	K、L、M	M、N	P、Q、R	S、T	Y
选择	磨未淬硬钢选用 L～N，磨淬火合金钢选用 H～K，高表面质量磨削时选用 K～L，刃磨硬质合金刀具选用 H～J						

(5)组织

砂轮组织表示砂轮中磨粒、结合剂、气孔三者体积的比例关系。砂轮可分为 0～14 组织号，如表 13-4 所示。紧密组织砂轮适用于重压力下的磨削；中等组织的砂轮适用于一般的磨削工作。疏松组织的砂轮适用于平面磨、内圆磨等磨削接触面积较大的工件，以及热敏性强的材料或薄工件。

表 13-4　砂轮组织号极其选用

组织号	0	1	2	3	4	5	6	7	8	9	10	11	12	13	14
磨粒率％	62	60	58	56	54	52	50	48	46	44	42	40	38	36	34
用途	精密磨削			磨削淬火钢、刀具刃磨			磨削韧性大而硬度不高的材料				磨削热敏性大的材料				

二、磨削运动

磨削运动一般有四种，以外圆磨削如图 13-1 为例：

①磨削速度 v_c　磨削的主运动是砂轮的旋转运动。砂轮的切线速度即为磨削速度 v_c(单位 m/s)

$$v_c=\frac{\pi d_0 n_0}{1000}$$

式中 d_0——砂轮直径

n_0——砂轮速度，r/s

②径向进给量 f_r(磨削深度)　用工作台每单行程或双行程砂轮切入工件的深度。(单位为 mm/单行程、mm/双行程)。

③轴向进给量 f_a　用工件每转相对于砂轮的轴向移动量(单位为 mm/r)。

④工件速度 v_w　工件运动的切线速度。

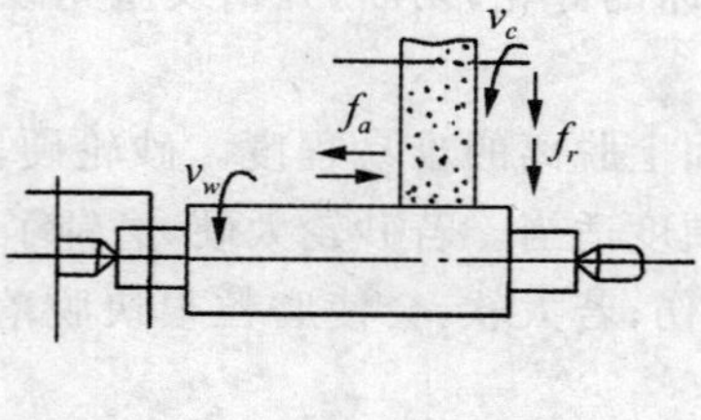

图 13-1　磨削运动的组成

三、磨削表面形成机理

磨削加工是靠砂轮表面排列的大量磨粒完成的，每个磨粒可以近似看成一个切削刃，而这些微小的切削刃的几何形状、几何角度又千差万别，如图 13-2。在磨削过程中，由于磨粒在砂轮表面上所分布高度不同，比较锋利的凸出的磨粒，有较大的切削厚度，形成图 13-3a 所示的切屑。而比较钝的凸出高度较小的磨粒，切不下切屑，只起刻划作用，如图 13-3b，在工件表面挤压出微细的沟槽。更钝的磨粒，只稍微滑擦工件的表面，起抛光作用，如图 13-3c。所以磨削过程是磨粒的切削、刻划、抛光综合作用的结果，如图 13-4。

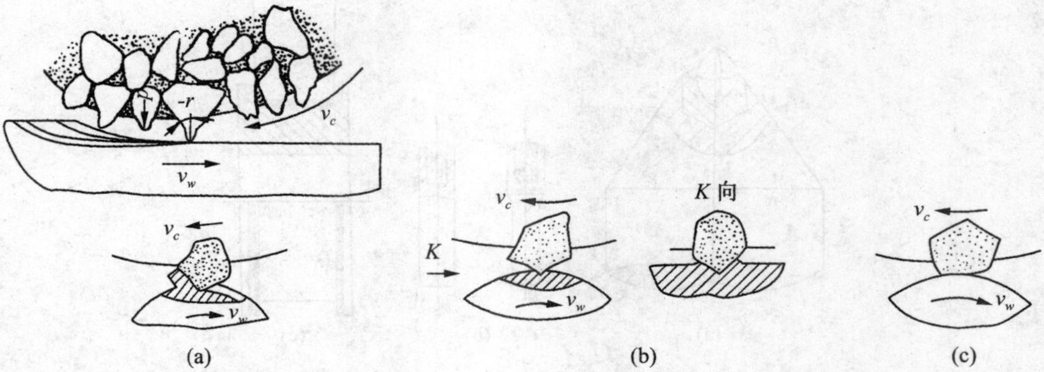

图 13-2　磨削过程中磨粒的切削、刻划、抛光作用

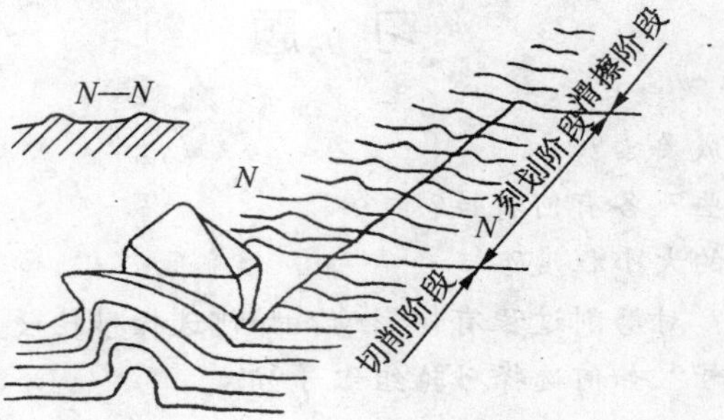

图 13-3　磨削过程中磨粒的切削过程

四、砂轮的磨损与修整

砂轮经过一段时间工作后，会失去磨削性能，产生磨损。其主要形式有：

磨粒磨损 磨粒接棱角被磨平变钝，影响磨削加工。

磨粒破碎 磨粒在磨削时瞬间高温，又在切削液作用下骤冷，易引起磨粒破碎。

砂轮表面堵塞 磨削时，切屑会粘附在磨粒与磨粒间，或嵌入砂轮气孔中使砂轮失去磨削能力。

砂轮轮廓变形 砂轮磨粒脱落不均匀，使砂轮失去已有的轮廓，轮轮硬度太软时易发生。

砂轮磨钝后应及时修整。常采用大颗粒金刚石笔、多粒细碎金刚石笔和金刚石滚轮来修整，图 13-4 所示。

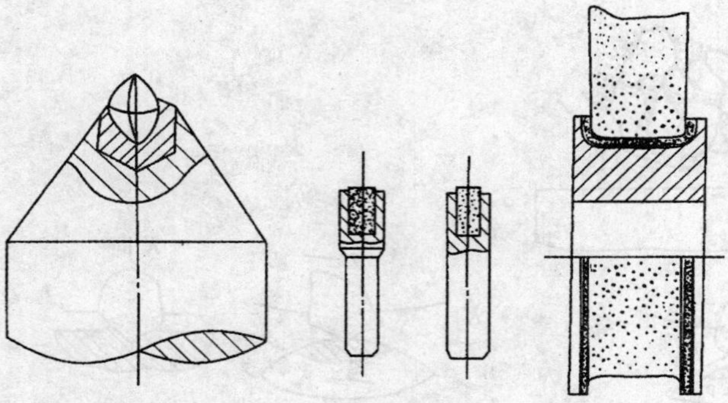

图 13-4　修整砂轮用的工具

习　题

1. 砂轮有哪些组成要素？
2. 常用磨料有哪些？各有何特性？
3. 如何表示磨粒的大小程度？
4. 何谓砂轮硬度？对磨削过程有何影响？如何选择砂轮硬度？
5. 何谓砂轮组织号？如何选择砂轮组织号？
6. 简述磨削过程机理。
7. 砂轮磨损主要形式有哪些？

参考文献

1. 吴善元主编.金属切削原理与刀具.北京:机械工业出版社,1994
2. 上海市金属切削技术协会编.金属切削手册.上海:科学技术出版社,2003
3. 陆剑中,孙家宁主编.金属切削原理与刀具.北京:机械工业出版社,2003
4. 周泽华主编.金属切削原理.上海:科学技术出版社,1992
5. 太原市金属切削刀具协会编.金属切削实用刀具技术.北京:机械工业出版社,2002
6. 劳动和社会保障部教材办公室组织编写.金属切削原理与刀具.北京:中国劳动社会保障出版社,2002
7. 胡农,刘继福,邱言龙编.车工技师手册.北京:机械工业出版社,2002
8. 机械工业技师考评培训教材编审委员会编.车工技师培训教材.北京:机械工业出版社,2003
9. 武友德,李先跃编.车刀刃磨技术.北京:化学工业出版社,2004
10. 王晓霞主编.金属切削原理与刀具.北京:航天工业出版社,2000
11. 张建华主编.精密与特种加工技术.北京:机械工业出版社,2003
12. 田坤主编.数控机床与编程.武汉:华中科技大学出版社,2001

图书在版编目(CIP)数据

金属切削原理与刀具/王洪琳主编．—3 版．—济南：山东大学出版社，2011．1
(2014．1 重印)
ISBN 978-7-5607-2855-1

Ⅰ．金…
Ⅱ．王…
Ⅲ．①金属切削—高等学校：技术学校—教材
②刀具(金属切削)—高等学校：技术学校—教材
Ⅳ．TG

中国版本图书馆 CIP 数据核字(2004)第 086372 号

山东大学出版社出版发行
(山东省济南市山大南路 20 号　邮政编码：250100)
山 东 省 新 华 书 店 经 销
济南景升印业有限公司印刷
787×1092 毫米　1/16　12.75 印张　295 千字
2011 年 1 月第 3 版　2014 年 1 月第 7 次印刷
定价：21.80 元